国家中等职业教育改革发展示范学校建设成果

炉外精炼工学习指导

张 岩　崔爱民　侯 成　成天兵　主编

北 京

冶 金 工 业 出 版 社

2015

内 容 提 要

本书按照炉外精炼工国家技术等级标准分解为不同模块,每一个模块包括:教学目的与要求、学习重点与难点、思考与分析,并按知识点配有近千道练习题。内容以炉外精炼操作为中心,将炉外精炼工艺、原理、设备有机结合,以适应精炼技术工人提高技术素质、满足各级精炼技术工人、技师、高级技师的培训需要,同时,本书也非常适合岗位一线员工自学。

本书为炉外精炼专业工程技术人员岗位培训与资格考试用书,也可作为大专院校和职业学校钢铁冶炼专业学生的实习指导书和学习参考书,同时也可作为炉外精炼工技能竞赛的辅导教材。

图书在版编目(CIP)数据

炉外精炼工学习指导/张岩等主编 . —北京:冶金工业
出版社,2015.4
国家中等职业教育改革发展示范学校建设成果
ISBN 978-7-5024-7075-3

Ⅰ. ①炉… Ⅱ. ①张… Ⅲ. ①炉外精炼—中等专业
学校—教学参考资料 Ⅳ. ①TF114

中国版本图书馆 CIP 数据核字(2015)第 240405 号

出 版 人 谭学余
地 址 北京市东城区嵩祝院北巷 39 号 邮编 100009 电话 (010)64027926
网 址 www.cnmip.com.cn 电子信箱 yjcbs@cnmip.com.cn
责任编辑 曾 媛 美术编辑 杨 帆 版式设计 孙跃红
责任校对 石 静 责任印制 牛晓波
ISBN 978-7-5024-7075-3
冶金工业出版社出版发行;各地新华书店经销;固安华明印业有限公司印刷
2015 年 4 月第 1 版,2015 年 4 月第 1 次印刷
787mm×1092mm 1/16;18 印张;437 千字;278 页
50.00 元
冶金工业出版社 投稿电话 (010)64027932 投稿信箱 tougao@cnmip.com.cn
冶金工业出版社营销中心 电话 (010)64044283 传真 (010)64027893
冶金书店 地址 北京市东四西大街 46 号(100010) 电话 (010)65289081(兼传真)
冶金工业出版社天猫旗舰店 yjgycbs.tmall.com
(本书如有印装质量问题,本社营销中心负责退换)

编写委员会

主　任：段宏韬

副主任：张　毅　张百岐

委　员：

首钢高级技工学校	段宏韬	张　毅	张百岐	陈永钦
	刘　卫	李云涛	张　岩	杨彦娟
	杨伶俐	赵　霞	张红文	
首钢总工程师室	南晓东			
首钢迁安钢铁公司	李树森	崔爱民	成天兵	刘建斌
	韩　岐	芦俊亭	朱建强	
首钢京唐钢铁公司	闫占辉	王国瑞	王建斌	
首秦金属材料有限公司	秦登平	王玉龙		
首钢国际工程公司	侯　成			
冶金工业出版社	刘小峰	曾　媛		

前　言

受首钢迁钢股份有限公司和首钢高级技工学校（现首钢技师学院）委托，本人主持开发用于连续铸钢工初、中、高级工远程信息化培训课程课件，并自2006年开始应用。目前首钢职工在线学习网（http://www.sgpx.com.cn）上，信息化培训课件已发展至包括烧结、焦化、炼铁、炼钢、轧钢、机械、电气、环检等50多个工种。

为了适应首钢各基地以及国内钢铁行业职工岗位技能提高的需求，首钢技师学院于2013年将用于冶金类岗位技术培训的数字化学习资源，作为首钢高级技工学校示范校建设项目的一个组成部分。为满足技能培训中学员自学需求，作者将配套教材改编为适合职工培训和自学的学习指导书。改写时按照新版国家技术等级标准对原教材进行删改，增加现场新技术、新设备、新工艺、新钢种内容，并根据知识点进行分解、组合，辅以收集的有关技能鉴定练习题，整合成学习模块。书中部分练习题与炼钢工艺、设备密切相关，请读者在学习时结合生产实际，灵活运用。

考虑到转炉炼钢工、炉外精炼工、连续铸钢工同处在转炉炼钢厂，有很多内容要求相同或相近，因此将这一部分内容集中编写入《炼钢生产知识》一书，与《转炉炼钢工学习指导》、《炉外精炼工学习指导》、《连续铸钢工学习指导》配套使用。本套书与首钢职工在线学习网（http://www.sgpx.com.cn）上相应工种、等级的课件配套使用，效果更好。

《炉外精炼工学习指导》为炉外精炼工的各级技术工人岗位培训与技术等级考试教材，也可作为大专院校和中等职业技术学校钢铁冶炼和材料加工专业学生的学习参考书，以及炉外精炼工技能竞赛的辅导教材。

本书共有7章，编写负责人如下：绪论、合金加入量计算、精炼原材料由张岩提供原稿，RH由崔爱民提供原稿，LF由成天兵提供原稿，喂线由李树森提供原稿，吹氩与CAS-OB由侯成提供原稿。全书由张岩负责统稿。

在编写过程中，编者得到首钢各钢厂有关领导、工程技术人员和广大工人的大力支持和热情帮助。由于编写时间仓促，冶金工业出版社刘小峰和曾媛编辑对这套不成熟的原稿提出了很多建设性的修改意见，更正稿中不妥之处。在此，向以上单位和个人表示衷心的感谢。

编写过程中，还参阅了有关炼钢、炉外精炼、连续铸钢等方面的资料、专著和杂志及相关人员提供的经验，在此也向有关作者和出版社致谢。

由于编者水平所限，书中不当之处，敬请广大读者批评指正。

张　岩

目　　录

1 绪 论

··

教学目的与要求

1. 了解炉外精炼的发展。
2. 掌握炉外精炼的定义和各种精炼要素。
3. 分辨炉外精炼方法。
4. 根据原材料条件和品种质量要求，选择炉外精炼方法。

··

现代生活、工业生产、军事和科学技术对钢质量的要求越来越严，仅靠转炉、电炉冶炼出来的钢水已经难以满足其质量的要求；为了提高生产率，缩短冶炼时间，也希望能把炼钢的一部分任务移到炉外去完成；另外，连铸技术的发展，对钢水的成分、温度和气体的含量、生产节奏等也提出了更严格的要求。这几方面的因素迫使炼钢工作者寻求一种新的炼钢工艺，于是就产生了炉外精炼方法，炉外精炼也叫二次精炼技术。也有把炉外精炼与铁水预处理技术统一称作炉外处理技术的。

1.1 炉外精炼的发展概况

1.1.1 世界炉外精炼技术的发展与完善

钢水二次精炼不但有很长的历史，而且种类繁多，在1950年前就有钢包底部吹氩搅拌钢水以均匀钢水成分、温度和去除夹杂物的 Gazal 法（法国）。到了20世纪50年代，由于真空技术的发展和大型蒸汽喷射泵的研制成功，为钢液的大规模真空处理提供了条件，开发出了各种钢液真空处理方法，如钢包除气法、倒包处理法（BV 法）等。较为典型的方法是1957年联邦德国的多特蒙德（Dortmund）和豪特尔（Horder）两公司开发的提升脱气法（DH 法）和1957年联邦德国的德鲁尔钢铁公司（Ruhrstahl）和海拉斯公司（Heraeus）共同发明的钢液真空循环脱气法（RH 法）。

20世纪60年代和70年代，是钢液炉外精炼多种方法开发的繁荣时期，这是与该时期提出洁净钢生产、连铸要求稳定的钢水成分和温度以及扩大钢的品种密切关联的。在这个时期，炉外精炼技术形成了真空和非真空两大系列。真空处理技术有：联邦德国于1965年开发的用于低磷不锈钢生产的真空吹氧脱碳法（VOD）和1967年美国开发的真空电弧加热去气法（VAD）；1965年瑞典开发的，用于不锈钢和轴承钢生产的有电弧加热，带电磁搅拌和真空脱气的钢包精炼炉法（ASEA-SKF）；1978年在日本开发的，用于提高超低碳钢生产效率的 RH 吹氧法（RH-OB）。非真空处理技术有：1968年在美国开发的，用于低碳不锈钢生产的氩氧脱碳精炼法（AOD）；1971年在日本开发的，配合超高功率电弧炉，代替电炉还原期对钢水进行精炼的钢包炉（LF）以及后来配套真空脱气（VD）发展起来的 LF-VD；喷射冶金技术如 1976 年瑞典开发的氏兰法（SL 法），1974 年联邦德国开发的蒂森法（TN 法），日本开发的川崎喷粉法（KIP）；喂合金包芯线技术如 1976 年日本开发的喂线法（WF）；加盖或加浸渣罩的吹氩技术如 1965 年日本开发的密封吹氩法（SAB 法）和带盖钢包吹氩法（CAB 法），1975 年日本开发的成分调整密封吹氩法（CAS 法）。

20 世纪 80 年代以来，炉外精炼已成为现代钢铁生产流程水平和钢铁产品质量的标志，并朝着功能更全、效率更高、冶金效果更佳的方向发展和完善。这一时期发展起来的技术主要有 RH 顶吹氧法（RH-KTB）、RH 多功能氧枪（RH-MFB）、RH 钢包喷粉法（RH-IJ）、RH 真空室喷粉法（RH-PB）、真空川崎喷粉法（V-KIP）和吹氧喷粉升温精炼法（IR-UT 法）等。

目前，世界炉外精炼设备的总数早已超过 1000 座，其中 LF 炉 220 座，AOD 和 VOD 近 200 座，DH 和 RH（包括 RH-OB 和 RH-PB）约 150 多座，VD 装置 130 多座，ASEA-SKF 和 VAD 近 100 座，其他精炼设备 200 座。生产能力最大的 RH 类的精炼设备年生产能力达 1.5 亿吨，其中日本产能 0.7 亿吨、美国产能 0.2 亿吨、德国产能 0.1 亿吨、其他国家约 0.5 亿吨。目前，发展最快的是 LF 炉和 RH 类精炼设备。

世界炉外精炼方法的发展见表 1-1。

表 1-1　世界炉外精炼方法的发展

名　称	时　间	开发者	技术特点
合成渣洗	1930 年代	法国 Perrin	60CaO-40Al$_2$O$_3$ 液渣冲混
VID	1950 年代	德国、苏联	钢包（钢流、出钢）真空脱气
DH	1956 年	德国 Dortmund-Horder	提升式真空脱气
RH	1959 年	德国 Rheinstahl Heraeus	循环式真空脱气
ASEA-SKF	1965 年	瑞典 ASEA SKF 公司	电磁搅拌、常压电弧加热、钢包脱气
VOD（Vac）	1965 年	德国	真空下顶吹氧
AOD	1968 年	美国	Ar-O$_2$ 淹没喷吹
VAD	1968 年	美国 Finkl-Mohr 公司	低压下电弧加热、吹氩、钢包脱气
喷粉（TN/SL）	1970 年代	德国、瑞典	淹没喷吹渣粉或合金粉
喂线	1970 年代	法国	高速喂入包芯线（合金料）
LF	1971 年	日本特钢公司	常压埋弧加热、底吹 Ar
RH-OB	1972 年	日本新日铁	RH 真空室下部侧吹氧
SAB/CAB/CAS	1974 年	日本	钢包加盖（罩），吹氩，加合金
CAS-OB	1983 年	日本新日铁	CAS 基础上的 Al-O$_2$ 反应提温
RH-KTB	1988 年	日本川崎	RH 真空室内顶吹氧

炉外精炼技术发展的主要原因有两个：

（1）它与连铸生产的迅速发展紧密相关。它不仅适应了连铸生产对优质钢水的严格要求，大大提高了铸坯的质量，而且在温度、成分及时间节奏的匹配上起到了重要的协调和完善作用，即定时、定温、定品质地提供连铸钢水，成为稳定连铸生产的关键因素。以日本为例，1973 年连铸比为 26%，精炼比为 4.4%；1983 年连铸比超过 75%，精炼比达 48%；1985 年连铸比为 90%，精炼比迅速增至 65.9%；1989 年连铸比达 95%，精炼比为 73.4%（真空精炼比高达 54.6%）。目前，日本、欧洲的一些国家炉外精炼比已达到 100%，真空精炼比达到 70% 以上。我国随着连铸比的提高，吹氩精炼比也接近 90%，但与世界先进水平相比，高质量钢比例和精炼比都偏低。

（2）与调整产品结构、优化企业生产的专业化进程紧密结合。超低碳，超深冲，超低磷、硫的优质钢材生产必须采用包括炉外处理技术在内的优化工艺流程，这是炉外处理技术发展迅速的另一个重要原因。

1.1.2 我国炉外处理技术的发展与完善

我国炉外处理技术始于 20 世纪 50 年代中后期，包括利用高碱度合成渣在出钢过程对钢水脱硫，用于冶炼轴承钢；用钢包静态脱气（VD）和 DH 真空处理装置精炼电工硅钢等钢种。60 年代中期至 70 年代，我国特钢企业和机电、军工行业钢水精炼技术的应用和开发有了一定的发展，并引进了一批真空精炼设备，如大冶、武钢的 RH、北京重型机器厂的 ASEA-SKF、抚顺钢厂的 VOD 和 VAD，还试制了一批国产的真空处理设备，钢水吹氩精炼也在首钢等企业投入了生产应用。80 年代，国产的 LF 钢包精炼炉、合金包芯线喂线设备、铁水喷射脱硫、喷射冶金等钢水精炼技术得到了初步的发展。这期间宝钢引进了现代化的大型 RH 装置（并进而实现了 RH-OB 的生产应用）和 KIP 喷粉装置，首钢和宝钢引进了 KTS 喷粉装置，齐齐哈尔钢厂引进了 SL 喷射冶金技术和设备等，在开发高质量的钢材品种和优化钢铁生产中发挥了重要的作用。可以认为，80 年代是我国炉外精炼技术发展奠定基础的时期，从一些先进的示范工厂的实践中，可看出炉外精炼技术对推动我国钢铁工业生产优化的重大作用。

90 年代初，与世界发展趋势相同，我国炉外精炼技术也随连铸生产的增长和对钢铁产品质量日益严格的要求，得到了迅速的发展。不仅装备数量增加，处理量也由过去的占钢水的 2% 以下持续增长，到 2002 年均达 25% 以上。具体情况见表 1-2。

表 1-2 我国炉外处理比的情况

年 份	1990	1991	1992	1993	1994	1995	1996	1997	1998	1999	2000	2001	2002
钢水精炼比/%	2.68	2.82	10.06	12.0	13.0	13.5	15.5	17.5	20.2	21.2	22.5	23.4	25.1
钢水吹氩喂线比/%	24.7	28.3	32.08	42.6	43.5	46.3	55.0	60.0	65.0				

2010 年我国铁水预处理和钢水精炼技术的发展目标之一是铁水预处理和钢水精炼比均不低于 60%，真空精炼比达到 30%。

1991 年召开的全国首次炉外处理技术工作会议，明确了"立足产品，合理选择，系统配套，强调在线"的发展炉外处理技术的指导思想，具体如下：

立足产品是指在选择炉外处理方法时，最根本的是从企业生产的产品质量要求（主要是用户要求）为基本出发点，确定哪些产品需要进行何种炉外处理。同时认真分析工艺特点，明确基本工艺流程。

合理选择是指在选择炉外处理方法时，要首先明确各种炉外处理方法所具备的功能，结合产品要求，做到功能对口。其次是考虑企业炼钢生产工艺方式与生产规模、衔接匹配的合理性、经济性。还要根据产品要求和工艺特点分层次地选择相应的炉外处理方法，并合理地搞好工艺布置。

系统配套是指要严格按照系统工程的要求，确保在设计和施工中，主体设备配套齐全，装备水平符合要求；严格按各工序间的配套要求，使前后工序配套完善，保证炉外处理功能的充分发挥；一定要重视相关技术和原料的配套要求，确保炉外处理工序的生产过程能正常、持续地进行。

强调在线是指在合理选择处理方法的前提下，要从加强经营管理入手，把炉外处理技术纳入分品种的生产工艺规范中去，保证在生产中正常运行；也是指在加强设备维修的前提下，确保设备完好，保证设计规定的功能要求，确保作业率；还意味着要充分发挥设备潜力，达到或超过设计能力。

这些指导思想对我国从"八五"开始直至现在炉外处理技术的发展起到了重要的推动作用。进入21世纪，为适应连铸生产和产品结构调整的要求，炉外处理技术得到迅速发展。

钢水精炼中RH多功能真空精炼发展迅速，另外LF炉不但在电炉厂而且在转炉厂也大量采用，并配套有高效精炼渣。

到2003年，包括RH、LF在内的主要钢水精炼技术，已经具备了完全立足国内并可参与国际竞争的水平。

40多年来，我国炉外处理技术发展取得了显著的成绩，主要有：

（1）广大钢铁企业领导和技术人员对炉外处理技术在钢铁生产中的作用和地位逐渐提高了认识，并越来越在企业技改和生产组织中成为工作的重点。这种认识源于企业流程优化。生产顺行、高效低耗，尤其是市场对钢材产品的品种质量日益提高的要求，因而是深刻的，也是下一步发展的重要前提。

（2）形成一支有一定水平的设计、生产与设备制造的工程技术队伍，有一批具有自己知识产权并具有相当水平的科技成果，具备了各种炉外处理技术深入开发研究和工程总承包的能力。

（3）炉外处理技术相关配套设备、材料同步发展，基本满足了国内各类炉外处理设备不同层次的需要。

（4）形成了一批"高炉—铁水预处理—复吹转炉—钢水精炼—连铸"或"电炉—钢水精炼—连铸"的现代化工艺流程，有强大的示范作用。

（5）在产品结构的优化调整，促进洁净钢、合金钢、低合金钢的生产中，炉外处理起到了不可替代的重要作用，是优质高效、节能降耗、降低生产成本的可靠保证。

虽然成绩显著，但还有很多问题，如铁水预处理比和钢水精炼比仍很低，不但与发达工业国家相比差距甚大，而且也与连铸生产的快速发展很不适应，已经明显地影响了连铸生产的优化和完善，也成为我国关键品种生产的一个瓶颈。又如在我国特有的中、小冶炼炉占很大比例的条件下，中小钢厂炉外处理的难题还没有从根本上取得突破，还需深入研究、开发。还有，我国拥有的高水平炉外处理装备，因软件技术的消化吸收与攻关研究和国外相比存在明显的差距，不能充分发挥其功能与生产效率等。这都是必须加强和改进的。

1.2 炉外精炼定义及要素

炉外精炼，是指对在转炉或电炉内初步熔炼之后的钢液在钢包或专门的冶金容器内再次精炼的工艺过程，故又称二次炼钢，用于精炼的钢包或其他专用容器均称为精炼炉，使用钢包作为精炼容器的又称为钢包冶金。炉外精炼与铁水预处理共同称为炉外处理。

钢液进行炉外精炼的目的是进一步去除夹杂获得清洁钢，精确调整钢液成分和温度，改善非金属夹杂物的形态等。例如钢中最常涉及的五种有害元素磷、硫、氮、氢、氧，现代的清洁钢已经可以将钢中总杂质含量（$[P]+[S]+[O]+[N]+[H]$）降低到50ppm的水平，钢中有害气体元素的含量，例如优质钢板中的 $[N]$ 的含量可以控制到 ±0.05%；例如电炉钢水的缺陷之一气体含量高，如果使用炉外精炼的手段，就会减轻或者消除。

炉外精炼的工艺手段包括有真空，以及为了提高真空的处理效果、补偿处理过程中的热量损失和增加调整成分等功能而添加的搅拌、加热、吹氧、吹氩、喂线、喷粉等。炉外精炼的主要作用可以概括为：

（1）承担初炼炉原有的部分精炼功能，在最佳的热力学和动力学条件下完成部分炼钢反应，提高单体设备的生产能力。

（2）均匀钢水，精确控制钢种成分。

（3）精确控制钢水温度，适应连铸生产的要求。

（4）进一步提高钢水纯净度，满足成品钢材性能要求；控制残留在钢中夹杂物的形态。例如为了减轻硫的热脆性，使硫化物呈现球形；再如使 Al_2O_3 变成铝酸钙以改善钢的切削性能等。

（5）作为炼钢与连铸机之间的缓冲，提高炼钢的灵活性和整体效率。

为完成上述精炼任务，一般要求炉外精炼设备具备以下功能：

（1）熔池搅拌功能，均匀钢水成分和温度，促进夹杂物上浮和钢渣反应。

（2）钢水的升温和控制功能，精确控制钢水温度，使得连铸尽可能地做到恒速浇注，并且能够降低中间包钢水过热度的波动，降低对钢坯质量的影响。

（3）精炼功能，包括清洗、脱气、脱碳、脱硫、去除夹杂和夹杂物变性处理等。

（4）合金化功能，对钢水实现窄成分控制。

（5）生产调节功能，均衡炼钢和连铸之间的生产。

炉外精炼的运行原则是：定时、定温、定品质地连续向连铸机提供多炉连浇的钢水。

1.3 炉外精炼的分类

目前，炉外精炼的方法达30多种，按其精炼原理不同大致分为非真空精炼和真空精炼两大类。

从图1-1可以看出，精炼设备通常分为两类：一是基本精炼设备，在常压下进行冶金反应，可适用于绝大多数钢种，如 LF、CAS-OB、AOD 等；另一类是特种精炼设备，适用于某些特殊要求的钢种在真空下完成冶金反应，如 RH、VD、VOD 等。目前广泛使用并得到公认的炉外精炼方法是 LF 法与 RH 法，一般可以将 LF 与 RH 双联使用，加热、真空处理功能，适于生产纯净钢与超纯净钢，也适于与连铸机配套。

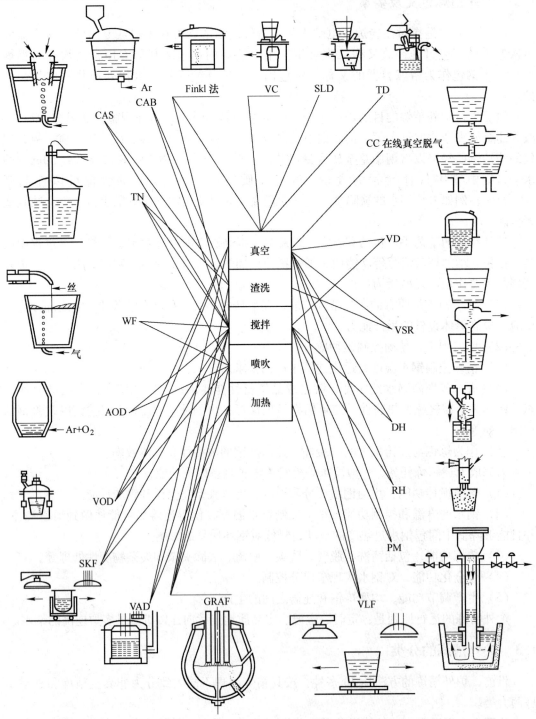

图 1-1　常见的炉外精炼方法

为了便于认识至今已出现的四十多种炉外精炼方法，表 1-3 给出了主要炉外精炼方法的分类情况。

表 1-3　各种炉外精炼法所采用的手段与目的

名　称	精炼手段					主要冶金功能							
	造渣	真空	搅拌	喷吹	加热	脱气	脱氧	去除夹杂	控制夹杂物形态	脱硫	微调合金化	升温	脱碳
钢包吹氩			√					√					
CAB	+		√				√	√		+	√		
DH		√	√			√	√				√		
RH		√	√			√	√						+
LF	√	*	√		√	*	√	√	√	√	√	√	
ASEA-SKF	√	√	√	+	√	√	√	√		√	√	√	+
VAD	+	√	√	+	√	√	√	√		√	√	√	+
CAS-OB			√				√	√			√		
VOD		√	√			√	√	√			√		√
RH-KTB		√	√			√	√	√					√
AOD			√				√	√				√	√
TN				√			√		√	√			
SL			√						√				
喂线							√		√	√	√		
合成渣洗	√		√				√	√	√	√			

注：+—可以添加的手段及能取得的冶金功能；

　　*—LF 增设真空手段后称为 LF-VD，具备与 ASEA-SKF 相同的精炼功能。

表 1-4 是主要炉外精炼方法的分类、名称、开发年份与适用情况。

表 1-4　主要炉外精炼方法的分类、名称、开发与适用情况

分类	名　称	开发年份，国别	适　用
合成渣精炼	液态合成渣洗（异炉）	1933，法国	脱硫，脱氧，去除夹杂物
	固态合成渣洗	—	
钢包吹氩精炼	GAZAL（钢包吹氩法）	1950，加拿大	去夹杂，均匀成分与温度。CAB、CAS 还可脱氧与微调成分，如加合成渣，可脱硫，但吹氩强度小，脱气效果不明显。CAB 适合 30~50t 容量的转炉钢厂。CAS 法适用于低合金钢种精炼
	CAB（带盖钢包吹氩法）	1965，日本	
	CAS 法（封闭式吹氩成分微调法）	1975，日本	
真空脱气	VC（真空浇注）	1952，德国	脱氢，脱氧，脱氮。RH 精炼速度快，精炼效果好，适于各钢种的精炼，尤适于大容量钢包的脱气处理。现在 VD 法已将过去脱气的钢包底部加上透气砖，使这种方法得到了广泛的应用
	TD（出钢真空脱气法）	1962，德国	
	SLD（倒包脱气法）	1952，德国	
	DH（真空提升脱气法）	1956，德国	
	RH（真空循环脱气法）	1958，德国	
	VD 法（真空罐内钢包脱气法）	1952，德国	

分类	名 称	开发年份，国别	适 用
带有加热装置的钢包精炼	ASEA-SKF（真空电磁搅拌，电弧加热法）	1965，瑞典	多种精炼功能。尤其适于生产工具钢、轴承钢、高强度钢和不锈钢等各类特殊钢。LF 是目前在各类钢厂应用最广泛的具有加热功能的精炼设备
	VAD（真空电弧加热法）	1967，美国	
	LF（埋弧加热吹氩法）	1971，日本	
不锈钢精炼	VOD（真空吹氧脱碳法）	1965，德国	能脱碳保铬，适于超低碳不锈钢及低碳钢液的精炼
	AOD（氩、氧混吹脱碳法）	1968，美国	
	CLU（汽、氧混吹脱碳法）	1973，法国	
	RH-OB（循环脱气吹氧法）	1969，日本	
喷粉及特殊添加精炼	IRSID（钢包喷粉）	1963，法国	脱硫，脱氧，去除夹杂物，控制夹杂形态，控制成分。应用广泛，尤适于以转炉为主的大型钢铁企业
	TN（蒂森法）	1974，德国	
	SL（氏兰法）	1976，瑞典	
	ABS（弹射法）	1973，日本	
	WF（喂线法）	1976，日本	

1.4 炉外精炼技术的发展趋势

炉外精炼技术本身的发展和相关技术的完善，对于钢铁生产流程的整体优化及钢铁产品质量的影响十分重要：

（1）钢水降温后的温度补偿技术。精炼过程钢水温度的降低，需要热补偿。

（2）耐火材料使用寿命。炉外精炼设备用耐火材料寿命较低。

（3）精炼后期钢水再污染。精炼处理时间越长，吸气越严重，污染越厉害。

当前炉外精炼技术主要发展趋势是：

（1）多功能化。由单一功能的炉外精炼设备发展成为多种处理功能的设备和将各种不同功能的装置组合到一起建立综合处理站。如 LF-VD、CAS-OB、IR-UT、RH-OB、RH-KTB，上述装置中再分别配了喂合金线（铝线、稀土线）、合金包芯线（Ca-Si、Fe-B、C芯等）等。这种多功能化的特点，不仅适应了不同品种生产的需要，提高了炉外精炼设备的适应性，还提高了设备的利用率、作业率，缩短了流程，在生产中发挥了更加灵活、全面的作用。

（2）提高精炼设备生产效率和二次精炼比。表 1-5 给出了常用二次精炼设备生产效率的比较，影响二次精炼设备生产效率的主要因素是：钢包净空高度、吹氩强度和混匀时间、升温速度和容积传质系数以及冶炼周期和包衬寿命。

表 1-5 常用二次精炼设备的生产效率

精炼设备	钢包净空高度/mm	吹氩流量/L·(min·t)$^{-1}$	混匀时间/s	升温速度/℃·min^{-1}	容积传质系数/cm^3·s^{-1}	精炼周期/min	钢包寿命/次
CAS-OB	150~250	6~15	60~90	5~12		15~25	60~100
LF	500~600	1~3	200~350	3~5		30~40	50~100

精炼设备	钢包净空高度/mm	吹氩流量/L·(min·t)$^{-1}$	混匀时间/s	升温速度/℃·min^{-1}	容积传质系数/cm³·s^{-1}	精炼周期/min	钢包寿命/次
VD	600~800	0.25~0.50	300~500	—		25~35	17~35
VOD	1000~1200	2.4~4.0	160~400	0.7~1.0		60~90	40~60
RH	150~300	5~7	120~180	—	0.05~0.50	15~25	底部槽420~740 升降管75~120 钢包80~140

　　显然 RH 和 CAS 是生产效率比较高的精炼设备，更适合与生产周期短的转炉匹配使用。

　　为了提高二次精炼的生产效率，近几年国外采用以下技术：提高反应速度，缩短精炼时间；采用在线快速分析钢水成分，缩短精炼辅助时间；提高钢包寿命，加速钢包周转；采用计算机控制技术，提高精炼终点命中率；扩大精炼能力。

　　（3）相关技术不断得到开发和完善。这主要有各种挡渣技术，例如气动挡渣器、挡渣塞、挡渣球、电炉偏心炉底出钢、转炉出钢口滑动水口等；与之配套的示渣技术，例如电感型传感器、振动型传感器、红外传感器等；高寿命精炼用耐火材料及热喷补技术和装备；真空动密封技术与材料；适用于转炉铁水预处理的高供气强度底吹元件；纯净钢炉外处理所需要的痕量元素分析技术；以炉外处理为重点的计算机生产管理、物流控制技术等。它们已变成炉外处理系统工程技术中不可分割的重要组成部分。

　　（4）炉外精炼技术的发展不断促进钢铁生产流程优化重组、不断提高过程自动控制和冶金效果在线监测水平。

　　多年来，炉外精炼技术已发展成为门类齐全、功能独到、系统配套、效益显著的钢铁生产主流技术，发挥着重要的作用，但炉外精炼技术仍处在不断完善与发展之中。未来炉外精炼技术将在以下几个重点方面取得进展：中间包冶金及结晶器冶金技术将逐渐显示其对最终钢铁产品质量优化的重要意义；电磁冶金技术对炉外精炼技术的发展将起到积极的推动作用；中小型钢厂炉外精炼技术；配套同步发展辅助技术，包括冶炼炉准确的终点控制技术、工序衔接技术智能化等；无污染的处理技术及过程的环保技术。

　　（5）炉外精炼技术的发展是为了实现钢铁生产优质高效、节能降耗的目标。炉外精炼技术发展的这一特点是在不断争议中逐渐地形成的。优质的特点最容易为人们所接受，高效的特点在提高整个生产流程的生产效率、朝紧凑化方向的发展过程中也逐渐地被人们认识到。但节能降耗的特点，至今在各个钢厂的生产实践中仍有不同程度的差别和争议。例如，对于全量铁水预处理、全部钢水 RH 真空处理的生产实践，其经济性和可行性仍是不少人争议的内容。但毫无疑问的是；炉外精炼技术已成为现代钢铁生产先进水平的主要标志。

　　（6）炉外精炼技术的发展具有不断促进钢铁生产流程优化重组、不断提高过程自动控制和冶金效果在线监测水平的显著特点。例如，LF 钢包精炼技术促进了超高功率电炉生产流程的优化；以转炉作为铁水预处理最佳设备的综合技术发展，将改变钢铁厂工厂设计与流程；AOD、VOD 实现了不锈钢生产流程优质、低耗、高效化的变革等。突出的流程优化重组的实例说明了这一技术发展的重要作用。

50 多年来，炉外精炼技术已发展成为门类齐全、功能独到、系统配套、效益显著的钢铁生产主流技术，发挥着重要的作用。但炉外精炼技术仍处在不断完善与发展之中。

未来 10 年之内，炉外精炼技术仍将在以下的几个重点方面取得进展：

（1）高炉出铁槽铁水"三脱"或铁水脱硅、脱磷技术。

（2）以转炉作为主要手段的全量铁水预处理，不仅将大大提高铁水预处理的生产效率，而且还将为现有冶金设备的功能优化重组开辟新的方向。

（3）中间包冶金及结晶器冶金技术将逐渐显示其对最终钢铁产品质量优化的重要意义。

（4）电磁冶金技术对炉外处理技术的发展将起到积极的推动作用。

（5）钢铁生产固体原料预处理技术的研究将提高电炉生产效率及质量控制水平。

（6）中小型钢厂炉外处理技术。

（7）配套同步发展辅助技术，包括冶炼炉准确的终点控制技术、工序衔接技术智能化等。

（8）无污染的处理技术及过程的环保技术。

学习重点与难点

学习重点：初级工学习重点是炉外精炼的定义和精炼要素；中级工学习重点是在初级工基础上熟悉各精炼要素的优缺点；高级工学习重点是能选择合适的炉外精炼方法。

学习难点：炉外精炼要素、方法。

思考与分析

1. 什么叫钢水炉外精炼？
2. 炉外精炼的目的和手段是什么？
3. 钢水精炼设备选择的依据是什么？
4. 钢水炉外精炼的发展方向有哪些？

2 合金加入量计算

教学目的与要求

1. 合金加入量计算的基本公式；

2. 合金计算的思路与过程，准确计算合金加入量；

3. 死配活加，成本意识；

4. 控制夹杂物含量与形态，炉外精炼工艺路线的确定。

2.1 脱氧剂铝加入量及喂线量计算

考虑氧对钢的有害作用，需要对钢水进行脱氧，铝是最便宜的脱氧剂。

例1 出钢量 210t，钢水中氧含量 700ppm，若铝的过剩系数取 1.4，理论计算钢水全脱氧需要加多少铝？（小数点后保留一位数，铝原子量 27，氧原子量 16）

解：210t 钢中 [O] = 0.07%，钢水中氧重量为：

$$210 \times 1000 \times 0.07\% = 147 \text{kg}$$

设铝加入量为 x：

$$2Al + 3[O] = (Al_2O_3)$$

$$2 \times 27 \quad 3 \times 16$$

$$x \qquad 147$$

$$x = \frac{2 \times 27 \times 147}{3 \times 16} = 165.4 \text{kg}$$

考虑过剩系数，实际加铝量为 $1.4 \times 165.4 \approx 231.6 \text{kg}$

答：钢水全脱氧需要加入铝 231.6kg。

由于渣中氧和空气氧的影响，钢水中会增加酸溶铝，所以应根据实际确定铝的过剩系数。

✎ 练习题●

1. 1ppm 表示百万分之一。（　　）√

2. 某钢种结束 Ti 目标值为 100ppm，则其质量分数为（　　）。B

    A. 0.1%　　　　　B. 0.01%　　　　　C. 0.001%　　　　　D. 0.0001%

● 练习题中没有选项的为判断题；有选项没注明的为单选题；多选题在题目前有括号注明。

3. 某钢种结束 Ti 目标质量分数为 0.001%，该值还可以表示为（　　）。B

A. 1ppm　　　　B. 10ppm　　　　C. 100ppm　　　　D. 1000ppm

1600℃下，$2[Al]+3[O]=\!\!=\!\!=Al_2O_3$ 反应达到平衡有平衡常数 K，$K=\dfrac{Al_2O_3}{[Al]^2[O]^3}$，温度一定，平衡常数不变，$Al_2O_3$ 是固体，浓度为 1，故而铝氧浓度乘积 $[Al]^2[O]^3$ 是一个常数：

$$[Al]<0.0001\%=1ppm$$
$$[Al]^2[O]^3=1.1\times10^{-15}$$
$$[Al]>0.0001\%$$
$$[Al]^2[O]^3=3.2\times10^{-14}$$

除了前面计算的铝加入量外，若将 O 浓度控制在 20ppm 以下，还需要按上式计算多加铝，使铝浓度控制在 $\sqrt{\dfrac{3.2\times10^{-14}}{0.002^3}}=0.002\%$。

实际多加铝 $0.002\%\times210\times1000=4.2kg$，考虑钢中还有其他脱氧元素复合脱氧效果，实际加铝量可少些。

同理，1600℃下，可以根据各个脱氧反应平衡常数推出：

$$[Mn]>1\%,[Mn][O]=5.1\times10^{-2}$$
$$[Si]>0.0020\%=20ppm,[Si][O]^2=2.2\times10^{-5}$$
$$[C][O]=2.0\times10^{-3}/p_{CO}$$

加铝除了脱氧作用外，还有合金化作用，可以细化晶粒，改善钢的抗腐蚀性能，降低氮的时效性，为了保证吸收率的稳定，一般采用喂铝线方式加入。喂铝线长度是一个重要的工艺参数，加铝过多，容易造成连铸过程水口絮流套眼影响拉速，严重的会造成水口堵塞中断浇注。

例2　210t 钢水，若铝的利用率为 40%，铝线直径为 10mm，铝的密度为 2.7t/m³，每增 1ppm 铝应喂多少米铝线？

解：每米铝线进入钢水铝量为：

$$3.14\times0.005^2\times1\times2.7\times1000\times1000\times40\%=84.78g$$

210t 钢水，1ppm 铝重量为：

$$210\times1000\times1000\times0.0001\%=210g$$
$$需要铝线量=210/84.78=2.48m$$

答：增 1ppm 铝应喂 2.48m 铝线。

铝的利用率用喂线管与钢水液面的夹角、渣子氧化性、喂线速度、吹氩流量等多种因素有关。

解决高铝钢水口絮流套眼的措施之一就是保证钢水钙铝比在 0.10~0.15，向钢水中喂入钙线。需根据铝含量确定喂钙线长度。

例3　钙线每米合金粉末量大于 125g/m，其中钙含量为合金粉末含量的 28%，钙吸收率在吹氩时为 10%，根据钙铝比为 0.12，计算 210t 钢水，全铝为 0.015%，应该喂多少米钙线？

解：每米钙线进入钢水钙量为 $125\times28\%\times10\%=3.5g/m$

210t 钢水，全铝为 0.015%，铝重量为：

$$210 \times 1000 \times 1000 \times 0.015\% = 31500g$$

按照 $[Ca]/[Al] = 0.12$，需要钙量 $= 31500 \times 0.12 = 3780g$

则喂钙线量 $= 3780/3.5 = 1080m$

答： 应该喂入 1080m 钙线。

练 习 题

1. 使用在线喂线机进行调碳时（按钢水 150 吨/炉进行计算，粉重 135g/m，碳粉吸收率为 95%），可参考每（　　）米碳线钢水增碳 0.01%。C

    A. 107   B. 117   C. 127   D. 137

2. 使用在线喂线机进行调碳时（按钢水 210 吨/炉进行计算，粉重 135g/m，碳粉吸收率为 95%），可参考每（　　）米碳线钢水增碳 0.01%。C

    A. 124   B. 144   C. 164   D. 184

2.2　真空冶炼合金加入量计算

合金加入量计算公式包括：

$$合金加入量(kg/t) = \frac{钢种规格目标(\%) - 钢种进站成分(\%)}{铁合金合金元素含量(\%) \times 合金元素吸收率(\%)} \times 1000 \tag{2-1}$$

合金加入量计算式（2-1）和合金增碳量计算式（2-3）是基于质量守恒定律推出的结果，即钢中合金元素质量等与加入合金元素质量乘以吸收率。一般钢种规格目标按成分规格中限控制，其中钢种规格中限等于上限与下限的一半，见式（2-2）。对合金加入量计算公式进行转换可以得到返算吸收率，见式（2-5）。

$$钢种规格中限(\%) = \frac{钢种规格上限(\%) + 钢种规格下限(\%)}{2} \tag{2-2}$$

$$合金增碳量 = \frac{合金加入量 \times 合金含碳量 \times 碳吸收率(\%)}{1000} \times 100\% \tag{2-3}$$

$$增碳剂加入量(kg) = \frac{增C量(\%)}{增C剂含C量(\%) \times C元素吸收率(\%)} \tag{2-4}$$

$$\eta(\%) = \frac{钢种成品实际成分(\%) - 进站成分(\%)}{合金元素含量(\%) \times 合金加入量(kg/t)} \times 1000 \tag{2-5}$$

在真空精炼过程中，可大大提高合金元素吸收率，可参考表 2-1 所列数据。

表 2-1　RH 精炼时合金元素吸收率　　　　　　　　　　　　　（%）

合金元素	Mn	Si	C	Al	Cr	V	Ti	B	Nb	P	Cu	Ni	Mo
吸收率	90~95	90	95	75	100	100	75	70~80	95	95	100	100	100

例 4　冶炼 MLMnVB 的规格成分以及钢水进入 RH 精炼站包样成分见表 2-2。计算每

吨钢的合金加入量。

表2-2　冶炼 MLMnVB 以及钢水进入 RH 精炼站包样的规格成分　　　　（%）

指　标	C	Si	Mn	P	S	V	B
MLMnVB 规格成分	0.13 ~ 0.17	≤0.08	1.30 ~ 1.50	≤0.025	≤0.015	0.085 ~ 0.105	0.0010 ~ 0.0030
入精炼站包样	0.12	0.04	1.25	0.020	0.010	—	—
中碳 Fe-Mn	0.9	2.0	70			—	—
Fe-V	0.6	1.8	—			42	—
Fe-B	—					—	11

解： 各元素吸收率按表2-1考虑。

$$Fe\text{-}V\ 合金加入量 = \frac{钢种规格中限 - 钢种进站成分}{铁合金合金元素含量 \times 合金元素吸收率} \times 1000$$

$$= \frac{0.095\% - 0}{42\% \times 100\%} \times 1000 = 2.26\,kg/t$$

$$Fe\text{-}B\ 合金加入量 = \frac{0.002\% - 0}{11\% \times 80\%} \times 1000 = 0.23\,kg/t$$

$$中碳\ Fe\text{-}Mn\ 合金加入量 = \frac{1.40\% - 1.25\%}{70\% \times 95\%} \times 1000 = 2.26\,kg/t$$

$$增碳量 = \frac{合金加入量 \times 合金碳含量 \times 碳吸收率}{1000} \times 100\%$$

$$= \frac{2.26 \times 0.6\% \times 95\% + 2.26 \times 0.9\% \times 95\%}{1000} \times 100\% = 0.003\%$$

$$增硅量 = \frac{2.26 \times 1.8\% \times 90\% + 2.26 \times 2.0\% \times 90\% + 0.23 \times 11\% \times 90\%}{1000} \times 100\%$$

$$= 0.01\%$$

答： 每吨钢加入 Fe-V 2.26kg、Fe-B 0.23kg、中碳 Fe-Mn 2.26kg，C、Si 成分均未出格。

合金加入量计算错误或者称量错误会造成成分出格废品。

例5 某炉次，6:32 到精炼站，到站温度 1590℃，LF 炉处理过程加磷铁 340kg，Fe-P 中 P 含量约为 25.9%，此炉到站成分中[P] = 0.0064%，钢水量按 210t，目标按[P] = 0.018% 计算，7:13 过程成分回，因[P] = 0.0546%，超判定 0.015% ~ 0.025%，整炉回炉（表2-3）。计算该炉 Fe-P 加入量应该是多少？

表2-3　各阶段钢中成分　　　　（%）

钢中成分	C	Si	Mn	P	S	[Al]$_t$	[Al]$_s$
判　定	0.06 ~ 0.09	0.10 ~ 0.17	0.70 ~ 0.80	0.015 ~ 0.025	0.010	0.025 ~ 0.055	
目　标	0.07	0.13	0.75	0.018	0.008	0.035	
炉后样 06:30:27	0.0393	0.067	0.5717	0.0066	0.009	0.0265	0.0125
到站样 06:49:26	0.0358	0.0609	0.5863	0.0064	0.008	0.0414	0.0361
过程1 07:13:11	0.0648	0.0978	0.7259	0.0546	0.0045	0.0285	0.0239

解：按照合金加入量计算公式，调 Fe-P 量：

$$\frac{210 \times 1000 \times (0.018\% - 0.0064\%)}{100\% \times 25.9\%} = 94.05kg$$

答：应该加入 Fe-P 94.05kg。精炼工计算失误，岗位实际调磷铁 340kg，调磷铁过多是造成磷高整炉回的主要原因。

练 习 题

1. RH 真空精炼过程中铝粒的吸收率一般在（　　）。B
   A. 60% 以下　　　　B. 65%~80%　　　　C. 80%~90%　　　　D. 95% 以上

2. RH 真空处理过程中铝的加入量计算公式为（　　），其中 $\Delta[Al]$ 表示铝的实际浓度与目标浓度的差（%），$[O]$ 表示钢中的自由氧含量（%），W 表示钢水重量，R 表示收得率，C 表示铝的纯度。B
   A. $Al = (1.0[O] + \Delta[Al]) \times W/(R \times C)$
   B. $Al = (1.125[O] + \Delta[Al]) \times W/(R \times C)$
   C. $Al = (1.135[O] + \Delta[Al]) \times W/(R \times C)$
   D. $Al = (2.5[O] + \Delta[Al]) \times W/(R \times C)$

2.3 二元合金加入量计算

镇静钢使用两种以上合金脱氧，合金加入量计算步骤如下：

（1）用单一合金 Fe-Mn 和 Fe-Si 脱氧，分别计算 Fe-Mn 和 Fe-Si 加入量。

（2）若用 Mn-Si 合金，Fe-Si、Ba-Al-Si 等复合合金脱氧合金化，即先按钢中 Mn 含量中限计算 Mn-Si 加入量。再计算各合金增硅量；最后把增硅量作残余，计算硅铁补加数量。

（3）生产船板钢等，钢中 $\dfrac{[Mn]_\text{中} - [Mn]_\text{余}}{[Si]_\text{中}} < $ 硅锰合金中 $\dfrac{[Mn]}{[Si]}$ 时，计算步骤须按加 Mn-Si 补 Fe-Mn。

例 6　冶炼 Q345A，用 Mn-Si、Ba-Al-Si、Ca-Si 合金脱氧合金化，每吨钢水加 Ba-Al-Si 合金 0.75kg，Ca-Si 合金 0.70kg，成分见表 2-4。计算合金加入量。

表 2-4 合金成分表　　　　　　　　　　　　　　（%）

成 分	C	Si	Mn
Mn-Si	1.6	18.4	68.5
Fe-Si	—	75	—
Al-Ba-Si	0.10	42	—
Ca-Si	0.8	58	—
Q345A	0.14~0.22	0.20~0.60	1.20~1.60
η	90	80	85

注：$w_{[Mn]余} = 0.16\%$。

解：（1）根据 Mn 要求计算 Mn-Si 加入量：

$$Mn\text{-}Si \text{ 合金加入量} = \frac{\text{钢种规格中限} - \text{终点残余成分}}{\text{铁合金合金元素含量} \times \text{合金元素吸收率}} \times 1000$$

$$= \frac{1.40\% - 0.16\%}{68.5\% \times 85\%} \times 1000 = 21.30 \text{kg/t}$$

（2）计算 Fe-Si 加入量：

21.30kg Mn-Si 增硅量：

$$\text{增硅量} = \frac{\text{合金加入量} \times \text{合金硅含量} \times \text{硅吸收率}}{1000} \times 100\%$$

$$= \frac{21.30 \times 18.4\% \times 80\%}{1000} \times 100\% = 0.314\%$$

每吨钢水加入 0.75kg Ba-Al-Si 和 0.7kg Ca-Si 合金的增硅量：

Ba-Al-Si 增硅量：

$$\text{增硅量} = \frac{0.75 \times 42\% \times 80\%}{1000} \times 100\% = 0.025\%$$

Ca-Si 增硅量：

$$\text{增硅量} = \frac{0.7 \times 58\% \times 80\%}{1000} \times 100\% = 0.032\%$$

Si 量不足，补加 Fe-Si 量：

$$Fe\text{-}Si \text{ 合金加入量} = \frac{\text{钢种规格中限} - \text{终点残余成分} - \text{增硅量}}{\text{铁合金合金元素含量} \times \text{合金元素吸收率}} \times 1000$$

$$= \frac{0.40\% - 0.314\% - 0.025\% - 0.032\%}{75\% \times 80\%} \times 1000 = 0.48 \text{kg/t}$$

答：每吨钢水需加 Mn-Si 合金 21.30kg，Fe-Si 合金 0.48kg。

✏️ **练 习 题**

1. 合金加入量的计算公式是：合金吸收率 = ［（钢的成分中限 – 加合金前钢中含量）× 钢水量/（合金加入量 × 合金成分含量）］× 100%。（　　）×

2. 冶炼 SWRH82B 钢种，精炼到站成分［Cr］= 0.20%，目标成分［Cr］= 0.25%（按钢水100吨/炉，铬铁 Cr 含量50%、吸收率100%进行计算），需向钢水中加入铬铁（　　）kg。C
   A. 60　　　　　B. 80　　　　　C. 100　　　　　D. 120

3. 冶炼 SWRH82B 钢种，精炼到站成分［Cr］= 0.20%，目标成分［Cr］= 0.25%（按钢水250t/炉，铬铁 Cr 含量50%、吸收率100%进行计算），需向钢水中加入铬铁（　　）kg。B
   A. 200　　　　　B. 250　　　　　C. 300　　　　　D. 350

4. 合金添加量的计算公式为（　　）。A
   A. 合金添加量 =（目标值 – 加合金前钢中含量）× 钢水量/（收得率 × 合金成分含量）
   B. 合金添加量 =（目标值 – 加合金前钢中含量）× 钢水量/收得率
   C. 合金添加量 = 目标值 × 钢水量/（收得率 × 合金成分含量）

D. 合金添加量 = （目标值 - 加合金前钢中含量）× 钢水量 × 收得率 × 合金成分含量

2.4 返算吸收率

例7 在例6中取包样分析成分为 $[Si] = 0.36\%$，$[Mn] = 1.32\%$，问成分是否出格，并返算合金元素的实际吸收率。

解： 锰元素吸收率：

$$\eta_{Mn} = \frac{钢种实际锰成分 - 终点锰残余成分}{铁合金锰元素含量 × 锰合金加入量} × 1000$$

$$= \frac{1.32\% - 0.16\%}{68.5\% × 21.30} × 1000 = 79.5\%$$

硅元素吸收率：

$$\eta_{Si} = \frac{钢种实际硅成分 - 终点硅残余成分}{\sum（铁合金硅元素含量 × 硅合金加入量）} × 1000$$

$$= \frac{0.36\% - 0}{18.4\% × 21.30 + 75\% × 0.48 + 42\% × 0.75 + 58\% × 0.70} × 1000 = 72.0\%$$

答： 成分未出格，锰元素的实际吸收率为 79.5%，硅元素的实际吸收率为 72.0%。

✎ 练习题

合金吸收率的计算公式是：合金吸收率 = ［（钢的成分中限 - 加合金前钢中含量）× 钢水量/（合金加入量 × 合金成分含量）］× 100%。（　　）√

2.5 多元合金加入量计算

例8 吹炼 10MnPNbRE，余锰 0.10%，余磷 0.010%。钢种成分、铁合金成分及元素吸收率见表2-5。

表 2-5　钢种成分、铁合金成分及元素吸收率　　　　　　（%）

名　　称	C	Si	Mn	P	S	Nb	RE	Ca
10MnPNbRE	≤0.14	0.20~0.60	0.80~1.20	0.06~0.12	≤0.05	0.015~0.050	≤0.20	
Fe-Nb	6.63	1.47	56.51	0.79	—	4.75	—	—
中碳 Fe-Mn	0.48	0.75	80.00	0.20	0.02	—	—	—
Fe-P	0.64	2.18	—	14.0	0.048	—	—	—
Fe-RE	—	38.0	—	—	—	—	31	—
Ca-Si	—	64.48	—	—	—	—	—	20.6
Fe-Si		75						
Al-Ba-Si	0.10	42	—	0.03	0.02			
η	95	75	80	85	—	70	100	

脱氧剂为 Ca-Si 合金 2kg/t 钢；Ba-Al-Si 合金 1kg/t 钢。计算 1t 钢水合金加入量和增碳量。

解： 先计算合金表中稀有元素合金加入量，后算其他各种合金加入量，即计算顺序按 Fe-RE→Fe-Nb→中碳 Fe-Mn→Fe-P→Fe-Si 进行：

（1）Fe-RE 加入量：

$$Fe-RE\ 加入量 = \frac{钢种规格中限 - 终点残余成分}{铁合金合金元素含量 \times 合金元素吸收率} \times 1000$$

$$= \frac{0.15\% - 0}{31\% \times 100\%} \times 1000 = 4.84kg/t$$

（2）Fe-Nb 加入量：

$$Fe-Nb\ 加入量 = \frac{0.0325\% - 0}{4.75\% \times 70\%} \times 1000 = 9.77kg/t$$

（3）Fe-Nb 增锰量：

$$Fe-Nb\ 增锰量 = \frac{合金加入量 \times 合金锰含量 \times 锰吸收率}{1000} \times 100\%$$

$$= \frac{9.77 \times 56.51\% \times 80\%}{1000} \times 100\% = 0.442\%$$

中碳 Fe-Mn 加入量：

$$Fe-Mn\ 加入量 = \frac{1.00\% - 0.442\% - 0.10\%}{80\% \times 80\%} \times 1000 = 7.16kg/t$$

（4）Fe-Nb 增磷量：

$$Fe-Nb\ 增磷量 = \frac{9.77 \times 0.79\% \times 85\%}{1000} \times 100\% = 0.0066\%$$

中碳 Fe-Mn 增磷量：

$$中碳\ Fe-Mn\ 增磷量 = \frac{7.16 \times 0.20\% \times 85\%}{1000} \times 100\% = 0.0012\%$$

Ba-Al-Si 增磷量：

$$Ba-Al-Si\ 增磷量 = \frac{1 \times 0.03\% \times 85\%}{1000} \times 100\% \approx 0$$

Fe-P 加入量：

$$Fe-P\ 加入量 = \frac{0.09\% - 0.0066\% - 0.0012\% - 0.010\% - 0}{14.0\% \times 85\%} \times 1000 = 6.07kg/t$$

（5）Ca-Si 增硅量：

$$Ca-Si\ 增硅量 = \frac{2 \times 64.48\% \times 75\%}{1000} \times 100\% = 0.097\%$$

Fe-Nb 增硅量：

$$Fe-Nb\ 增硅量 = \frac{9.77 \times 1.47\% \times 75\%}{1000} \times 100\% = 0.011\%$$

中碳 Fe-Mn 增硅量：

$$中碳\ Fe-Mn\ 增硅量 = \frac{7.16 \times 0.75\% \times 75\%}{1000} \times 100\% = 0.004\%$$

Fe-P 增硅量：

$$Fe\text{-}P\ 增硅量 = \frac{6.07 \times 2.18\% \times 75\%}{1000} \times 100\% = 0.010\%$$

Fe-RE 增硅量：

$$Fe\text{-}RE\ 增硅量 = \frac{4.84 \times 38.0\% \times 75\%}{1000} \times 100\% = 0.138\%$$

Ba-Al-Si 增硅量：

$$Ba\text{-}Al\text{-}Si\ 增硅量 = \frac{1 \times 42.0\% \times 75\%}{1000} \times 100\% = 0.032\%$$

Fe-Si 加入量：

$$Fe\text{-}Si\ 加入量 = \frac{0.40\% - 0.097\% - 0.011\% - 0.004\% - 0.010\% - 0.138\% - 0.032\%}{75\% \times 75\%} \times 1000$$

$$= 1.92\text{kg/t}$$

（6）增碳量：

$$增碳量 = \frac{(4.84 \times 0\% + 9.77 \times 6.63\% + 7.16 \times 0.48\% + 6.07 \times 0.64\% + 1.92 \times 0\% + 1 \times 0.10\%) \times 95\%}{1000}$$

$$\times 100\% = 0.07\%$$

终点碳应在 0.14% − 0.07% = 0.07% 以下。实际按 0.05%~0.07% 控制。

答：每吨钢加入 Fe-RE 合金 4.84kg，Fe-Nb 合金 9.77kg，中碳 Fe-Mn 合金 7.16kg，Fe-P 合金 6.07kg，Fe-Si 合金 1.92kg，增碳量为 0.07%。

2.6 合金成本及精炼路线选择

例 9 某钢厂 100t 转炉，浇注方坯，精炼设备有吹氩站、LF 炉、VD、RH、CAS-OB 等。生产 300M 或 SAE4340，此钢种用于制造飞机起落架和一级方程式赛车发动机零件，它需要超高强度和硬度，抗拉强度要达到 2000MPa，断裂强度达到 55MPa，是夹杂物含量极低的超纯净钢，以前用真空重熔法冶炼，现改用转炉生产，出钢和目标成分见表 2-6。

表 2-6 转炉生产的出钢和目标成分　　　　　　　　（%）

元 素	出钢成分	钢种下限	钢种上限	元 素	出钢成分	钢种下限	钢种上限
C	0.1300	0.40	0.45	B	0.0000	0	0.0002
Si	0.0060	1.45	1.80	Ni	0.1000	1.65	2.00
Mn	0.1200	0.60	0.90	V	0.0000	0.05	0.10
P	0.0070	0	0.01	Mo	0.0020	0.3	0.45
S	0.0080	0	0.005	N	0.0030	0	0.005
Cr	0.0100	0.65	0.90	H	0.0004	0	0.0003
Al	0.0000	0.015	0.030	O	0.0400	0	0.0005

要达到钢液的目标成分，需要脱除氧、硫、磷、氢和氮等元素，选择哪种炉外精炼工艺路线更合适？

为了满足目标成分的要求，应加入哪些合金，各加多少，在什么条件下加入？添加后会不会引起其他成分的变化，变化多大？添加剂对成本、温度和纯净度有无影响？

无论选择哪种精炼方式，合金吸收率都有提高，相应减少合金用量，从而降低了成本。然而，应用精炼技术会增加钢的成本，应保证降低综合成本。当加入较贵重的合金时，例如 Fe-Nb、Fe-Mo 等，就更需要采取气体保护。

根据以下给定条件，计算合金加入量，并按规定的时间运送到铸机。要求设计的总成本低于 2080.00 元。合金成分及成本价格如下：

精炼方法	VD 或 RH	LF	CAS-OB
吨钢成本/元	140	80	40

钢水量 100t，出钢温度 1675℃，连铸目标温度 1558～1578℃，夹杂物水平要求低，钢水 1h 50min ± 5min 后送方坯连铸机，要求：

（1）确定目标成分；

（2）选择精炼路线；

（3）选择合金；

（4）从出钢加合金开始，按精炼顺序，计算合金加入量，使总成本 =（合金成本 + 精炼成本）< 2080.00 元/吨；

（5）写出计算式并说明各精炼方法的作用。

添加剂的成分和成本见表 2-7。

表 2-7　添加剂的成分和成本　　　　　　（%）

合　金	C	Si	Mn	P	S	Al	其他	Ti	Ca	每吨价格/元
增碳剂	98.00									2240.00
高碳锰铁	6.70	1.00	76.50	0.30	0.03					3920.00
低碳锰铁	0.85	0.50	81.50	0.25	0.10					6720.00
高纯净度锰铁			49.00							14560.00
硅锰合金	0.50	30.00	60.00	0.08	0.08					4480.00
硅铁75	0.15	75.00				1.50				6160.00
高纯净度硅铁	0.02	75.00	0.20			0.06				6720.00
硅铁45	0.20	45.00	1.00			2.00			0.50	5040.00
铝　线						98.00				16800.00
铝　粒						98.00				11200.00
硼铁合金		3.00		0.20			[B] 20.00			30240.00
铬铁合金	6.40						[Cr] 66.50			10080.00
钼铁合金							[Mo] 70.00			134400.00
铌铁合金	0.20	2.00		0.20	0.20	2.00	[Nb] 63.00	2.00		78400.00
钒　铁							[V] 50.00			67200.00
磷　铁		1.50		26.00						5040.00
硫　铁					28.00					5600.00

合 金	C	Si	Mn	P	S	Al	其他	Ti	Ca	每吨价格/元
镍							[Ni] 99.00			56000.00
钛								99.00		22400.00
硅钙粉		50.00							28.00	9744.00
硅钙线		50.00							28.00	12320.00
在RH、LF炉和CAS-OB处的平均合金吸收率	95.00	98.00	95.00	98.00	80.00	90.00	100.00	90.00	15.00	
在转炉或吹氩站的平均合金吸收率	66.00	69.00	66.00	69.00	56.00	63.00	70.00	63.00	10.00	

解:(1)计算前应考虑以下问题:

1)成本,使用价格便宜的合金;钢种目标成分按照中限下限的一半进行合金配料

(即目标 $= \dfrac{\dfrac{下限 + 上限}{2} + 下限}{2} = 0.75 \times w_{下限} + 0.25 \times w_{上限}$),目标成分见表2-8。

2)钢种铝含量高,为避免套眼必须保证 $[Ca]/[Al] = 0.15$,$[Ca] = 0.15 \times 0.019\% = 0.003\%$。

3)考虑成分稳定性,用硅钙线和铝线,镍、钼合金熔点高,在出钢过程合金化,其他合金元素在LF炉或者脱气站进行合金化。

4)应对P、H、N、O进行增量计算,保证不超标。

表2-8 配料目标成分 (%)

元 素	出钢成分	钢种下限	钢种上限	目 标
C	0.1300	0.40	0.45	0.413
Si	0.0060	1.45	1.80	1.538
Mn	0.1200	0.60	0.90	0.675
P	0.0070	0	0.01	<0.008
S	0.0080	0	0.005	<0.004
Cr	0.0100	0.65	0.90	0.713
Al	0.0000	0.015	0.03	0.019
B	0.0000	0	0.0002	0.0001
Ni	0.1000	1.65	2.00	1.738
V	0.0000	0.05	0.10	0.063
Mo	0.0020	0.30	0.45	0.338
N	0.0030	0	0.005	<0.004
H	0.0004	0	0.0003	<0.0002
O	0.0400	0	0.0005	<0.0004
Ca				0.003

(2)根据钢的综合性能和合金成本选择精炼路线,选择转炉炼钢—LF炉—RH—连铸

的工艺路线，LF 炉进行升温、脱硫、脱氧，目标周期约 70min，RH 轻处理脱氧、脱气、去夹杂，周期约 30min，精炼完毕钢水镇静 10min。

（3）按照合金成分，计算顺序为镍→钼铁→硅锰→硅钙线→硼铁→铬铁→钒铁→硅铁→铝线→增碳剂。

（4）合金加入顺序：

出钢加：镍→钼铁；

LF 炉加：硅锰→硅铁→铬铁→增碳剂；

RH 加：钒铁→硼铁→铝线→硅钙线。

$$镍加入量 = \frac{钢种目标要求 - 终点残余成分}{铁合金合金元素含量 \times 合金元素吸收率} \times 1000 \times 100$$

$$= \frac{1.738\% - 0.100\%}{99\% \times 70\%} \times 1000 \times 100 = 2364kg$$

$$钼铁加入量 = \frac{0.338\% - 0.002\%}{70\% \times 70\%} \times 1000 \times 100 = 686kg$$

$$硅锰加入量 = \frac{0.675\% - 0.120\%}{60\% \times 95\%} \times 1000 \times 100 = 973kg$$

$$硅钙加入量 = \frac{0.003\% - 0.000\%}{28\% \times 15\%} \times 1000 \times 100 = 71kg$$

$$铬铁加入量 = \frac{0.713\% - 0.01\%}{66.5\% \times 99\%} \times 1000 \times 100 = 1068kg$$

$$硼铁加入量 = \frac{0.0001\% - 0.0000\%}{20\% \times 100\%} \times 1000 \times 100 = 0.5kg$$

$$钒铁加入量 = \frac{0.063\% - 0.000\%}{50\% \times 100\%} \times 1000 \times 100 = 126kg$$

$$增硅量 = \frac{\sum(合金加入量 \times 合金硅含量) \times 硅吸收率}{1000 \times 100} \times 100\%$$

$$= \frac{(71 \times 50.0\% + 0.5 \times 3\% + 973 \times 30\%) \times 98\%}{1000 \times 100} \times 100\% = 0.321\%$$

$$硅铁加入量 = \frac{(钢种目标要求 - 终点残余成分 - 增硅量)}{铁合金合金元素含量 \times 合金元素吸收率} \times 1000 \times 100$$

$$= \frac{1.538\% - 0.006\% - 0.321\%}{75\% \times 98\%} \times 1000 \times 100 = 1648kg$$

$$增铝量 = \frac{1648 \times 1.50\% \times 90\%}{1000 \times 100} \times 100\% = 0.022\%$$

铝含量在目标规格范围内，不必补加铝粒。但是考虑钙铝比，应调整钙量到 $[Ca] = 0.15 \times 0.022\% \approx 0.004\%$。

$$硅钙加入量 = \frac{0.004\% - 0}{28\% \times 15\%} \times 1000 \times 100 = 95kg$$

$$增硅量 = \frac{(95 \times 50.0\% + 0.5 \times 3\% + 973 \times 30\%) \times 98\%}{1000 \times 100} \times 100\% = 0.333\%$$

$$硅铁加入量 = \frac{1.538\% - 0.006\% - 0.333\%}{75\% \times 98\%} \times 1000 \times 100 = 1631kg$$

$$增铝量 = \frac{1631 \times 1.50\% \times 90\%}{1000 \times 100} \times 100\% = 0.022\%$$

$$增磷量 = \frac{(973 \times 0.08\% + 0.5 \times 0.20\%) \times 98\%}{1000 \times 100} \times 100\% = 0.0008\%$$

$$增硫量 = \frac{973 \times 0.08\% \times 80\%}{1000 \times 100} \times 100\% = 0.0006\%$$

$$增碳量 = \frac{(973 \times 0.50\% + 1631 \times 0.15\% + 1068 \times 6.40\%) \times 95\%}{1000 \times 100} \times 100\% = 0.0072\%$$

显然碳、磷、硫、铝均未超标。

$$增碳剂加入量 = \frac{0.413\% - 0.13\% - 0.0072\%}{98\% \times 95\%} \times 1000 \times 100 = 226 kg$$

计算结果见表2-9。

表2-9　计算结果（一）

元素	成分/%					合金加入量 /kg	合金每吨 价格/元	合金每吨 成本/元
	出钢成分	钢种下限	钢种上限	目标	增加量			
C	0.13	0.4	0.45	0.413	0.073	226	2240	5.06
Si	0.006	1.45	1.8	1.538	0.333	1631	6160	101.47
Mn	0.12	0.6	0.9	0.6750		973	4480	43.60
P	0.007	0	0.01	<0.008	0.0008			0.00
S	0.008	0	0.005	<0.004	0.0006			0.00
Cr	0.01	0.65	0.9	0.713		1068	10080	107.65
Al	0	0.015	0.03	0.019	0.022		16800	0.00
B	0	0	0.0002	0.0001		0.5	30240	0.15
Ni	0.1	1.65	2	1.738		2364	56000	1323.84
V	0	0.05	0.1	0.063		126	67200	84.67
Mo	0.002	0.3	0.45	0.338		686	134400	921.98
N	0.003	0	0.005	<0.004				0.00
H	0.0004	0.0003	0.0002	<0.0002				0.00
O	0.04	0	0.0005	<0.0004				0.00
Ca	0			0.004		95.0	12320	11.70
精炼成本								140+80
总成本								2819.12

总成本 = $\sum$（合金加入量×合金吨价格）/（1000×100）+ 精炼成本 = （2364×56000 + 686×134400 + 0.5×30240 + 1068×10080 + 126×67200 + 973×4480 + 95×12320 + 1631×6160 + 226×2240）/（1000×100）+ 140 + 80 = 2819.12（元/吨）。

成本高于2080元/吨，从表2-9可以看出，吨钢成本最大三项是镍、钼铁和硅铁，将三目标成分适当降低，并改在LF炉中加入，在加入时需加热并吹氩强搅拌保证成分均匀。

计算步骤同前，计算结果见表2-10。

表2-10　计算结果（二）

元素	成分/%					合金加入量/kg	合金每吨价格/元	合金每吨成本/元
	出钢成分	钢种下限	钢种上限	目标	增加量			
C	0.13	0.4	0.45	0.4130	0.0704	228	2240	5.11
Si	0.006	1.45	1.8	1.5000	0.320	1597	6160	98.38
Mn	0.12	0.6	0.9	0.6500		930	4480	41.66
P	0.007	0	0.01	<0.008	0.0007			0.00
S	0.008	0	0.005	<0.004	0.0006			0.00
Cr	0.01	0.65	0.9	0.7000		1048	10080	105.64
Al	0	0.015	0.03	0.0190	0.0216		16800	0.00
B	0	0	0.0002	0.0001		0.5	30240	0.08
Ni	0.1	1.65	2	1.7000		1616	56000	904.96
V	0	0.05	0.1	0.0630		126	67200	84.67
Mo	0.002	0.3	0.45	0.3150		447	134400	600.77
N	0.003	0	0.005	<0.004				0.00
H	0.0004	0	0.0003	<0.0002				0.00
O	0.04	0	0.0005	<0.0004				0.00
Ca	0			0.0040		95	12320	11.70
精炼成本								140+80
总 成 本								2072.67

总成本低于2080元/吨，合乎要求。

学习重点与难点

学习重点：初级工学习重点是合金加入量计算公式和单元合金加入量计算；中级工学习重点是在初级工基础上增加二元合金加入量计算和铝加入量计算；高级工学习重点是学习合金吸收率返算、多元合金加入量计算、合金成本核算等内容。

学习难点：小数、百分数计算，合金配料计算顺序，成本计算。

思考与分析

1. 出钢量80t，钢水中氧含量900ppm，理论计算钢水全脱氧需要加多少铝？（小数点后保留一位数，铝原子量27，氧原子量16）

2. 钙线每米合金粉末量大于125g/m，其中钙含量为合金粉末含量的28%，钙吸收率在LF炉时为20%，根据钙铝比为0.12，计算210t钢水，全铝为0.001%，应该喂多少米钙线？（36m）

3. 合金加入量计算中"死配活加"是什么含义？

3　精炼原材料

教学目的与要求

1. 炉外精炼原材料的鉴别和选用；选用原材料的原则。
2. 所用原材料的性能、标准及作用；常用原材料质量鉴别方法。
3. 鉴别散状料、合金料。

原材料是炼钢、精炼的基础，原材料质量的好坏对炼钢、精炼工艺和钢的质量有直接影响。倘若原材料质量不合要求，势必导致消耗增加，污染钢水，产品质量变差，有时还会出现废品，造成产品成本的增加。国内外实践证明，采用精料以及原料标准化，是实现冶炼过程自动化的先决条件，也是改善各项技术经济指标和提高经济效益的基础。

对于炉外精炼原材料的总体要求是：有效成分高、有害杂质少、干燥清洁、块度合适、成分准确。

炉外精炼原材料按其状态分为合金料、合金线、增碳剂、造渣料及保温剂，有时还用到调温废钢。炉外精炼用到的气体有搅拌用的氩气、升温脱碳用的氧气、密封及破真空的氮气、抽真空用的水蒸气等。

✎ 练 习 题

（多选）钢铁冶炼对原材料的基本要求是：清洁、（　　　　）。ABCD

　　A. 成分清楚　　　　　B. 块度合适　　　　　C. 重量准确　　　　　D. 干燥

3.1　合金料

3.1.1　合金料的要求

为脱除钢中多余的氧，并调整成分达到钢种规格，需加入铁合金以脱氧合金化。炉外精炼对铁合金的主要要求：

（1）合适的块度，精炼用合金粒度 10~50mm，成分和数量要准确。

（2）在保证钢质量的前提下，选用价格便宜的铁合金，贵重合金应在良好脱氧前提下加入，尽量提高其吸收率，以降低钢的成本。

（3）保持干燥，洁净。为了减少含气量，可以在加入钢水前进行烘烤。

（4）成分应符合技术标准规定，以避免操作失误。如硅铁中的铝、钙含量，硅钙中的氮含量，都直接影响钢水的质量。

3.1.2 合金料的分辨

合金应分类堆放，避免混料。可根据合金的物理性质进行简单分辨。

锰铁：锰铁（Fe-Mn）的密度较大，约为 $7.0t/m^3$，表面颜色近黑褐色，有时表面有彩虹色，断口为灰白色，有缺口，彼此碰撞会有火花。

硅铁：硅铁（Fe-Si）又称为矽铁，密度小，约为 $3.5t/m^3$，表面为青灰色，易于破碎，断面疏松有亮片。

铝铁：铝铁（Fe-Al）密度较小，约为 $4.9t/m^3$，表面是灰白色。

铝：铝（Al）密度为 $2.8t/m^3$，银白色金属，有较好的延展性，一般以铝线、铝饼、铝块、铁芯铝的形式提供。

硅钙：硅钙（Ca-Si）是常见合金中密度最小的，约为 $2.55t/m^3$，与硅铁相近，颜色也是青灰色，断面有亮点，无气孔。

硅锰：硅锰（Mn-Si）手感较重，密度约为 $6.3t/m^3$，颜色介于硅铁与锰铁之间，较硬，断面棱角较圆滑，相互碰撞无火花。

铝锰铁：铝锰铁（Fe-Mn-Al），外形规则块度小，表面光滑似小型铸件，颜色近锰铁但有褐色，不易碎裂，断面呈颗粒状，略有光泽。

3.1.3 合金成分要求

合金化学成分及质量均应符合国家标准规定。现将常用铁合金标准列于表 3-1。

表 3-1　常用铁合金成分 （%）

铁合金		C	Mn	Si	P	S	其　他	备　注
高碳锰铁	FeMn78	≤8.0	75.0~82.0	≤1.5	≤0.20	≤0.03		（1）电炉锰铁；（2）GB/T 3795—1996
	FeMn68	≤7.0	65.0~72.0	≤2.5	≤0.25	≤0.03		
中碳锰铁	FeMn78	≤2.0	75.0~82.0	≤1.5	≤0.20	≤0.03		
	FeMn82	≤1.0	78.0~85.0	≤1.5	≤0.20	≤0.03		
低碳锰铁	FeMn84	≤0.7	80.0~87.0	≤1.0	≤0.20	≤0.02		
	FeMn88	≤0.2	85.0~92.0	≤1.0	≤0.10	≤0.02		
硅铁	FeSi75A	≤0.1	≤0.4	74.0~80.0	≤0.035	≤0.02		GB 2272—87
	FeSi75B	≤0.1	≤0.4	74.0~80.0	≤0.04	≤0.02		
	FeSi75C	≤0.2	≤0.5	72.0~80.0	≤0.04	≤0.02		
硅钙	Ca28Si60	≤1.0	Al≤2.4	55~65	≤0.04	≤0.05	Ca≥28	YB/T 5051—97
硅锰	Mn68Si22	≤1.2	65.0~72.0	20.0~23.0	≤0.10	≤0.04		GB/T 4008—1996
	Mn64Si18	≤1.8	60.0~67.0	17.0~20.0	≤0.10	≤0.04		
铬铁	FeCr69C0.03	≤0.03		≤1.0	≤0.03	≤0.025	Cr 63.0~75.0	GB 5683—87
	FeCr69C1.0	≤1.0		≤1.5	≤0.03	≤0.025	Cr 63.0~75.0	
	FeCr67C9.5	≤9.5		≤3.0	≤0.03	≤0.04	Cr 62.0~72.0	

铁 合 金		C	Mn	Si	P	S	其 他	备 注
钒铁	FeV40A	≤0.75		≤2.0	≤0.10	≤0.06	V≥40，Al≤1.0	GB 4139—87
	FeV75B	≤0.30	≤0.50	≤2.0	≤0.10	≤0.05	V≥75，Al≤3.0	
钼铁	FeMo55	≤0.20	Cu≤0.5	≤1.0，Mo≥60	≤0.08	≤0.10	Sb≤0.05，Sn≤0.06	GB 3649—87
	FeMo60	≤0.15	Cu≤0.5	≤2.0，Mo≥55	≤0.05	≤0.10	Sb、Sn ≤0.04	
硼铁	FeB23	≤0.05	Al≤3.0	≤2.0	≤0.015	≤0.01	B 20.0~25.0	GB/T 5682—1995
	Feb16	≤1.0	Al≤0.5	≤4.0	≤0.2	≤0.01	B 15.0~17.0	
钛铁	FeTi40A	≤0.10	≤2.5，Al≤9.0	≤3.0	≤0.03	≤0.03	Ti 35.0~45.0	GB 3282—87
	FeTi40B	≤0.15	≤2.5，Al≤9.5	≤4.0	≤0.04	≤0.04	Ti 35.0~45.0	
铌铁	FeNb70	≤0.04	≤0.8	≤1.5	≤0.04	≤0.04	Nb+Ta 70~80	GB 7737—1997
	FeNb50	≤0.05		≤2.5	≤0.05	≤0.05	Nb+Ta 50~60	
磷铁	FeP24	≤1.0	≤2.0	≤3.0	23~25	≤0.5		YB/T 5036—93
稀土硅铁	FeSiRE32		≤3.0	≤40.0	Ca≤4.0	Ti≤3.0	RE 30~33	GB/T 4137—93
硅铝钙钡	Al16Ba9 Ca12Si30	≤0.4	≤0.40	≥30.0	≤0.04	≤0.02	Ca≥12，Ba≥9，Al≥12	YB/T 067—1995
硅钡铝	Al26Ba9 Si30	≤0.20	≤0.30	≥30.0	≤0.03	≤0.02	Ba≥9，Al≥26	YB/T 066—1995
硅铝	Al27Si30	≤0.40	≤0.40	≥30.0	≤0.03	≤0.03	Al≥27.0	YB/T 065—1995
钨铁	FeW80A	≤0.10	≤0.25	≤0.5	≤0.03	≤0.06	W 75~85	GB/T 3648—1996
硅钙钡	Ba-Ca-Si		Al≤2.0	52~56	≤0.05	≤0.15	Ca≥14，Ba≥14，Ca+Ba≥28	实际使用成分
铝锰铁	Fe-Mn-Al	1.30	30.8	1.58	0.070	0.006	Al 24.4	实际使用成分
氮钒铁	Fe-V-N	6.45	Al 0.14	0.09	0.02	0.10	V 79.06，N 12.6	实际使用成分

用于脱氧的铝可采用铝粒和钢芯铝，某厂对铝粒的要求是［Al］≥99.5%，粒度10~20mm，对钢芯铝的要求是粒度30~40mm，成分见表3-2。

表3-2　钢芯铝要求 （%）

成分	Al	Fe	Si	C	P	S
含量	≥49	≥49	<0.5	<0.2	<0.05	<0.05

3.2　包芯线

为了将易挥发及贵重合金均匀加入钢液，提高并稳定合金元素吸收率，并进行夹杂变性，使用薄铁皮包裹的合金线插入钢液能取得良好效果。

包芯线有金属实心线和包芯线两种。铝一般为实心线，其他合金元素及添加粉剂则为包芯线，都是以成卷的形式供给使用。目前工业上应用的包芯线的种类和规格很多，见表3-3。通常包入的元素有钙、硅钙、碳、硫、钛、铌、硼、铅、碲、铈、锰、钼、钒、硅、铋、铬、铝、锆等。

表3-3　我国生产的部分芯线品种与规格

芯线种类	芯线截面	规格/mm	外壳厚度/mm	成分/%		重量/g·m⁻¹	合金充填率/%
Ca-Si	圆	$\phi6$	0.2	Ca-Si 50	Fe 50	68.3	48.0
Ca-Si	矩形	12×6	0.2	Ca-Si 55	Fe 45	172	56.0
Fe-B	矩形	16×7	0.3	B 18.47		577.1	80.1
Fe-Ti	矩形	16×7	0.3	Ti 38.64		506.7	74.3
Ca-Al	圆	$\phi4.8$	0.2	Ca 36.8	Al 16.5	56.8	
Al	圆	$\phi9.5$		Al 99.07		190	
Mg-Ca	圆	$\phi10$	0.3	Mg 10	Ca 40	246	52.8

合金线断面有方形和圆形的，效果相同。包芯线主要参数的选用，需要考虑的是其横断面、包皮厚度、包入的粉料量及喂入的速度。

包芯线有矩形和圆形断面，尺寸大小不等。断面小的用于小钢包，断面大的用于大钢包。包皮一般为0.2~0.4mm厚的低碳带钢。包皮厚度的选用需根据喂入钢包内钢水的深度和喂入速度确定。芯线重量，硅钙线约182g/m，钙线在67g/m以上，碳芯线约130g/m，铝芯线约254g/m。喂入速度取决于包入材料的种类及其需要喂入的数量（例如每吨钢水喂入钙量的速度不宜超过0.1kg/(t·min)）。喂入速度，硅钙、铝芯线约为120m/min，碳芯线约为150m/min。喂入合金元素及添加剂的数量需根据钢种所要求微调的元素数量、钢包中钢水重量以及元素的回收率等来确定。

常见包芯线要求见表3-4。

表3-4　包芯线要求

种类	成分/%	线单重/g·m⁻¹	直径/mm	备注
纯钙线	Ca≥96	≥67	10	
硅钙线	Ca≥28%	≥220	13	Si 55%~65%
铝线	Al≥99.5%	≥210	10	
铝线	Al≥99.5%	≥355	13	
碳线	C≥96%，S≤0.5%，灰≤1%，水≤0.5%	≥135	13	
钙铝线	Ca≥28%，Al≥10%	177~180	13	
硫线	S≥98%	180~185	13	
硼线	B≥17%	≥400	13	

包芯线的质量直接影响其使用效果,因此,对包芯线的表观和内部质量都有一定要求。

表观质量要求:

(1)铁皮接缝的咬合程度。若铁皮接缝咬合不牢固,将使芯线在弯卷打包或开卷矫直使用时产生粉剂泄漏,或在储运过程中被空气氧化。

(2)外壳表面缺陷。包覆铁皮在生产或储运中易被擦伤或锈蚀,导致芯料被氧化。

(3)断面尺寸均匀程度。芯线断面尺寸误差过大将使喂线机工作中的负载变化过大,喂送速度不均匀,影响添加效果。

内部质量要求:

(1)质量误差。单位长度的包芯线的质量相差过大,将使处理过程无法准确控制实际加入量。用作包覆的铁皮的厚度和宽度,在生产芯线时芯料装入速度的均匀程度,以及粉料的粒度变化都将影响质量误差。一般要求质量误差小于4.5%。

(2)填充率。单位长度包芯线内芯料的质量与单位包芯线的总质量之比用来表示包芯线的填充率。它是包芯线质量的主要指标之一。通常要求较高的填充率。它表明外壳铁皮薄芯料多,可以减少芯线的使用量。填充率大小受包芯线的规格、外壳的材质和厚薄、芯料的成分等因素影响。

(3)压缩密度。包芯线单位容积内添加芯料的质量用来表示包芯线的压缩密度。压缩密度过大将使生产包芯线时难于控制其外部尺寸。反之,在使用包芯线时因内部疏松芯料易脱落浮在钢液面上,结果降低其使用效果。

(4)化学成分。包芯线的种类由其芯料决定。芯料化学成分准确稳定是获得预定冶金效果的保证。

某厂喂线过程中对于丝线的主要要求有:

(1)用合金包芯线排线方式为内抽式。

(2)合金包芯线应干燥、清洁、包覆牢固、不漏粉、不开缝、表面光洁、无油污、断线率小于0.2%。

(3)圆形截面合金包芯线外径最小 $\phi8mm$,最大 $\phi18mm$。

(4)矩形截面合金包芯线最大外形尺寸为18mm×16mm。

(5)碳线或铝线等金属线最大外径为 $\phi13mm$。

练习题

1. 精炼常用铝线铝含量为40%。(　　　) ×

2. 精炼常用 $\phi13mm$ 碳线粉重要求为不小于135g/m。(　　　) √

3. 精炼常用硫线对S的成分要求为(　　　)。D
   A. ≥28%　　　　B. ≥50%　　　　C. ≥90%　　　　D. ≥98%

4. 精炼常用硼线对B的成分要求为(　　　)。A
   A. ≥17%　　　　B. ≥28%　　　　C. ≥50%　　　　D. ≥90%

5. (多选)精炼常用 $\phi13mm$ Ca-Si 线的质量要求为(　　　)。ACD

　A. Ca 含量不低于 28%　　　　　　B. Ca 含量为 55%~65%

　C. Si 含量为 55%~65%　　　　　　D. 粉重不低于 220g/m

6. （多选）精炼常用 φ13mm Ca-Al-Fe 线的质量要求为（　　　）。ABD

　A. Ca 含量为不低于 28%　　　　　　B. Al 含量为不低于 10%

　C. Al 含量为 55%~65%　　　　　　D. 粉重为 177~180g/m

3.3　增碳剂

为了调节碳含量，需用炭粉、石油焦作为增碳剂，考虑精炼出站后马上要进行连铸作业，低氮钢需用低氮石墨或煤进行增碳。增碳剂一般称量后装袋投入钢液中。此外，也可以使用低硫生铁块做增碳剂。采用碳线进行增碳时间较长，但吸收率更稳定。

增碳剂要求固定碳不低于 96%、灰分不高于 1%、挥发分低，硫不高于 0.6%、水不高于 0.5%，氮含量要低，并要干燥、洁净、粒度适中。粒度在 3~15mm，太细容易烧损，太粗加入后浮在钢液表面，不容易被钢液吸收。表 3-5 是石油焦和低氮增碳剂的要求。

表 3-5　精炼用石油焦和低氮增碳剂要求　　　　　　　　　　（%）

种　类	固定碳	S	灰　分	水　分	N
石油焦	≥95	≤0.5	≤1.0	≤0.5	—
低氮增碳剂	≥89.00	≤0.20	≤8.00	<0.5	≤0.15

3.4　造渣剂及保温剂

炉外精炼 LF 炉可造还原渣精炼，达到脱硫、脱氧的目的，RH、VD 也可造渣，需用到合成渣、预熔渣及各种造渣剂。为了减少钢包表面散热造成的温度降，出精炼站需加入保温剂。

3.4.1　造渣剂

LF 炉为了缩短精炼周期，保证脱硫、脱氧、吸附夹杂的效果，要求快速化渣，采用石灰、萤石、电石、铝矾土等造渣剂造渣。化渣速度与精炼工操作水平密切相关，但成本最低；将各种渣料配制后在电炉中熔化冷凝后的预熔渣，加入精炼炉中化渣速度快，但成本高；各种渣料按比例配制混合成的合成渣化渣速度较快，成本也可接受。合成渣料的要求见表 3-6。

表 3-6　合成渣料的要求　　　　　　　　　　（%）

项目	CaO	SiO₂	MgO	Al₂O₃	CaF₂	S	水分	粒度
三元合成渣	62~68	<5	5~8	6~10	8~15	<0.05	≤0.5	粒度 5~10mm，粒度小于 5mm 不大于 10%
二元合成渣	65~75	<5	<8	<5	10~20	<0.05	≤0.5	粒度 5~10mm，粒度小于 5mm 不大于 10%

项目	CaO	SiO$_2$	MgO	Al$_2$O$_3$	CaF$_2$	S	水分	粒 度
某厂合成渣	60~70	≤5	6~8	8~16	8~12	≤0.05	≤0.5	粒度 10~30mm，储存不超过 3 天
预熔渣	45~53	<5	2~6	35~46	≤5	≤1.5	≤0.5	预熔，粒度 5~20mm，熔点 1350±50℃
埋弧渣	40~50	≤20	≤10	≤10			≤0.5	

练习题

1. 精炼三元合成渣水分要求小于2.0%。（　　）×
2. 精炼三元合成渣 S 含量要求小于0.05%。（　　）√
3. 三元合成渣中 CaO 含量要求（　　）。D
   A. 75% 以上　　　　B. 40%~50%　　　　C. 50%~60%　　　　D. 60%~70%
4. 三元合成渣中 MgO 含量要求为（　　）。A
   A. 8% 以下　　　　B. 15% 以下　　　　C. 20% 以下　　　　D. 3% 以下
5. （多选）三元合成渣对化学成分含量的要求是（　　）。ABC
   A. CaF$_2$ 约为 8%~12%　　　　　　　　B. CaO 约为 60%~70%
   C. SiO$_2$ 小于 5%　　　　　　　　　　D. SiO$_2$ 小于 10%

3.4.1.1 石灰

石灰的主要成分为 CaO，是炼钢用量最多的造渣材料，具有脱 P、脱 S 的能力。转炉炼钢要求石灰 CaO 含量要高，SiO$_2$ 和 S 含量要低，石灰的生过烧率要低，活性度要高，并且要有适当的块度，此外，石灰还应清洁、干燥和新鲜。

石灰质量的好坏对冶炼工艺、产品质量和包衬寿命等有着重要影响。如石灰中硫含量高时，会影响脱硫效果；SiO$_2$ 降低石灰中有效 CaO 含量，会降低有效脱硫能力。石灰中杂质越多，越会降低它的使用效率，增加渣量；石灰的生烧率（灼减）过高，说明石灰没有烧透，加入熔池后必然继续完成焙烧过程，这样势必吸收熔池热量，延长成渣时间，若过烧率高，说明石灰死烧，气孔率低，成渣速度也很慢。

石灰的渣化速度是成渣速度的关键。所以对炼钢用石灰的活性度也要提出要求。石灰的活性度（水活性）是石灰反应能力的标志，也是衡量石灰质量的重要参数。此外，石灰极易水化潮解生成 Ca(OH)$_2$，要尽量使用新焙烧的石灰。同时对石灰的储存时间应加以限制，一般不得大于 2 天。块度过大，熔解缓慢，影响成渣速度，过小的石灰颗粒易被炉气带走，造成浪费。一般以 5~50mm 或 5~30mm 为宜，大于上限、小于下限的比例均不大于 10%。储存、运输必须防雨防潮。

我国对冶金石灰质量的要求见表3-7。

表 3-7　冶金石灰的化学成分和物理性能（YB/T 042—2004）

类　别	品级	质量分数/%						水活性度/mL
		CaO	CaO + MgO	MgO	SiO_2	S	灼减	
普通冶金石灰	特级	≥92.0		<5.0	≤1.5	≤0.020	≤2	≥360
	一级	≥90.0			≤2.0	≤0.030	≤4	≥320
	二级	≥88.0			≤2.5	≤0.050	≤5	≥280
	三级	≥85.0			≤3.5	≤0.100	≤7	≥250
	四级	≥80.0			≤5.0	≤0.100	≤9	≥180
镁质冶金石灰	特级		≥93.0	≥5.0	≤1.5	≤0.025	≤2	≥360
	一级		≥91.0		≤2.5	≤0.050	≤4	≥280
	二级		≥86.0		≤3.5	≤0.100	≤6	≥230
	三级		≥81.0		≤5.0	≤0.200	≤8	≥2.0

处于 1050～1150℃ 温度下，在回转窑或新型竖窑（套筒窑）内焙烧的石灰为软烧石灰，这种优质石灰也叫活性石灰。

活性石灰的水活性度大于 320mL，体积密度小，为 1.7～2.0g/cm³，气孔率高达 40%以上，比表面积在 0.5～1.3cm²/g；晶粒细小，熔解速度快，反应能力强。使用活性石灰能减少石灰、萤石消耗量和转炉渣量，有利于提高脱硫、脱磷效果，减少热损失和对包衬的蚀损，在石灰表面也很难形成致密的 $2CaO \cdot SiO_2$ 硬壳，利于加速石灰的渣化。

通常用石灰的水活性量度其渣化速度，测量方法是取 50g 石灰，置于 40±1℃ 的 2000mL 水的烧杯中，滴入 2～3mL 1% 的酚酞溶液，以搅拌器搅拌，为保持水溶液中性用 4mol/L 盐酸滴定，在 10min 内消耗的盐酸体积（毫升数），数值大则活性度高，反应能力强。石灰的水活性已经列为衡量石灰质量重要指标之一，并且列为常规检验项目。此外石灰活性的检验方法还有基于测定石灰溶于水温升的 ASTM 法。

表 3-8 为各种石灰活性的比较。

表 3-8　各种石灰特性

配烧特征	体积密度/g·cm⁻³	比表面积/cm²·g⁻¹	总气孔率/%	晶粒直径/mm
软　烧	1.60	17800	52.25	1～2
正　常	1.98	5800	40.95	3～5
过　烧	2.54	980	23.30	晶粒连在一起

石灰极易水化潮解，生成 $Ca(OH)_2$，要尽量使用新焙烧的石灰。同时对石灰的储存时间加以限制。

3.4.1.2　电石

有些厂矿 LF 炉造白渣脱氧用到电石，其要求是 CaC_2≥90%，粒度 0.3～5mm。

3.4.2　化渣剂（萤石）

萤石的主要成分是 CaF_2。纯 CaF_2 的熔点在 1418℃，萤石中还含有其他杂质，因此熔点还要低些。造渣加入萤石可以加速石灰的熔解，萤石的助熔作用是 CaF_2 分解出的氟离子破坏了石灰表面的 $2CaO \cdot SiO_2$ 硬壳，或者 CaF_2 与 $2CaO \cdot SiO_2$ 形成低熔点复杂分子，在很短的时间内能够改善炉渣的流动性，但随着萤石的分解，化渣效果会迅速变差。萤石是一种短缺而不可再生的资源，精炼加入过多的萤石，会加剧包衬的损坏，并污染环境。

萤石要求 $CaF_2 > 80\%$，$SiO_2 \leqslant 5.0\%$，$S \leqslant 0.10\%$，块度在 $5 \sim 40mm$，并要干燥清洁。

3.4.3 保温剂

早期采用炭化稻壳覆盖剂，为了适应优质钢生产的需求，开发了含碳中性保温剂，再发展为低碳中性保温剂，目前正在开发微碳碱性保温剂。

保温剂按照配制方法还可以分为单一保温剂和复合保温剂。

3.4.3.1 单一保温剂

炭化稻壳或稻壳灰形成以 SiO_2 为骨架的蜂窝状多孔质材料，包裹的空气是热的不良导体，起到了对钢水的保温作用。

炭化稻壳覆盖剂成本低，保温性能好（导热系数为 $0.0267 \sim 0.045W/(m \cdot ℃)$）；但不能熔化，呈酸性，不能防止二次氧化，不能吸收夹杂物；堆密度小（为 $0.06g/m^3$），易造成环境污染；碳含量大多在 $30\% \sim 60\%$，会造成低碳、超低碳钢水的增碳作用，影响钢材质量。

为了解决炭化稻壳或稻壳灰造成钢水增碳问题，可采用膨胀珍珠岩或蛭石作为覆盖剂，但仍然不能达到吸收夹杂物的要求。

3.4.3.2 复合保温剂

为了吸收钢水中上浮的夹杂物，发展了复合型钢水覆盖剂。

复合钢水覆盖剂以天然矿物或工业副产品为基体（如硅灰石、电厂灰、高炉水渣等），配以碳质材料和助熔剂混合而成，一般呈粉状和颗粒状。加入钢液会形成熔渣层、半熔化层、烧结层和原渣层。其中半熔层和烧结层呈蜂窝状，疏松多孔，起到保温作用，而熔渣层起到防止二次氧化和吸收夹杂物作用。

表 3-9 列出国内外实际使用的钢水保温剂成分。

表 3-9 国内外实际使用的钢水保温剂　　　　　　　　　　　　　　（%）

厂　家	C	CaO	Al_2O_3	MgO	SiO_2	Na_2O	K_2O	FeO	CaF_2	其他	熔点/℃
Dofasco	8	40	24	18	5	1.5		0.5			
Hogovens	52.8	29.1	1	6.9	0.2		0.8		0.1	17.0	
IMXSA		62.5	20.7		5.7						1300
宝　钢	13	13	<1.0		37.92	13	0.5	1.5	<1.0		1500
武　钢	4.8	36.5	2.8		35.5	4.9	0.45	1.5	2.2	11.0	1230
舞　阳	15	30	<8.0	15	15						1300
天津钢管		12.1	1.8	79.3	3.55			12			

3.5 调温废钢

炉外精炼对加入钢包的废钢要求为干净、干燥、无油、无异物、无锈、无飞边。外形尺寸要求：棒料块度为 $\phi40mm \times 20mm$；冷、热轧板边长、宽均不大于 50mm、厚 5～15mm。化学成分见表 3-10。

表 3-10　精炼用调温废钢要求　　　　　　　　　（%）

成　分	C	Si	Mn	P	S
含　量	≤0.20	≤0.25	≤0.80	≤0.030	≤0.020

3.6　气体

炉外精炼使用的气体包括水蒸气、氧气、氮气、氩气等。表 3-11 列出了炼钢厂常用气体种类及输气管道标识颜色。

表 3-11　炼钢厂常用气体种类及输气管道标识色

气　体	水蒸气	氧气	氮气	煤气	氩气	压缩空气
标　识	红	天蓝	黄	黑	专用管道	深蓝

3.6.1　水蒸气

抽真空用真空泵需要的高温、高压水蒸气要求：无固体悬浮物、干燥、微过热蒸汽，其温度在 210±5℃、压力为 0.95～1.10MPa。

3.6.2　氧气

现代炼钢工业用氧气是由空气分离制取的，主要用于转炉炼钢的氧化剂，氧气也用于耐火材料清理和 CAS-OB、RH 精炼吹氧升温。当前炼钢用氧气的要求纯度较高，$\varphi_{O_2} > 99.6\%$，并要脱除油和水分；氧压应稳定，RH 氧压要求在 1.2～1.5MPa。

3.6.3　氮气

氮气是转炉溅渣护炉和复吹工艺的主要气源，RH、VD 等真空精炼用氮气破真空和真空装置的密封。对氮气的要求是满足溅渣、复吹需用的供气流量，气压稳定。纯度 $\varphi_{N_2} > 99.95\%$，露点在常压下低于 -40℃，常温且干燥和破真空无油。

3.6.4　煤气

煤气用于烘烤耐火材料，对于焦炉煤气净发热值（标态）不低于 16747kJ/m³，温度不超过 50℃，焦炉煤气气压在 0.2～0.3MPa。

3.6.5　氩气

氩气是钢包吹氩精炼工艺和转炉炼钢复吹的主要气源，是炉外精炼搅拌、提升钢水的动力，主要成分是 Ar，这是一种在钢水中溶解度很小，不与钢水反应的惰性气体。对氩气的要求是：满足吹氩和复吹用供气量，气压稳定，RH 要求 1.2～1.5MPa，LF 炉要求 1.0～1.5MPa，CAS 要求 0.8～1.6MPa，纯度 $\varphi_{Ar} > 99.95\%$，无油无水。

3.6.6 压缩空气

压缩空气用于清理钢渣，在烘烤耐火材料可以作为助燃气体，要求干燥，无水无油，如 RH 要求气压 0.6MPa。

3.7 精料原则

原材料是炼钢的物质基础，原材料质量的好坏对炼钢工艺和钢的质量有直接影响。国内外大量生产实践证明，采用精料以及原料标准化，是实现冶炼过程自动化、缩短精炼周期、改善各项技术经济指标、提高经济效益的重要途径。根据所炼钢种、操作工艺及装备水平，应合理地选用和搭配原材料，达到低投入、高质量产出的目的。

炼钢厂精料的措施包括：转炉炼钢铁水预处理；严格控制各工序所用材料有效成分和杂质，越是后道工序，对原材料质量控制更严格；炉外精炼采用低氮合金、活性石灰、预熔渣；连铸也要精料。

学习重点与难点

学习重点：初级工学习重点是本岗位原材料的成分、作用和要求；中级工学习重点在初级工基础上增加原材料鉴别；高级工学习重点考虑原材料对钢种质量的影响。

思考与分析

1. 对炉外精炼合金有哪些要求？
2. 对炉外精炼包芯线有哪些要求？
3. 对炉外精炼合成渣、造渣料有哪些要求？
4. 什么叫精料，炼钢生产为什么要精料，炼钢生产精料有哪些措施？

4 吹氩与 CAS-OB

教学目的与要求

1. 掌握吹氩与 CAS-OB 精炼要素，精炼物化反应的基本知识。
2. 调节吹氩与 CAS-OB 精炼工艺生产参数，获得良好的工艺效果。尤其注意铝氧比、枪位、供氧强度等参数，夹杂物控制。
3. 检查吹氩与 CAS-OB 精炼工艺的设备，熟知设备更换条件。选择钢包耐火材料。
4. 能够根据生产实际确定工艺参数，处理各种生产事故。

为了满足连续铸钢对钢水温度和成分均匀性要求，并符合钢种规格成分要求，炉外精炼必须对钢水进行搅拌，且搅拌利于精炼过程加速化学反应，促使夹杂物和有害气体的上浮排出。

在常压下，钢包吹氩处理钢液时，在钢液面裸露处由于反复接触空气或熔渣，易造成氧含量升高和合金烧损，增加钢水中的夹杂物。因此，新日铁八幡厂于 1975 年推出的封底吹氩精炼方法 CAS（Composition Adjustment by Sealed Argon Bubbling），整个系统由钢包，底吹氩透气砖、浸渍罩（也称为浸渍槽或隔离罩）、加料口、排烟口以及浸渍罩的升降系统组成，如图 4-1 所示。

为了解决 CAS 法精炼过程中的温降问题，在 CAS 基础上，在浸渍罩的中心增设顶吹自耗型氧枪，氧枪升降装置和供气系统（O_2、N_2、Ar），加入铝系或者硅系发热剂，同时向钢液吹氧使之发生化学反应，利用化学反应热升温钢液，就发展出了 CAS-OB，如图 4-2 所示。

CAS 和 CAS-OB 工艺在合金成分调整方面具有低廉、简便和准确的优势，能够适应钢铁工业以低成本冶炼优质钢的发展趋势。CAS 法的上述优势是其他精炼手段无法比拟的，得到了世界各国的大力推广。各国也开发了工艺接近、各具特色的类似 CAS 的工艺，如IR-UT、ANS-OB、LATS、AHF 等。

练 习 题

CAS-OB 与其他精炼手段相比，在合金成分调整方面具有低廉、简便和准确的优势，能够适应钢铁工业以低成本冶炼优质钢的发展趋势。（   ）√

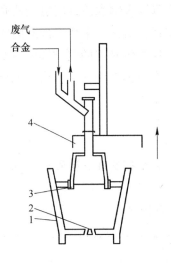
废气
合金
4
3
2
1

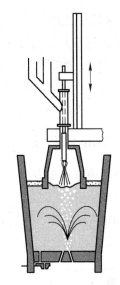

图 4-1　CAS 法处理系统示意图　　　　图 4-2　CAS-OB 系统示意图

1—钢包；2—透气砖；3—浸渍罩浸渍槽管；

4—升降装置

目前，在钢铁产业控制成本的前提下，冶炼一般优质钢种要求提高质量、降低消耗、减少投资，使 CAS/CAS-OB 工艺成为了首选的炉外精炼工艺。CAS/CAS-OB 的基本功能可以归结为以下三点：

（1）采用废钢降温、化学热升温调整均匀钢水的成分和温度；其中 75% 以上的炉次是进行降温处理的。

（2）提高合金吸收率。

（3）净化钢水，去除夹杂物。

练习题

1. 以下（　　）不属于 CAS/CAS-OB 的基本功能。B

　　A. 调整均匀钢水的成分　　　　　　B. 对大部分炉次进行升温处理

　　C. 提高合金吸收率　　　　　　　　D. 净化钢水，去除夹杂物

2. （多选）以下（　　）属于 CAS 法的基本功能。ABCD

　　A. 均匀钢水成分、温度　　　　　　B. 调整钢水成分和温度

　　C. 提高合金吸收率　　　　　　　　D. 净化钢水、去除夹杂物

3. （多选）CAS、CAS-OB 较其他精炼方式的优越性表现在以下（　　）方面。ABCD

　　A. 提高合金吸收率，节约合金，降低成本

　　B. 微调成分，精确度高

　　C. 夹杂物含量明显减少，钢液纯净度高

　　D. 设备简单，无需复杂的真空设备，基建投资省，成本低

CAS-OB 采用包底透气砖吹氩搅拌，在封闭的浸渍罩浸入钢水前，用氩气从底部吹开钢液面上浮渣，随着大量氩气的上浮，使得钢包中心形成无渣区。采用上部封闭式锥形浸渍罩隔开包内浮渣，为氧气流冲击钢液及铝、硅氧化反应提供必需的缓冲和反应空间，还具有集尘排气功能；浸渍罩同时容纳上浮的搅拌氩气，在罩内充满氩气，形成无氧区，从而在微调成分时，提高易氧化合金元素的吸收率。

4.1　CAS-OB 精炼基础

所有炉外精炼方法都由搅拌、加热、渣洗、真空、夹杂物变性、精确控制成分中若干个要素组合而成。

CAS-OB 由吹氩搅拌、吹氧升温、精确控制成分要素构成。

📝 **练 习 题**

（多选）CAS-OB 精炼方式由下列（　　　）要素构成。BCD

　　A. 真空处理　　　　B. 吹氩搅拌　　　　C. 吹氧升温　　　　D. 精确控制成分

4.1.1　炉外精炼搅拌要素

搅拌就是向钢液供应能量，使钢液内产生运动。炉外精炼的搅拌分为吹氩搅拌和电磁搅拌两大类。

炉外精炼搅拌的目的是均匀成分、均匀温度、促使夹杂物上浮排出，对于吹氩搅拌还可以降低钢水温度。吹氩流量越大降温速度越快，搅拌还可以加速精炼过程的各种反应，缩短精炼时间。图 4-3 所示为吹氩搅拌结束时钢水温度分布，图 4-4 所示为出精炼站 5min 和 10min 钢水温度的分布。

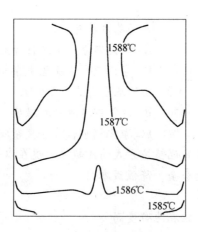

图 4-3　吹氩搅拌钢水温度分布

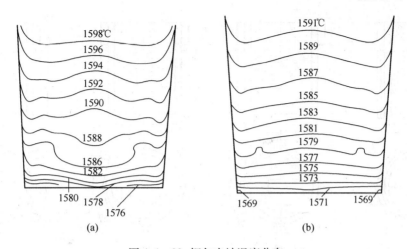

图 4-4　80t 钢包出站温度分布

（a）钢包出炉外精炼站 5min；（b）钢包出炉外精炼站 10min

练 习 题

1. 炉外精炼的搅拌分为吹氩搅拌和电磁搅拌两大类。（　　）√

2. 下面（　　）不属于炉外精炼搅拌的目的。C

　　A. 均匀成分　　　　B. 均匀温度　　　　C. 脱碳　　　　D. 促使夹杂物上浮排出

4.1.1.1　电磁搅拌

电磁搅拌的原理是用感应搅拌器产生磁场，当磁场以一定速度相对钢液运动时，钢液中产生感应电流，载流钢液与磁场相互作用产生电磁力，从而驱动钢液运动。这里感应搅拌器相当于电动机的定子，而钢液相当于电动机的转子。

感应搅拌变频器一般采用可控硅式低频变频器，通过自动或手动方式调整频率。搅拌频率一般控制在 0.5 ~ 1.5Hz。感应运动速度一般控制在 1m/s 左右。通过感应搅拌器的不同布置可以控制钢液的不同流动状态。搅拌器主要有圆筒式搅拌器和片式搅拌器。搅拌器的不同布置可以产生不同的搅拌效果，如图 4-5 所示。

图 4-5（a）为圆筒式搅拌器及其效果。其搅拌状态的缺点是产生搅拌双回流，增加了流动阻力；图 4-5（b）为一片单向搅拌器及其产生的钢液流动状态，这种搅拌状态只产生一个单向循环搅拌力，但是搅拌力较小；图 4-5（c）为两个单片搅拌器以同一位相供电时的搅拌状态，钢液的流动状态类似于圆筒式搅拌器所产生的搅拌状态；图 4-5（d）为两个搅拌器串联后产生的搅拌状态，钢液流动状态为一单向回流，流动阻力较小，没有死角，搅拌力强，搅拌效果较好。综合考虑成本与搅拌效果，大型钢水包采用双片安装单流股电磁搅拌线圈（图 4-5（d））能取得最佳效果。

较小的钢包可以使用单片搅拌器，而较大的钢包可以使用两个搅拌器。为了使钢水更

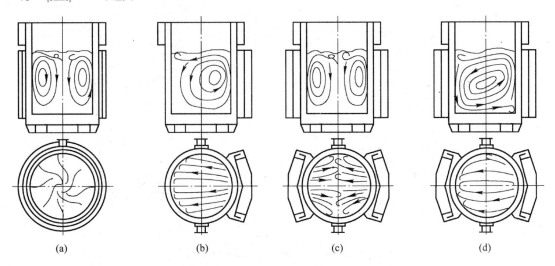

图 4-5 电磁搅拌线圈的安装位置和钢水的流动状态
（a）环形安装；（b）单片单流股；（c）双片双流股；（d）双片单流股

好地搅拌，有的钢包精炼炉除了电磁搅拌之外，还配备了吹氩搅拌系统。

由于钢包需要经常移动，所以搅拌器不能固定在钢包上，而应当有其固定工位。

与吹氩搅拌相比，电磁搅拌的优点是：

（1）依靠电流强度调节搅拌强度，在较低电流，搅拌强度小时也能做到无死角搅拌。

（2）由于钢液表面水平流股运动不卷渣，二次氧化回磷弱。

（3）钢液水平运动没有翻腾飞溅，减少了吸气，并且采用电弧加热时增碳少。

（4）由于感应电流在钢液电阻作用下，产生电热效应，电磁搅拌还有一定的保温作用，这是吹氩搅拌无法达到的。

电磁搅拌的缺点是：

（1）电磁搅拌在钢液内部不产生气泡，从理论上也不能脱气。

（2）只依靠搅拌造成夹杂碰撞长大促使夹杂上浮，没有吸附夹杂作用，去除夹杂效果较弱。

（3）此外同样感应电流大小的前提下，感应线圈离钢液越近，搅拌效果越好，因此需要采用细长型的钢水包，同时感应线圈处钢包外壳需采用导磁的奥氏体不锈钢制作，加上感应线圈投资和电耗，增加了精炼成本。

20 世纪 50 年代以来，一些大型电弧炉采用了电磁搅拌，以促进脱硫、脱氧等精炼反应的进行，并保证熔池内温度及成分的均匀。各种炉外精炼方法中，ASEA-SKF 采用了电磁搅拌，美国的 ISLD 也采用了电磁搅拌。

✏ **练 习 题**

1. 下列（ ）种搅拌布置的搅拌效果最佳。D

　A. 环形安装　　　B. 单片单流股　　C. 双片双流股　　　D. 双片单流股

2.（多选）与吹氩搅拌相比，电磁搅拌的优点是（ ）。ABCD

A. 电磁搅拌强度小时也能做到无死角搅拌

B. 钢液表面水平流股运动不卷渣，二次氧化回磷弱

C. 较采用电弧加热时增碳少

D. 电磁搅拌具有一定的保温作用

4.1.1.2 吹氩搅拌

A 吹氩搅拌的原理

当氩气从底部吹入时，喷嘴上方的钢液中生成许多气泡，这些气泡因密度小而带动气—液两相区外缘的钢液向上流动，这就是所谓的"气泡泵"现象（见图4-6）；到达顶面后，气泡逸入气相，钢液转向水平流动，由中心流向四周，在靠近器壁处转为向下流动，从而形成了"中心向上，四周向下"的环流。当熔池顶面有渣层时，则可能被水平流动的流体卷入熔池。如此循环反复进行，熔池内的钢液便会得到良好的搅拌和混合。

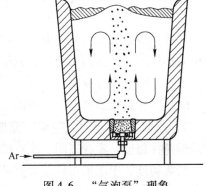

图4-6 "气泡泵"现象

钢包底部中心位置吹气时，根据钢包内钢液的循环流动情况，基本上可以分为 A、B、C、D 四个区（见图4-7（a））。

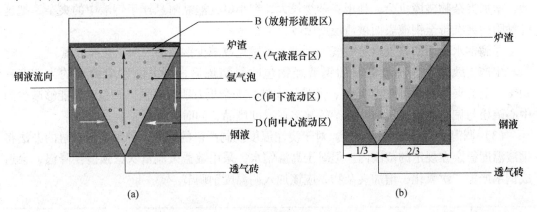

图4-7 底吹氩透气砖的布置

（a）单块透气砖在钢包中心；（b）单块透气砖在钢包直径1/3处

A区：为气液混合区，是气泡推动钢液循环的启动区。在此区内气泡、钢液、若喷粉时还有粉料，相互之间进行着充分的混合和复杂的冶金反应。由于钢包喷粉或吹气搅拌的供气强度较小（远小于底吹转炉或 AOD），因此可以认为，在喷口处气体的原始动量可忽略不计。当气体流量较小时（<10L/s），气泡在喷口直接形成，以较稳定的频率（每秒10个）脱离喷口而上浮。当气体流量较大时（>100L/s），在喷口前形成较大的气泡或气袋。A区呈上大下小的喇叭形。每一个气泡上浮力作用于钢液上，使得该区的钢液随气泡向上流动，从而推动了整个钢包内钢液的运动。

B区：在 A 区的气液流股上升至顶面以后，气体溢出，钢液在重力的作用下形成水平

流,向四周散开。呈放射形流散向四周的钢液与钢包中顶面的浮渣形成互不相溶的两相液层,渣层与钢液层之间以一定的相对速度滑动。由于渣钢界面的不断更新,使所有渣钢间的冶金反应得到加速。该区流散向四周的钢液,在钢包高度方向的速度是不同的,与渣相接触的表面层钢液速度最大,向下径向速度逐渐减小,直到径向速度为零。

C区:水平径向流动的钢液在钢包壁附近,转向下方流动。由于钢液是向四周散开,且在向下流动过程中又不断受到轴向A区的力的作用,所以该区的厚度与钢包半径相比是相当小的。在包壁不远处,向下流速达到最大值后,随至钢包中心线的距离的减小而急剧减小。

D区:沿钢包壁返回到钢包下部的钢液,以及钢包中下部在A区附近的钢液,在A区抽引力的作用下,由四周向中心运动。并再次进入A区,从而完成液流的循环。

B 吹氩搅拌的效果

吹氩搅拌可以取得以下几方面的效果:

(1)混匀:利用"气泡泵"原理可使钢包中的钢液产生环流,控制气体流量可控制钢液的搅拌强度。实践证明,吹氩搅拌可促使钢液的成分和温度迅速地趋于均匀。

精炼初期、中期采用高压大流量吹氩,对钢水的搅拌作用强,钢水的成分、温度更均匀,也有利于加速精炼反应,促进化渣;但高压大流量吹氩会造成钢水液面裸露翻腾,卷渣、吸气现象严重,精炼后期对钢质量造成不利影响。

(2)净化:精炼后期采用的低压小流量吹氩搅拌,形成细小氩气泡上浮带动钢液运动,增加夹杂物碰撞机会,利于夹杂物长大,细小氩气泡黏附悬浮于钢液中的夹杂,把这些黏附的夹杂带至钢液表面被渣层所吸收。

浮到钢水表面的氩气驱赶空气,可进一步避免或减少钢液的二次氧化和吸氮。

生产实践证明,脱氧良好的钢液经钢包吹氩精炼后,可去除钢中的氧约为30%~50%,电解夹杂总量可减少50%,尤其是大颗粒夹杂更有明显降低。钢包吹氩能够减少因中心疏松与偏析、皮下气泡、夹杂等缺陷造成的废品,同时又提高了金属收得率。

(3)调温:有冷却钢液功能。对于浇注温度控制严格的钢种,都需要用吹氩的办法将钢液温度稳定在规定的范围内。但对于高温钢水,采用敞盖大流量吹氩强搅拌降温,会造成钢水严重二次氧化,增加夹杂物,应该加入调温废钢调节。

╋━╌╋━╌╋━╌╋━╌╋━╌╋━╌╋━╌╋━╌╋━╌╋━╌╋━╌╋━╌╋━╌╋━╌╋━╌╋━╌╋━╌╋━╌╋

✎ 练 习 题

1. (多选)吹氩搅拌可以取得以下( )方面的效果。ACD

   A. 混匀 B. 保温 C. 净化 D. 调温

2. 钢包吹氩能够减少因中心疏松与偏析、皮下气泡、夹杂等缺陷造成的废品,同时又提高了金属收得率。( )√

╋━╌╋━╌╋━╌╋━╌╋━╌╋━╌╋━╌╋━╌╋━╌╋━╌╋━╌╋━╌╋━╌╋━╌╋━╌╋━╌╋━╌╋━╌╋

C 吹氩搅拌方式

吹氩搅拌分为吹氩棒顶吹氩和透气砖底吹氩两种。

早期采用吹氩棒顶吹氩，其特点是：设备简单易维护，没有透气砖漏钢的可能，比较安全；但耐火材料消耗多，搅拌死角大。

透气砖底吹氩搅拌死角比顶吹氩小，采用双透气砖搅拌可进一步保证搅拌的效果，耐火材料和氩气消耗也更少。

底吹氩搅拌的优点是：搅拌效果好，耐火材料消耗低，去除夹杂效果较好，理论上有去气效果。但考虑吹氩搅拌流量和时间的限制，去气效果不明显，有时还会由于钢液翻腾造成吸气。

底吹氩搅拌的缺点是：透气砖可能因冷钢、冷渣造成堵塞导致吹氩搅拌效果不佳，砖缝大时易漏钢；搅拌强度大，但有死角；钢液面翻腾造成二次氧化和回磷，并在电弧加热时容易增碳；长时间吹氩，吸热降温大。

钢包吹氩精炼法适用于结构钢、轴承钢、电工钢、不锈钢、耐热钢等钢种。

练 习 题

1. 下列 （　　） 不属于吹氩棒顶吹氩的特点。C
   A. 设备简单易维护　　　　　　　　B. 没有透气砖漏钢的可能，比较安全
   C. 耐火材料消耗少　　　　　　　　D. 搅拌死角大
2. （多选）底吹氩搅拌的优点有 （　　　）。ABCD
   A. 搅拌效果好　　　　　　　　　　B. 耐火材料消耗低
   C. 去除夹杂效果较好　　　　　　　D. 吸热降温
3. 吹氩棒顶吹氩方式比底吹氩搅拌方式耐火材料消耗少。（　　） ×

采用吹氩搅拌的炉外精炼方法有：钢包吹氩、CAB、CAS、芬克尔法、LF、VAD、VOD、AOD、SL、TN 等。

4.1.2 脱氧原理

4.1.2.1 氧的危害

转炉冶炼过程中为了脱除铁水中 C、Si、Mn、P 等元素，向熔池供入大量的氧，因而冶炼终点时，钢水中溶入了过量的氧。氧化终了钢中实际氧含量都高于碳氧反应平衡值，两者之差称为过剩氧；而常压下在 1600℃ ［C］ 与 ［O］ 平衡浓度乘积恒定为 0.0025，终点 ［C］ 含量越低，钢中过剩 ［O］ 含量也越高。因此当 ［C］ 进入规格时，应降低钢中氧含量——脱氧。否则，氧会对钢的质量造成以下危害：

（1）钢中氧含量过高，$[O]_{实际} > [O]_{平衡}$，浇注冷却结晶过程中，与钢中碳反应生成 CO 气体，会产生皮下气泡、疏松等缺陷。

（2）钢中氧含量高，（FeO）与（FeS）形成低熔点共晶，加剧硫的危害作用。

（3）氧在固体钢中的溶解度小，在凝固过程中，氧以氧化物夹杂的形式析出，降低钢的塑性和冲击韧性。

（4）在冶炼过程中，氧含量过高不利于脱硫；在浇注过程中，氧含量过高会产生水口结瘤，影响连铸生产的顺利进行。

✎ 练 习 题

（多选）下列（　　）属于氧对钢的质量造成的危害。ABCD

A. 钢中氧含量过高，浇注冷却结晶过程中，会产生皮下气泡、疏松等缺陷

B. 钢中氧含量高，（FeO）与（FeS）形成低熔点共晶，加剧硫的危害作用

C. 氧在固体钢中的溶解度小，在凝固过程中，氧以氧化物夹杂的形式析出，降低钢的塑性和冲击韧性

D. 在冶炼过程中，氧含量过高不利于脱硫；在浇注过程中，氧含量过高会产生水口结瘤，影响连铸生产的顺利进行

4.1.2.2　脱氧的任务

氧在钢中有以单原子形式存在的溶解氧和以氧化物夹杂形式存在的化合氧，二者之和称为综合氧（又称总氧、全氧），见式（4-1）：

$$T[O] = [O]_{溶解} + [O]_{化合} \tag{4-1}$$

所以炼钢脱氧任务包括两方面：

（1）根据钢种的要求，降低钢中溶解的氧，把钢液中溶解的 FeO 转变成其他难溶于钢中的氧化物。

（2）最大限度地排除钢水中悬浮的脱氧产物，改变夹杂物形态和分布。使成品钢中非金属夹杂物含量最少，分布合适，形态适宜，以保证钢的各项性能。

总之，要清除钢水中一切形式的氧，即去除所有的溶解氧和化合氧，得到洁净的钢水。

✎ 练 习 题

氧在钢中的存在形式主要包括溶解氧和化合氧。（　　）√

4.1.2.3　脱氧方法

常用的脱氧方法有沉淀脱氧、扩散脱氧和真空脱氧等。

沉淀脱氧时，铁合金直接加入到钢水中，脱除钢水中的氧。这种脱氧方法脱氧效率比较高，耗时短，合金消耗较少，但脱氧产物残留在钢中会形成内生夹杂物。沉淀脱氧加入铁合金，可以加入单一元素的脱氧剂如 Fe-Si 或 Fe-Mn，叫做单独脱氧；也可以同时加入两种或两种以上的脱氧元素，如 Mn-Si、Ca-Si、Ba-Al-Si 等铁合金，叫做复合脱氧。复合脱氧的优点是：

（1）可以提高某个脱氧元素的脱氧能力。如 Mn-Si 合金、Al-Mn-Si 合金能利用锰来提高硅和铝的脱氧能力，因此复合脱氧比单一元素脱氧更彻底。

（2）倘若复合脱氧剂中各脱氧元素的比例得当，可以形成液态的脱氧产物，便于产物

上浮排除出钢液，降低钢中夹杂物含量，提高钢质量。如单独用硅和锰脱氧，其产物为固态，而采用 Mn-Si 合金($[Mn]/[Si]=4\sim7$)脱氧，生成液态产物 $MnO\cdot SiO_2$。

（3）可以提高易挥发元素在钢水中的溶解度，减少脱氧元素的损失，提高脱氧效率。如易挥发元素钙、镁在钢水中的溶解度很小，而加入碳、硅、铝，可以增加其在钢水中的溶解度。因此生产中通常采用 Ca-Si 合金、Ca-Al 合金复合脱氧剂脱氧。

扩散脱氧时，脱氧剂加到熔渣中，通过降低熔渣中的 TFe 含量，使钢水中氧向熔渣中转移扩散，达到降低钢水中氧含量的目的。钢水平静状态下扩散脱氧的时间较长，脱氧剂消耗较多，但钢中残留的有害夹杂物较少。渣洗及钢渣混冲均属扩散脱氧，其脱氧效率较高，但必须有足够时间使夹杂上浮。若配有吹氩搅拌装置，效果非常好。

真空脱氧的原理是将钢水置于真空条件下，通过降低外界 CO 分压打破钢水中碳氧平衡，使钢中残余的碳和氧继续反应，达到脱氧的目的。这种方法不消耗合金，脱氧效率也较高，钢水比较洁净，但需要专门的真空设备。

炉外精炼 RH、VD 等精炼方法，均可采用真空脱氧。

沉淀脱氧可以元素单独脱氧和复合脱氧。元素单独脱氧指脱氧过程中只向钢水中加一种脱氧元素；而复合脱氧指同时向钢水中加入两种或两种以上的脱氧元素。复合脱氧可以提高脱氧元素的脱氧能力；比例适当，可以生成低熔点脱氧产物，易于从钢水中排出；能提高易挥发性 Ca、Mg 等元素在钢中的溶解度。

氧气转炉炼钢普遍采用钢包内沉淀脱氧，但配以合适的炉外精炼方法，可以在精炼扩散脱氧或真空脱氧。

炉外精炼 CAS-OB 采用沉淀脱氧，LF 炉优先采用扩散脱氧，为了加快脱氧速度，将扩散脱氧与沉淀脱氧相结合，RH、VD 精炼采用真空脱氧。

✎ 练 习 题

1.（多选）常用的脱氧方式包括（　　）。ABC
   A. 沉淀脱氧　　　　B. 扩散脱氧　　　　C. 真空脱氧　　　　D. 吸附脱氧
2. 采用沉淀脱氧的脱氧方法特点不包括（　　）。B
   A. 脱氧效率高　　B. 耗时长　　　　C. 合金消耗较少　　D. 易造成内生夹杂物
3. 渣洗及钢渣混冲分别属于沉淀脱氧及扩散脱氧。（　　）×
4. 真空脱氧的原理是将钢水置于真空条件下，通过降低外界 CO 分压打破钢水中碳氧平衡，使钢中残余的碳和氧继续反应，达到脱氧的目的。（　　）√
5. 炉外精炼 CAS-OB 一般采用（　　）的脱氧方式。A
   A. 沉淀脱氧　　　　B. 扩散脱氧　　　　C. 真空脱氧　　　　D. 吸附脱氧

4.1.2.4　沉淀脱氧对脱氧剂的要求

为了完成脱氧的任务，对加入的脱氧剂有以下要求：

（1）脱氧元素与氧亲和力大于铁与氧亲和力，冶炼镇静钢时脱氧元素与氧亲和力应大于碳与氧的亲和力；Mn、Si、Al、Ca、Ba 等元素可以满足这些条件。

（2）脱氧剂的熔点应低于钢水温度，脱氧剂的熔点比钢液温度低，以保证脱氧剂迅速熔化及在钢液内均匀分布。

（3）脱氧剂应有足够的密度，使其能穿过渣层进入钢液，提高脱氧效率。

（4）脱氧产物易上浮。脱氧产物的上浮服从低熔点理论和吸附理论。

（5）未与氧结合残留于钢中脱氧元素应对钢性能无坏影响。

（6）价格便宜。

练习题

下面（　　）不属于沉淀脱氧对脱氧剂的要求。B
  A. 脱氧元素与氧亲和力要强
  B. 脱氧剂的熔点应高于钢水温度
  C. 脱氧剂应有足够的密度
  D. 未与氧结合残留于钢中脱氧元素应对钢性能无坏影响

4.1.2.5　按脱氧程度钢的分类

按钢的脱氧程度不同可分为镇静钢、沸腾钢和半镇静钢三大类。其凝固组织结构见图4-8。

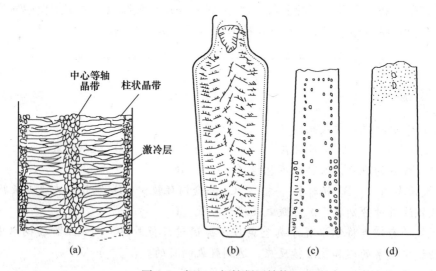

图 4-8　钢坯、钢锭凝固结构
（a）连铸钢坯凝固结构；（b）镇静钢钢锭凝固结构；（c）沸腾钢钢锭凝固结构；（d）半镇静钢钢锭凝固结构

镇静钢是脱氧完全的钢。在冷凝过程中，钢水比较平静，没有明显的气体排出。凝固组织致密，化学成分及力学性能比较均匀。对于同一牌号的钢种，镇静钢的强度比沸腾钢要高一些。但生产镇静钢铁合金的消耗多，而且钢锭头部有集中的缩孔。镇静钢钢锭的切头率一般为15%左右，而沸腾钢钢锭只有3%~5%。力学性能要求高的钢种，如无缝钢管、重轨、工具钢，各种含有合金元素的特殊性能钢，如硅钢、滚珠钢、弹簧钢等合金钢都是镇静钢。只有镇静钢才能浇注成连铸坯。

　　沸腾钢是脱氧不完全的钢，只能模铸，沸腾钢只用 Fe-Mn 脱氧。钢中含有一定数量的氧，因此钢水在凝固过程中有碳氧反应发生，产生相当数量的 CO 气体，CO 排出时产生沸腾现象。沸腾钢钢锭正常凝固结构是：气体有规律的分布，形成上涨不多、具有一定厚度的坚壳带，钢锭没有集中的缩孔，所以沸腾钢钢锭较镇静钢切头率低，成本低，简化了整模和脱模工序。基于上述原因，在模铸条件下，若性能可以满足工业需要，应以沸腾钢代替镇静钢。一般低碳结构钢可炼成沸腾钢。

　　沸腾钢的碳含量在 0.05%～0.27%，锰含量是 0.25%～0.70%。沸腾钢一般都用高碳 Fe-Mn 作主要脱氧剂，合金全部加在钢包内，并用适量的铝调节钢水的氧化性。连铸沸腾钢会造成严重的钢水飞溅，且连铸坯有严重的皮下气泡。

　　半镇静钢的脱氧程度介乎于镇静钢和沸腾钢之间。脱氧剂用量比镇静钢少得多。结晶过程中有气体排出，比沸腾钢微弱，因此缩孔比镇静钢大为减少，切头率比镇静钢低。它的力学性能与化学成分比较均匀，接近于镇静钢。

　　半镇静钢目前尚没有比较理想的脱氧方法，一般是用少量的 Fe-Si 或 Mn-Si 在钢包内脱去一部分氧，然后根据情况在锭模内再按经验补加铝粒脱氧。

　　由于半镇静钢脱氧程度很难控制，所以质量不够稳定。如脱氧过度，将出现镇静钢的某些缺陷（如缩孔很深）；脱氧不足时，又会产生沸腾钢脱氧过度的缺陷（如蜂窝气泡接近表面），这就给大规模生产带来困难。所以半镇静钢产量极少。

－·－

✍ 练 习 题

1. （多选）按钢的脱氧程度不同可分为（　　　）几类。ABC
　　A. 镇静钢　　　　B. 沸腾钢　　　　C. 半镇静钢　　　　D. 半沸腾钢
2. 按钢的脱氧程度来说，沸腾钢是脱氧完全的钢。（　　）×
3. 按钢的脱氧程度来说，镇静钢是脱氧完全的钢。（　　）√

－·－

4.1.2.6　合金加入原则

　　在常压下脱氧剂加入的顺序有两种，一种是先加脱氧能力弱的，后加脱氧能力强的脱氧剂。这样既能保证钢水的脱氧程度达到钢种的要求，又使脱氧产物易于上浮，保证质量合乎钢种的要求。因此，冶炼一般钢种时，脱氧剂加入的顺序是 Fe-Mn→Fe-Si→Al。

　　从目前发展的趋势来看，脱氧剂的加入顺序是先强后弱，即 Al、Fe-Si、Fe-Mn。实践证明，这样可以大大提高并稳定 Si 和 Mn 元素的吸收率，相应减少合金用量，可是脱氧产物上浮比较困难，如果同时采用钢水吹氩或其他精炼措施，钢的质量不仅能达到要求，而且还有提高。

　　可根据具体钢种的要求，制定具体的脱氧方法。但一般加入顺序应考虑以下原则：

　　（1）以脱氧为目的元素先加，合金化元素后加。

　　（2）易氧化的贵重合金应在脱氧良好的情况下加入。如 Fe-V、Fe-Nb、Fe-B 等合金应在 Fe-Mn、Fe-Si、Al 等脱氧剂全部加完以后再加，以减少其烧损。为了成分均匀，加入的时间也不能过晚。微量元素还可以在精炼时加入。

（3）难熔的、不易氧化的合金，如 Fe-Cr、Fe-W、Fe-Mo、Fe-Ni 等应加热后加在转炉内，若在精炼环节加入，需要采用补充热量的措施。其他合金均加在钢包内。

练 习 题

以下几种合金脱氧剂的脱氧能力从强到弱正确的是（　　）。C

    A. Fe-Mn、Fe-Si、Al   B. Fe-Si、Al、Fe-Mn

    C. Al、Fe-Si、Fe-Mn   D. Al、Fe-Mn、Fe-Si

4.1.2.7　脱氧操作

A　钢包内脱氧合金化

目前大多数钢种都是采用钢包内脱氧。即在炼钢出钢过程中，将全部合金加到钢包内。这种方法简便，大大缩短冶炼时间，而且能提高合金元素的吸收率。冶炼一般钢种，包括低合金钢，采用钢包内脱氧完全可以达到质量要求。如果配有必要的精炼设施，还可以提高钢的质量。

钢包脱氧合金化后，钢中的氧 $[O]_{溶解}$ 形成氧化物，只有脱氧产物上浮排除才能降低 $[O]_{化合}$，达到去除钢中一切形式氧含量的目的。

就脱氧工艺而言有三种情况：

（1）用 Si + Mn 脱氧，形成的脱氧产物可能有固相的纯 SiO_2、液相的 $MnO·SiO_2$、固溶体 MnO-FeO。通过控制合适的 $\dfrac{[Mn]}{[Si]}$，能得到液相的 $MnO·SiO_2$ 产物，夹杂易于上浮排除。

（2）用 Si + Mn + Al 脱氧，形成的脱氧产物可能有蔷薇辉石（$2MnO·Al_2O_3·5SiO_2$）、硅铝榴石（$3MnO·Al_2O_3·3SiO_2$）、纯 Al_2O_3（$Al_2O_3 > 30\%$）。控制夹杂物成分在低熔点范围，为此钢中 $[Al] \leqslant 60ppm$，钢中 $[O]_{溶解}$ 可达 20ppm 而无 Al_2O_3 沉淀，钢水可浇性好，不堵水口，铸坯不会产生皮下气孔。

（3）用过量铝脱氧。对于低碳铝镇静钢，钢中酸溶铝 $[Al]_s = 0.03\% \sim 0.04\%$，则脱氧产物全部为 Al_2O_3。Al_2O_3 熔点高达 2050℃，在钢水中呈固态；若 Al_2O_3 含量多钢水的可浇性变差，易堵水口；另外，Al_2O_3 为不变形夹杂，影响钢材性能。

通过吹搅拌加速 Al_2O_3 上浮排出；或者喂入 Si-Ca 线、Ca 线的钙处理，改变 Al_2O_3 性态。

$[Al]_s$ 较低，钙处理生成低熔点 $2CaO·Al_2O_3·SiO_2$；

$[Al]_s$ 较高，钙处理应保持合适的 $\dfrac{[Ca]}{[Al]}$，以形成 $12CaO·7Al_2O_3$。

对于低碳铝镇静钢，通过钙处理，产物易于上浮排除，纯净了钢水，改善了可浇性。

合金加入时间，一般在转炉出钢钢水流出总量的 1/4 时开始加入，到流出 3/4 时加完。为保证合金熔化和搅拌均匀，合金应加在钢流冲击的部位或同时吹氩搅拌。出钢过程中应避免下渣，还可在钢包内加干净的石灰粉，以避免回磷。

B　真空精炼炉内脱氧合金化

冶炼特殊质量钢种，为了控制气体含量，钢水须经过真空精炼。一般在进行了初步脱氧后，在精炼炉内合金化。

对于加入量大的，难熔的 W、Mn、Ni、Cr、Mo 等合金可在真空处理开始时加入，对于贵重的合金元素 B、Ti、V、Nb、RE 等在真空处理后期或真空处理完再加，一方面能极大地提高合金元素吸收率，降低合金的消耗。同时也可以减少钢中氢的含量。

4.1.2.8　零夹杂钢

所谓零夹杂钢，不是钢中无夹杂物，而是夹杂物在凝固之前不会析出，凝固中和凝固后析出的夹杂物（二次脱氧产物）尺寸小于 $1\mu m$，非金属夹杂物在固态下呈高度弥散分布状态，用光学显微镜都无法观察到，这些夹杂细化晶粒，对钢起到有益的作用，大幅度提高钢的抗疲劳性能。

通过向钢水中添加镁，可以控制夹杂物的成分并达到细化夹杂物颗粒的作用，尽可能使夹杂物的变形性能与铁元素的变形性能接近，降低夹杂物对钢基体连续性的破坏作用。这也是生产洁净钢以及超洁净钢需要努力的一个方向。

✍ **练 习 题**

1. 所谓零夹杂钢，就是指钢中无夹杂物的钢。(　　) ×
2. 所谓零夹杂钢，不是钢中无夹杂物，而是夹杂物尺寸小于 $1\mu m$。(　　) √

4.1.2.9　脱氧产物的上浮排出

沉淀脱氧有部分产物残留在钢液中，会玷污钢水，影响钢的纯洁度。因此为保证钢的质量，减少钢中夹杂物，沉淀脱氧产物的排出尤为关键。沉淀脱氧时可同时采取以下措施。

A　降低脱氧产物的熔点

低熔点理论认为，在脱氧过程中只有形成低熔点液态脱氧产物，才容易由小颗粒碰撞合并、聚集、黏附而长大呈球形易于上浮，其中脱氧产物的颗粒大小对上浮速度影响最大，即夹杂物上浮速度与夹杂物半径平方成正比，即 $v = kr^2$。

根据低熔点理论，大颗粒夹杂物是由细小颗粒在互相碰撞中合并、聚集黏附而长大的，其中液态产物合并最为牢固。使用单一脱氧剂，炼钢温度下脱氧产物大部分为固体粒子；使用几种脱氧剂或用复合脱氧剂，脱氧产物相互结合生成低熔点复合化合物。所以可从脱氧元素锰、硅、铝的配比以及加入次序或采用复合脱氧剂方面增大产物颗粒。若用Mn、Si 和 Al 脱氧时，先加弱脱氧剂，后加强氧剂，即先加 Fe-Mn，再加 Fe-Si，最后加Al；例如用 Mn-Si 合金代替 Fe-Mn、Fe-Si 脱氧，既可保证足够脱氧能力，又可生成液态脱氧产物易于上浮。用 Fe-Mn-Al、Ba-Al-Si 脱氧原理也相同。

B　增大脱氧产物与钢液间的界面张力

钢种脱氧顺序不一定"先弱后强"，也可以"先强后弱"。"低熔点理论"没有考虑到夹杂物与钢液之间的界面张力，实际上有些钢种，采用单一 Al 或 Si 脱氧，脱氧产物是细小、高熔点固体颗粒 Al_2O_3 或 SiO_2，但最终成品钢中的夹杂物含量并不高，钢质量很好。"吸附理论"认为由于熔点越高的脱氧产物与钢液间的界面张力大于产物间的界面张力，润湿性差，在钢液中受到排斥，虽然脱氧产物的颗粒度细小，但其比表面积很大，产物小颗粒之间容易聚集成群落状（云絮状）的夹杂，这种夹杂物可以看成一个整体，在钢液中上浮速度比球状夹杂物上浮速度快得多，能迅速上浮除去。而 Al_2O_3 比 SiO_2 化学稳定性强，所以 Al_2O_3 的上浮排出速度比 SiO_2 快，也更彻底。

C　采用炉外精炼手段

采用吹氩、喷粉、喂线等炉外精炼手段，更有利于夹杂物的排出，纯净钢水，提高钢质量。

对于高品质重轨钢、轴承钢、硬线钢，由于铝脱氧产物 Al_2O_3 容易以脆性尖晶石类夹杂物存在，对钢材的拉拔性能造成严重影响，所以要严格限制铝脱氧，只能采用 Mn-Si 脱氧，且需要控制合金加入比例，保证脱氧产物以图 4-9 相图中低熔点区域塑性夹杂形式存在。从相图可见，Al_2O_3 必须限制在 15%~25%，对于 MnO-SiO_2-Al_2O_3 相图 MnO/SiO_2 比在 1 左右，对于 CaO-SiO_2-Al_2O_3 相图，CaO/SiO_2 比在 0.6 左右（图 4-9）。

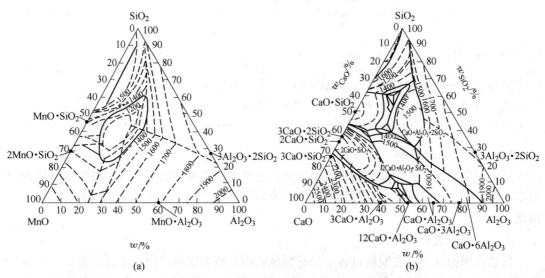

图 4-9　高品质钢塑性夹杂成分范围

（a）MnO-SiO_2-Al_2O_3 相图塑性夹杂物区域；（b）CaO-SiO_2-Al_2O_3 相图塑性夹杂物区域

脱氧方法是决定钢中夹杂物组成、数量、形状及大小的一个重要方面，它直接关系到脱氧的目的能否最终达到。转炉出钢过程采用沉淀脱氧，根据冶炼的工艺，脱氧分为硅脱氧和使用铝或者含铝合金的脱氧两种工艺路线。在现场用得较多的脱氧剂是铝和钡合金、Ba-Ca-Si、Fe-Mn-Al 等金属型脱氧剂。

铝是极强的脱氧元素，其脱氧产物 Al_2O_3 熔点高（2050℃），与钢液界面张力大，不为钢液所润湿，易于在钢液内上浮去除，滞留在钢液中的 Al_2O_3，将在钢液中聚集成链状夹杂，对钢质量有不良影响。目前炉外精炼中多采用加 Fe-Al 或者喂铝线脱氧。钢包喂铝线具有使铝迅速溶于钢液中、显著提高铝的收得率、脱氧效果良好的优点。对于高自由氧的钢液用铝脱氧，如果铝是以一批方式加入钢液中，主要形成珊瑚簇状，这些簇状物很易上浮进入渣中，只有少量紧密簇状物和单个 Al_2O_3 粒子滞留在钢液中，其尺寸小于 $30\mu m$；如果以两批方式加，靠近 Al_2O_3 粒子，有一些板形的 Al_2O_3 出现，其尺寸在 $5\sim20\mu m$；并且二次脱氧产生的 Al_2O_3 粒子少，尺寸不利于夹杂的碰撞长大和上浮去除，所以加入铝时应尽可能早地一批加入，以减少有害的夹杂。钢液中的 Al_2O_3 在喂铝线 $3min$ 以内，即可达到均匀分布。钢中酸溶铝含量达到 $0.03\%\sim0.05\%$，钢中的氧几乎全部转变为了 Al_2O_3。图 4-10 是钢中酸溶铝含量和溶解氧含量的关系，图 4-11 是酸溶铝的控制和夹杂物总量的关系。

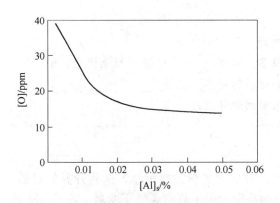

图 4-10　钢中酸溶铝含量和溶解氧含量的关系　　图 4-11　酸溶铝的控制和夹杂物总量的关系

现在在一些不用铝脱氧的钢中，合金带入的部分微量铝形成的夹杂物，可通过合成渣去除。

练习题

吸附理论认为，熔点越高的脱氧产物与钢水间的界面张力越大，虽然脱氧产物的颗粒度细小，但其比表面积很大，也可以从钢水中排除。（　　）✓

4.1.3　吹氧升温原理

钢包内钢水的热损失主要以辐射的方式损失的。钢包内钢水冷却速率受以下因素影响：钢包的容量（即钢液量），钢液面上熔渣覆盖的情况；添加材料的种类和数量，搅拌的方法和强度；钢包的结构（包壁的导热性能，钢包是否有盖）、使用前的烘烤温度和粘钢粘渣情况等。在生产中可采取措施减缓温降，但在炉外精炼过程中，如果没有加热措施，钢液的逐渐冷却是不可避免的。

无加热手段的炉外精炼装置，精炼过程钢液的降温常用提高出钢温度或缩短炉外精炼时间两种方法进行补偿。但是提高出钢温度，受到氧气转炉、电弧炉炉体和钢包耐火材料的限制，降低钢水质量，还会降低某些技术经济指标。缩短炉外精炼时间，会使一些精炼任务不能充分完成。

　　为了保证完成精炼任务，在初炼炉和连铸之间起到保障和缓冲作用，精确控制浇注温度，增强精炼方法的适应性和灵活性，多数炉外精炼装置都有加热手段。

　　SKF、LF、LFV、VAD、CAS-OB、RH-OB、RH-KTB 和 RH-MFB 等炉外精炼方法有加热手段。加热方法包括电弧加热的物理升温法，以及后来发展起来的化学升温，即吹氧升温法。

✎ 练 习 题

1. 钢包内钢水的热散失主要以扩散的方式损失的。（　　　）×
2. （多选）影响钢包内钢水冷却速率的因素很多，以下（　　　）属于影响因素。ABCD
   A. 钢包的容量　　　　　　　　　B. 添加材料的种类和数量
   C. 搅拌的方法和强度　　　　　　D. 使用前的烘烤温度

4.1.3.1　吹氧升温原理

　　把铝或硅加入钢水中，同时吹氧使之氧化，放出的热量加热钢水，达到升温的目的。也可在出钢过程中将 C、Si 成分控制在适当高的范围，置于真空条件下吹氧，靠 C、Si 氧化放出的热量升温。

4.1.3.2　吹氧升温的特点

　　全连铸生产过程由于某些因素，连铸机不能继续浇注时，剩余的钢液甚至整炉的钢水作为"回炉钢"返回炼钢炉，这会降低钢的质量，影响炼钢炉的生产率，增加合金和钢铁料消耗。在炼钢炉与连铸机之间设置钢包炉作为缓冲，可部分解决回炉钢问题。钢包炉起缓冲作用的关键是具备加热手段。

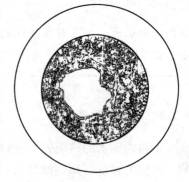

　　钢液的铝热法是利用喷枪吹氧使铝氧化放出大量的化学热，使钢液迅速升温。使用这种手段的精炼方法有 CAS-OB 和 RH-OB 等。

　　与电弧加热相比，无论是设备投资还是过程消耗，吹氧升温成本低；升温速度很快；但由于加铝或硅，易回磷，若残铝量控制不当会造成连铸水口絮流"套眼"，如图 4-12 所示；吹氧量过大还会造成钢水氧化性强，引起回硫，钢液中的活泼元素氧化烧损，如硅正常情况下烧损约 10%；总体而言吹氧升温钢液的纯洁度较低。

图 4-12　套眼后的水口解剖

　　为此加铝吹氧应严格控制氧铝比（标态）在 $0.87 \text{m}^3/$ kg Al 左右，高铝钢种采用喷粉或喂线方式加入 Ca-Si 合金或者纯钙线对夹杂进行变性处理，并且保持 8min 以上的弱搅拌，以使 Al_2O_3 夹杂物充分上浮纯净钢水。

　　例 1　取氧气过剩系数为 1.4，计算 1kg 铝完全氧化消耗多少体积氧气（氧铝比）？

　　解：可按反应式推导如下，1kg 铝氧化理论氧耗量（标态）为 $x \text{m}^3$：

$$4Al \quad + \quad 3[O_2] \quad = \quad 2Al_2O_3$$

$$4 \times 27 \quad\quad 3 \times 0.0224$$

$$1000 \quad\quad\quad\quad x$$

$$x = \frac{1000 \times 3 \times 0.0224}{4 \times 27} = 0.622m^3$$

考虑到钢水中硅等元素的氧化和部分氧气进入炉气，取过剩系数为 1.4，实际氧耗量（标态）为：

$$1.4 \times 0.622 = 0.871m^3$$

答： 实际氧铝比（标态）为 0.871m^3/kg Al。

吹氧升温控制氧铝比在合适的范围内，见图 4-13。吹氧升温硅含量的变化见图 4-14。

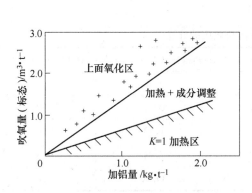

图 4-13 吹氧量与加铝量的关系

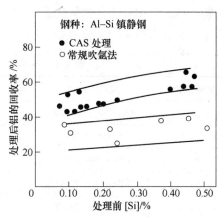

图 4-14 吹氧升温硅含量的变化

同理可推导氧硅比理论值（标态）为 0.6m^3/kg Fe-Si，实际值（标态）在 0.84m^3/kg Fe-Si 左右。由于硅氧化产物 SiO_2 是酸性氧化物，降低渣碱度，补加石灰又吸热，所以实际上很少用加硅吹氧升温。

例 2 计算 Ba-Ca-Si 作为发热剂时，1kg Ba-Ca-Si 需要的实际氧耗量为多少立方米？（取氧气过剩系数为 1.4，Ba-Ca-Si 合金的成分含量为[Si] = 40.5%，[Ba] = 15.7%，[Ca] = 18.2%）

解： 分别求出燃烧过程中，各合金元素的氧耗量，然后求和。

设 1kg Ba-Ca-Si 合金硅氧化氧耗量（标态）为 xm^3：

$$Si \quad + \quad O_2 \quad = \quad SiO_2$$

$$28 \quad\quad\quad 0.0224$$

$$1000 \times 40.5\% \quad\quad x$$

$$x = \frac{1000 \times 40.5\% \times 0.0224}{28} = 0.324m^3$$

设 1kg Ba-Ca-Si 合金钡氧化氧耗量（标态）为 ym^3：

$$2Ba \quad + \quad O_2 \quad = \quad 2BaO$$

$$2 \times 137 \quad\quad 0.0224$$

$$1000 \times 15.7\% \quad\quad y$$

$$y = \frac{1000 \times 15.7\% \times 0.0224}{2 \times 137} = 0.013\text{m}^3$$

设 1kg Ba-Ca-Si 合金钙氧化氧耗量（标态）为 $z\text{m}^3$：

$$2\text{Ca} \qquad + \qquad \text{O}_2 \qquad === 2\text{CaO}$$

$$2 \times 40 \qquad\qquad 0.0224$$

$$1000 \times 18.2\% \qquad\qquad z$$

$$z = \frac{1000 \times 18.2\% \times 0.0224}{2 \times 40} = 0.051\text{m}^3$$

实际总氧量 $= 1.4 \times (x + y + z) = 1.4 \times (0.324 + 0.013 + 0.051) = 0.543\text{m}^3$。

答：1kg Ba-Ca-Si 合金氧化氧耗量（标态）为 0.543m^3。

表 4-1 是各种不同元素升温热效应的计算值。

表 4-1　各种不同元素升温热效应的计算值

发热元素	反应方程式	元素发热值/kJ·kg^{-1}	吨钢升温值/℃·kg^{-1}	氧耗量/m^3·kg^{-1}
Al	$4\text{Al} + 3\text{O}_2 == 2\text{Al}_2\text{O}_3$	−31580	35.8	0.622
Si	$\text{Si} + \text{O}_2 == \text{SiO}_2$	−29260	33.1	0.80
Mn	$2\text{Mn} + \text{O}_2 == 2\text{MnO}$	−5385.0	6.13	0.20
Ba	$2\text{Ba} + \text{O}_2 == 2\text{BaO}$	−3901.6	4.44	0.08
Ca	$2\text{Ca} + \text{O}_2 == 2\text{CaO}$	−12462.5	14.19	0.28

　　吹氧升温的理论基础是铝或其他元素与溶解氧或者吹入的氧气的放热反应。表 4-2 列出几种元素 0.1% 含量在钢液中氧化的理论升温效果。如果每吨钢液中有 1kg 铝氧化，则温度升高 30℃，所需要的氧量可按例 1 计算。最高升温速率为 15℃/min。可以看出，当加热速率较低（5~6℃/min）时，铝加热效率达到 80%~100%。当加热速率高于 10℃/min 时，加热效率超过 100%。主要原因是以较高供氧强度吹氧时，除铝外在氧流冲击区范围附近氧化外，还有其他元素也被剧烈氧化。

表 4-2　钢液中溶解 0.1% 元素氧化升温效果

元　素	[Si]	[Mn]	[Cr]	[Fe]	[C]	[Al]
温度升高/℃	+27	+9	+13	+6	+14	+30

　　吹氧期间，铝首先被氧化，但随着钢液中铝的减少，钢液中的硅、锰等其他元素也会被氧化。硅、锰、铁等元素的氧化会与钢中剩余的铝进行反应，大多数氧化物会被还原。未被还原的氧化物一部分变成了烟尘，另一部分留在渣中。

　　吹氧升温氧气利用率很高，几乎全部氧都直接或间接地与铝作用，通常可较准确地预测钢中铝含量。不过当过多的高氧化性炉渣进入钢包，会增加铝的损失，造成残铝量的波动。

　　吹氧升温钢中碳含量的变化不大，对于高碳钢（例如 [C] = 0.8%），碳的损失也不超过 0.01%。当钢中硅含量较高时，硅减少约为硅含量的 10% 左右，钢中锰的烧损不大，出钢挡渣效果差还会出现回锰现象。钢中磷含量会增加 10×10^{-6} 以上，这是加铝量大，使渣中 P_2O_5 还原所致，随着下渣量的增加，回磷量会急剧增加。钢中硫含量平均增加 10×10^{-6}，这是因为吹氧期间，提高了钢和渣的氧化性，从而促进硫由渣进入钢中。由于钢中硅的氧化使熔渣的碱度降低，锰的氧化使熔渣的氧化性增加，都导致钢液纯洁度下降。

✎ **练习题**

1. 钢液的铝热法是利用喷枪吹氧使铝氧化放出大量的化学热，而使钢液迅速升温。（　　）√

2. Al 经常被用作吹氧升温的发热剂是因为 Al 燃烧后不污染钢水。（　　）×

3. CAS-OB 加铝吹氧升温，升温速度按 4~5℃/min 计算，升温氧铝比（标态）为（　　）m^3/kg。B
   A. 0.6~0.8　　　　B. 0.8~1.0　　　　C. 0.8~1.4　　　　D. 1.0~1.4

4. CAS-OB 加铝吹氧升温操作，氧铝比（标态）一般为（　　）m^3/kg。B
   A. 0.5~0.8　　　　B. 0.8~1.0　　　　C. 1.1~1.4　　　　D. 1.4~1.6

5. 采用 Al 作为发热剂加热钢水时，其反应式为 $2[Al] + 3[O] = Al_2O_3(s)$，理论上 1kg Al 可与标态下（　　）L 氧气反应。（Al 原子量为 27，O 原子量为 16）D
   A. 22.4　　　　B. 224　　　　C. 448　　　　D. 622

6. CAS-OB 处理升温钢水，升温幅度原则上不大于（　　）。D
   A. 10℃　　　　B. 20℃　　　　C. 30℃　　　　D. 40℃

7. CAS-OB 加 Fe-Si 吹氧升温时，升温速度取决于（　　）。C
   A. Fe-Si 的供给速度　　　　　　B. 氧气的供给速度
   C. 氧气和 Fe-Si 的供给平衡

8. CAS-OB 加铝吹氧升温时，升温速度取决于（　　）。C
   A. 铝的供给速度　　　　　　　　B. 氧气的供给速度
   C. 氧气和铝的供给平衡

9. 发热剂的过热系数是指发热剂相对氧气的过剩系数。（　　）×

10. 发热剂的过热系数有两方面内容，一是指发热剂相对氧气的过剩系数；二是指发热剂相对升温幅度所需发热剂量的过剩系数。（　　）√

11. Fe-Si 合金不能作为吹氧升温的发热物质。（　　）×

12. 假定经计算钢水增温 10℃ 所需 Al 为 30kg，实际加入 Al 量为 36kg，则该次升温发热剂的过剩系数为（　　）。A
    A. 1.2　　　　B. 1.25　　　　C. 1.3　　　　D. 1.4

13. 可采用 Fe-Si 合金进行吹氧升温。（　　）√

14. 铝和 Fe-Si 是 CAS-OB 吹氧升温的常用发热剂。（　　）√

15. 铝加热钢水方法的升温速度，取决于单位供氧速度和铝的供给速度。（　　）√

16. 铝加热钢水方法的升温速度，取决于铝的供给速度。（　　）×

17. （多选）CAS-OB 加铝升温时，加铝量相对氧气的过剩系数过大，可能会造

成（　　）。BC

   A. 钢水过氧化严重　　　　　　　B. 钢水 Al 含量超出目标值

   C. Si、Mn 的氧化受到抑制　　　D. Si、Mn 的烧损严重

18. （多选）下列金属中，可作为 CAS-OB 发热剂的有（　　）。AB

   A. Si　　　　　B. Al　　　　　C. Ti　　　　　D. Ca

19. （多选）CAS-OB 加铝升温时，加铝量相对氧气的过剩系数偏小，可能会造成（　　）。ABC

   A. 钢水过氧化严重　　　　　　　B. 钢水中 Si 的烧损

   C. 钢水中 Mn 的烧损　　　　　　D. 钢水中 P 的烧损

20. （多选）吹氧升温操作，加热剂的选择应考虑（　　）因素。ABCD

   A. 发热剂的经济性　　　　　　　B. 发热剂对钢水质量的影响

   C. 发热元素的热效应　　　　　　D. 单质元素与合金均可做发热剂

4.2　CAS-OB 设备

4.2.1　CAS-OB 设备检查

在精炼操作之前，需要按规程对钢包、吹氩设备（尤其是包底吹氩透气砖）、浸渍罩及浸渍罩升降、氧枪及升降装置、合金加料设备、事故吹氩设备和连锁装置进行检查。在设备检查和操作时，尤其需要注意防止钢水飞溅烫伤和插拔吹氩管甩起伤人。

在使用设备时，需严格执行操作牌制度；钢包座包后，精炼过程钢包周围液面以下禁止进入；插拔吹氩管需要检查软管、快速接头完好，与精炼工联系确认，再插拔软管，检查漏气前需要再次和精炼工联系确认；拔管后软管应放置在专用支架上。

练 习 题

1. CAS-OB 更换新氧枪前供气系统必须（　　）。B

   A. 充满气体　　　　　　B. 卸压为零　　　　　　C. 保持一定压力

2. CAS-OB 更换新氧枪前供气系统不必卸压为零。（　　）×

3. （多选）CAS-OB 浸渍罩、氧枪、钢包车之间的连锁关系，下列说法正确的是（　　）。ACD

   A. 浸渍罩不在等待位时，钢包车严禁运行

   B. 钢包车在等待位时，浸渍罩严禁运行

   C. 浸渍罩不降至工作位时，氧枪禁止下枪

   D. 氧枪提枪至开关氧点时，氧枪切断阀自动关闭

4. （多选）CAS-OB 氧枪的连锁关系，下列说法正确的是（　　）。ACD

   A. 浸渍罩不降至工作位时，氧枪禁止下枪

B. 浸渍罩在工作位时，氧枪禁止下枪

C. 氧枪下降至开关氧点时，氧枪切断阀自动打开

D. 氧枪提枪至开关氧点时，氧枪切断阀自动关闭

4.2.2 CAS-OB 设备结构

CAS-OB 设备结构见图 4-15。

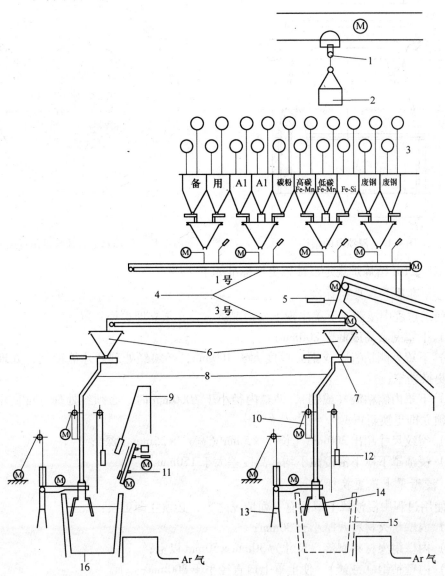

图 4-15 CAS-OB 设备结构

1—卷扬机；2—合金料槽；3—合金料仓；4—皮带运输机；5—闸门；6—加料漏斗；7—电磁给料器；

8—加料斜槽；9—取样装置；10—氧枪升降装置；11—割渣装置；12—液面测量棒；

13—浸渍罩升降装置；14—浸渍罩（浸渍槽）；15—钢包；16—透气砖

4.2.2.1 浸渍罩结构及升降装置

浸渍罩一般为锥形罩体，分为上下两节，上罩体内涂耐火材料，下罩体内外均涂耐火材料，见图 4-16。

浸渍罩应保证罩内有足够的反应空间，且罩外可以容纳精炼开始大流量吹氩赶开的熔渣。其直径一般为钢包直径的一半（图 4-17）。

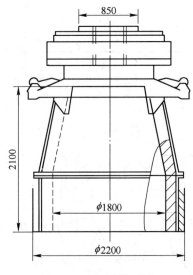

图 4-16　浸渍罩的结构

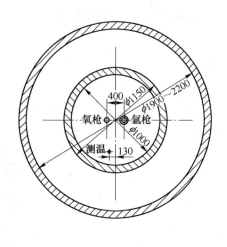

图 4-17　浸渍罩的直径与钢包直径关系

某钢厂 210t 精炼炉规定浸渍罩更换标准如下。

A　浸渍罩下罩更换标准

在使用过程中浸渍罩下罩出现下列情况之一，必须立即更换新罩：

（1）下罩剩余高度低于 200mm；

（2）下罩外侧粘渣（或钢）厚度大于 100mm，必须经处理后才能使用，处理无效必须立即更换新罩；

（3）下罩内侧粘渣（或钢），使罩内径小于 1000mm 时，必须经处理方可使用，处理无效必须立即更换新罩；

（4）裂纹尺寸超出 300mm（长）×5mm（宽）×25mm（深）；

（5）浸渍罩下罩下沿侵蚀不均，高度差大于 150mm。

B　浸渍罩上罩更换标准

在使用过程中浸渍罩上罩如有下列情况之一，必须立即更换：

（1）内壁耐火材料残厚小于 30mm；

（2）内壁耐火材料剥落，尺寸为 30mm×50mm 以上；

（3）内壁粘钢（或渣），使上罩上口直径小于 300mm；

（4）罩的上口因高温变形；

（5）上罩局部见红。

C　更换 CAS 罩操作

CAS 罩更换平台座上钢包车，开至换罩位，旧罩降至平台，拆开吊挂点，开出钢包车，天车吊下更换平台。

带新罩平台座钢包车，开至换罩位，吊挂，天车起吊联系确认，检查钢丝绳联系确认，罩吊起。

开出钢包车，天车吊下更换平台。

某厂浸渍罩参数：升降提升行程为3100mm，提升速度为6m/min，提升重量为5t，驱动电动机功率为13kW。

练 习 题

浸渍罩应保证罩内有足够的反应空间，且罩外可以容纳精炼开始大流量吹氩赶开的熔渣。其直径一般为钢包直径的（　　）。C

A. 1/4　　　　B. 1/3　　　　C. 1/2　　　　D. 2/3

4.2.2.2　氧枪及其升降装置

CAS-OB 氧枪一般采用消耗式双层套管，外涂高铝质不定型耐火材料。中心管通氧气，环缝管通冷却用氩气。氧枪要求管路畅通，偏心大于50mm，长度低于1m 必须更换，更换氧枪采用专用吊具吊运。

氧枪依靠电机带动减速箱升降，分快慢两速，要求升降灵活，定位准确。

某厂210t 精炼设备 CAS-OB 氧枪要求如下：

工作压力：1.0MPa，内管尺寸：$\phi54mm \times 4.5mm$，外管尺寸：$\phi65mm \times 5.0mm$，直径（耐火材料）：185mm，枪长（耐火材料）：1400mm，枪长（总长）：7525mm，枪体总重量（不含耐火材料）：228.6kg；氧枪升降行程：14000mm，运载能力：3.2t，提升速度：快速：12m/min，慢速：2m/min；氧枪更换标准：氧枪使用残高<1000mm，必须立即更换，氧枪枪体堵塞或偏差>50mm，必须立即更换。外内管压力比在1.2~3.0，吹氧管烧损速度约为每炉50mm/次，一根氧枪有20~30次寿命。

氧枪更换操作成功应吹气检查氧枪孔畅通，检查枪体枪杆密封情况。

练 习 题

1. 氧枪更换标准中氧枪使用残高小于1000mm 及氧枪枪体堵塞或偏差大于50mm，必须立即更换。（　　）√
2. CAS-OB 用氧枪为消耗型，使用残高低于预定值时需立即更换。（　　）√

4.2.2.3　加料设备

大型炉外精炼加料设备均采用皮带上料，在日常设备巡检中应该检查电机、减速箱、皮带、防护罩。

4.2.2.4 测温取样设备

小型炉外精炼设备依靠人工进行测温取样,大型设备普遍采用自动装置测温取样,测温要求偶头插入钢液面以下300mm,距包内壁300mm,保证数据准确。测温取样设备可以有平移、旋转、摆动等多种方式,如图4-18所示。

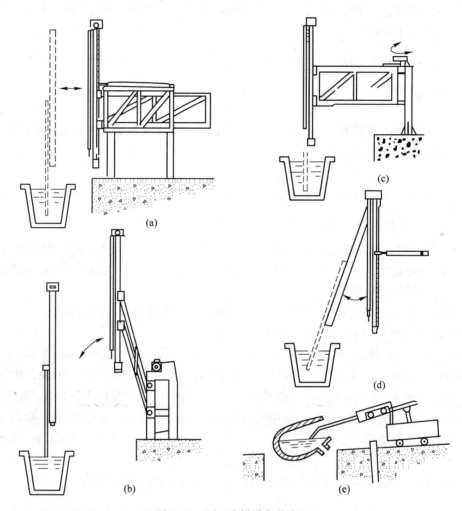

图 4-18 测温取样设备的类型
(a) 滑动框架结构;(b) 连杆升降移动结构;(c) 可回转型;(d) 倾斜插入型;(e) 倒炉测量型

4.3 吹氩及 CAS-OB 精炼工艺

4.3.1 工艺流程

CAS 工艺操作的关键是排除浸渍罩内的氧化渣,钢包渣层厚度影响 CAS 工艺的处理效果。钢包渣层过厚时,CAS 罩排渣能力得不到充分利用,部分渣残留在罩内,合金吸收率就会降低且操作极不稳定,而且对钢液的喂线钙处理也有相当大的影响。因此,转炉出钢最好将钢包内钢水覆盖渣的厚度控制在 30 ~ 50mm,一般不超过 100mm。若渣厚超过150mm,明智之举是泼渣、扒渣后处理。

CAS-OB 精炼技术在不扒渣的条件下进行，优点是时间短，热量损失小，缺点是覆盖渣对钢水精炼脱氧、脱硫的能力差，吸附夹杂物的能力也低，所以要对覆盖渣进行改质。

顶渣由转炉出钢过程中流入钢包的炉渣，铁合金的脱氧产物，加入的脱硫剂、脱氧剂等组成。当转炉内的渣大量进入钢包内时所形成的覆盖渣，渣中 FeO 含量会达到 8%～15%，当转炉渣流入钢包的量较少时，会因为 Fe-Si 脱氧产物 SiO_2 在渣中比例增大，或者铝脱氧产物 Al_2O_3 在渣中比例增大，而造成覆盖渣 CaO/Al_2O_3、碱度 CaO/SiO_2 降低，甚至使覆盖渣碱度小于 2.0。覆盖渣改质的目的是适当提高覆盖渣碱度，降低覆盖渣氧化性。覆盖渣改质的方法是，在转炉出钢过程中向钢包内加入改质剂或脱硫剂，高效脱氧剂也具有良好的覆盖渣改质作用。利用钢水的流动冲刷和搅拌作用促进钢—渣反应并快速生成覆盖渣。覆盖渣改质剂通常采用 $CaO + CaF_2$、$CaO\text{-}Al_2O_3\text{-}Al$、$CaO\text{-}CaC_2\text{-}CaF_2$ 等系列，覆盖渣改质后，碱度可达到 2.5～3.0，渣中 FeO + MnO 含量低于 3%～5%。某厂 CAS-OB 工序，钢渣成分不同引起的钢液浇注情况的不同关系见表4-3。

表4-3　某厂 CAS-OB 工序钢渣成分不同引起的钢液浇注情况的不同关系　　（%）

CAS-OB 的钢渣成分和钢水浇注情况的分析								说　明
CaO	SiO_2	P_2O_5	FeO	S	Al_2O_3	MgO	CaF_2	
44.51	8.04	0.02	0.96	0.07	39.26	3.82	4.68	浇注正常
47.08	11.98	0.01	1.3	0.09	30.85	5.87	5.23	浇注正常
49.51	8.35	0.04	1.15	0.07	39.43	0	3.34	浇注正常
40.1	12.3	0.07	4.02	0.04	26.73	8.19	4.21	钢包结瘤中间包结瘤
36.08	12.23	0.12	3.79	0.03	19.62	13.5	3.8	中间包结瘤

练 习 题

1. （多选）CAS-OB 精炼的顶渣由下列（　　　）部分组成。ABCD
　　A. 转炉出钢过程中流入钢包的炉渣　　　　B. 加入铁合金脱氧产生的产物
　　C. 加入的脱硫剂　　　　　　　　　　　　D. 加入的脱氧剂
2. 覆盖渣改质的目的就是要适当提高覆盖渣酸度，增加覆盖渣氧化性。（　　　）×

CAS-OB 工艺装备中，有专门的破渣枪，即操作平台设有一个钢棒，专门用于渣面结壳的处理，该机构是机械驱动，头部装有可拆卸的枪头，枪头破渣使用一段时间，损坏或者变形以后，更换新的即可。

由于 CAS-OB 以后，尤其是采用铝热法，钢水的质量将会下降，严重的将会导致连铸结瘤，所以目前绝大多数的厂家只是追求 CAS 的操作，而不提倡 OB 操作，以下将 CAS 的操作和 OB 的操作分开描述。

图4-19 是国内某钢厂单纯的 CAS 工艺路线。

温度高于等于目标温度时，接通钢包底部的吹氩管，通过钢包底部的透气砖，对钢水进行搅拌。在氩气的驱动下，吹氩口上方的钢水表面形成无渣区（如果钢渣表面结壳，使

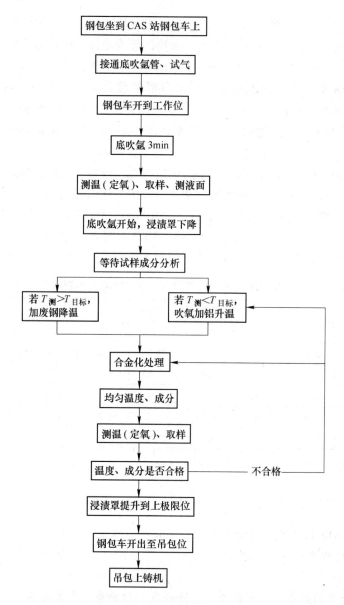

图 4-19　某钢厂的 CAS 工艺路线

用破渣枪捣开表面钢渣），此时，浸渍罩下降。与此同时，除尘系统开始工作。浸渍罩内钢水表面形成几乎不含有钢渣的纯净区域。浸渍罩插入钢水，使其内部基本上与大气相隔离，形成一个较封闭的惰性气体环境。根据冶炼的产品成分和工艺要求，进行添加合金元素、小废钢冷材降温、喂线、吹氩搅拌、测温取样等操作。由于在惰性气体的环境中添加合金，因此能够保证较高和稳定的合金元素吸收率。合金辅料是从高位料仓经称量台车和滑动溜槽等加料设备加入到待处理钢水之中。各种包芯线通过喂线机喂入钢水中，进行钙处理和其他成分的调整等操作，然后加入保温剂，天车吊钢水上连铸浇注。

　　CAS 操作曲线见图 4-20。

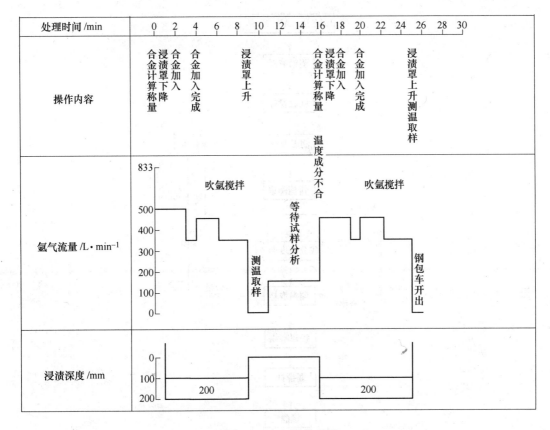

图 4-20　CAS 操作曲线

练习题

CAS 工艺操作的关键是排除浸渍罩内的氧化渣。（　　　）√

　　经过 CAS/CAS-OB 处理以后的钢水，达到目标化学成分和温度之后，浸渍罩通过驱动机构被提升离开钢水，除尘烟道系统停止工作。钢包台车移动到布料器下方，向钢包内加入保温剂（覆盖剂），然后钢包车开至钢水接受位置。最后由精炼车间里的天车将钢包吊运到连铸机进行连铸。

　　CAS-OB 的工艺过程为：转炉出钢以后，钢包台车运载着盛有钢水的钢包进入处理工位之后，用于底部吹氩的惰性气体供应管线连接到固定在钢包上的惰性气体供应接头上，随后进行 CAS 或者 CAS-OB 两种冶金工艺处理程序。某厂 CAS-OB 的工艺流程见图 4-21。

　　当处理前钢水温度低时，首先采用加铝或其他发热元素通过吹氧枪进行吹氧升温，即 OB 工艺。由于底吹氩的搅拌，反应热可以快速到达钢包内各部位的钢水，在短时间内提高钢水温度，然后进行 CAS 的工艺流程，完成 CAS-OB 的操作。

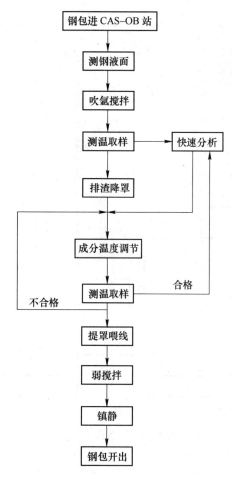

图 4-21 CAS-OB 的工艺流程

练习题

下列（　　）材料不属于目前最常见采用的使钢液升温的发热剂。C
A. Al   B. Fe-Si   C. Mn-Si   D. Fe-Al

4.3.1.1 指车操作

炉外精炼吊运钢水和原材料要用到天车，天车司机按照指车工手势指挥开动，指车工右手手臂摆动运行大车、小车，手指方向指挥钩头升降，大拇指指挥大钩，小指指挥小钩，如图 4-22 所示。

现代天车多采用对讲机指挥，指挥时要求口令清晰，与天车司机配合好。

使用天车应做到十不吊，即超负荷不吊，歪拉斜吊不吊，指挥信号不明不吊，安全装置失灵不吊，重物起过人头不吊，光线阴暗看不清不吊，埋在地下的物件不吊，吊物上站

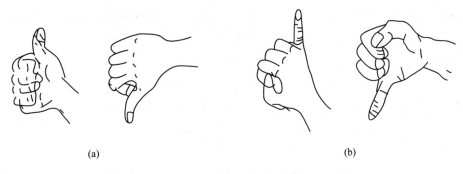

(a)　　　　　　　　　　　　　　　　　　　(b)

图 4-22　天车指车手势图

（a）右手大拇指指挥示意图；（b）右手小拇指指挥示意图

人不吊，捆绑不牢不稳不吊，重物边缘锋利无防护措施不吊。

练习题

1. 使用天车在（　　）情况下可以吊运。B

　　A. 埋在地下　　　　　　　　B. 捆绑牢靠　　　　　　　C. 歪拉斜吊　　　　　　　D. 吊物上站人

2. 两件重物用一根钢丝绳捆绑情况下可以使用天车吊运。（　　）×

3. 使用天车在（　　）情况下可以吊运。C

　　A. 轻微超载　　　　　　　　　　　　　　　　B. 光线昏暗

　　C. 重物边缘锋利有防护措施　　　　　　　　D. 钢丝绳不合格

4. 重物边缘锋利有防护措施可以使用天车吊运。（　　）√

5. （多选）以下（　　）情况天车不得吊运。ABCD

　　A. 超载或重物不清时　　　　　　　　　　　B. 被吊物上有人或浮置物时

　　C. 重物捆绑不牢或不平衡时　　　　　　　　D. 安全装置失灵时

6. （多选）天车在（　　）情况下不得吊运。ABCD

　　A. 斜拉重物时　　　　　　　　　　　　　　B. 工作场地昏暗

　　C. 重物棱角处和捆绑钢丝绳之间未加衬垫时　　D. 钢（铁）水包装得过满时

4.3.1.2　钢包钢水要求

炉外精炼为保证钢种质量以及操作顺利进行，进站钢水有以下情况可以拒绝处理：

（1）带渣量要求，钢水顶渣厚度不大于150mm，可拒绝处理，大于300mm时应泼渣、扒渣处理。

（2）钢包净空（以渣面为准）控制在200~500mm，小于100mm或大于600mm时拒绝处理。

（3）钢包必须清洁，无残钢和残渣，包沿残留物不大于100mm厚，包沿大于150mm拒绝处理。

练 习 题

（多选）下列关于钢包钢水要求，正确的是（　　）。ACD

 A. 带渣量要求，钢水顶渣厚度不大于 150mm 或大于 300mm，拒绝处理

 B. 钢包净空（以钢水液面为准）控制在 200~500mm，小于 100mm 或大于 600mm，拒绝处理

 C. 钢包必须清洁，无残钢和残渣，包沿残留物不大于 100mm 厚，包沿大于 150mm，拒绝处理

 D. 钢水温度，钢水升温幅度原则上不大于 40℃

4.3.1.3　接吹氩管

CAS 处理钢包坐入钢水车后，接通底吹氩接头进行底吹氩操作。如吹不开，可打开旁通阀，旁通系统吹通满足工艺要求后立即停止并转到主管路系统。如果采用旁通系统吹氩时间大于 3min，渣面还未吹开时，此炉钢进行"倒包"或转顶吹氩进行处理。

4.3.1.4　测温

精炼处理后，正常红包，等待时间超过 10min、其他包况等待时间超过 8min 的炉次，必须重新测温。

精炼处理终点样距处理结束时间不得超过 5min。

练 习 题

1. 精炼处理后，正常红包，等待时间超过 10min、其他包况等待时间超过 8min 的炉次，必须重新测温。（　　）√

2. 精炼处理终点样距处理结束时间不得超过 10min。（　　）×

4.3.2　CAS 及 CAS-OB 精炼工艺制度

4.3.2.1　吹氩制度

A　吹氩搅拌能量的确定

炉外精炼不同阶段需要不同的吹氩搅拌能量，如加合金、废钢、渣料，为了成分温度均匀和保证钢渣化学反应速度，需要搅拌能量比较高，而上浮夹杂需要搅拌能量比较低。

考虑到钢液的搅拌是由于外力做功的结果，所以单位时间内，输入钢液内引起钢液搅拌的能量越大，钢液的搅拌将越剧烈。现在常用单位时间内，向 1t 钢液（或 1m³ 钢液）提供的搅拌能量来作为描述搅拌特征和质量的指标，称为能量耗散速率，即吨钢搅拌功率或称为比搅拌功率，用符号 E 表示，单位是 W/t 或 W/m³：

$$E = \frac{6.18 \times 10^{-3} G}{V} T_C \left[\ln \left(1 + \frac{H_{总}}{1.46 P_2} \right) + \left(1 - \frac{T_0}{T_C} \right) \right] \quad (4-2)$$

式中　E——吨钢搅拌功率，W/t；

　　　G——氩气流量（标态），L/min；

　　　V——钢液重量，t；

　　　T_C——钢液绝对温度，K；

　　　T_0——氩气进口绝对温度，K；

　　　$H_{总}$——钢液 + 渣深度，m；

　　　P_2——钢液面上气体绝对压力，kPa。

　　常压下，吹氩搅拌能量可以简化为 $E = 10G/V$，抽真空在 1kPa 条件下，吹氩搅拌能量可以简化为 $E = 23G/V$。

　　从式（4-2）可见，减少钢水量，提高气体流量，钢液表面抽真空，适当提高钢水温度，都可以改善搅拌效果。

　　也有人认为钢包底吹氩的熔池搅拌计算公式为：

$$E = 28.5 \times \frac{G T_C}{V} \lg \left(1 + \frac{H}{1.48} \right) \quad (4-3)$$

式中　E——吨钢搅拌功率，W/t；

　　　G——氩气流量（标态），m³/min；

　　　T_C——钢液绝对温度，K；

　　　V——钢液重量，t；

　　　H——钢液深度，m。

✏ **练 习 题**

决定比搅拌功率大小的主要因素是钢液的循环流量。（　　　）√

B　吹氩流量

相关文献介绍，钢包内熔池钢渣卷入钢中的临界搅拌功为 50 ~ 100W/t，表4-4 是一座 100t 钢包炉的吹气搅拌流量表。

表4-4　某钢厂 100t 钢包炉的吹气搅拌流量表

项　目	启动搅拌	加合金量/kg			加重合金	正常加热
		> 200	50 ~ 200	< 50		
流量（标态）/L·min⁻¹	300 ~ 400	150 ~ 250	100 ~ 200	50 ~ 100	100 ~ 200	40 ~ 120
时间/min	1	3	2	1	5	全过程

OB 处理过程底吹氩流量控制：底吹氩流量控制也是 CAS-OB 法重要工艺参数之一。吹氩流量过大，则搅拌过于激烈，喷溅大，影响浸渍管和氧枪寿命，太大的流量可使投入的铝被带至浸渍管外的渣层中，降低热效率。

底吹氩流量过小时，搅拌微弱，易导致局部钢水过热。极端时，甚至可导致浸渍管或包底烧穿。

底吹氩流量标准：$V = 150 \sim 200 L/min$。

注：底吹氩流量选定须通过观察判定，一般以钢水面有少量翻腾为准。如有底吹氩漏气现象，即控制相当于正常情况下的下限流量进行作业。

OB升温后搅拌时间控制，由于采用 OB 铝升温后，产生大量 Al_2O_3 夹杂。为确保产品质量，当铝升温结束后，须确保足够的弱搅拌时间。

（1）当总的升温值 $\Delta T \leqslant 20 ℃$ 时，搅拌时间不小于 5min。

（2）当总的升温值 $\Delta T > 20 ℃$ 时，搅拌时间不小于 7min。

📝 **练 习 题**

（多选）底吹氩流量控制是 CAS-OB 法重要工艺参数之一，下列（　　　）现象属于吹氩流量过大的现象。ABC

　　A. 搅拌过于激烈，喷溅大　　　　　　B. 影响浸渍管和氧枪寿命

　　C. 降低热效率　　　　　　　　　　　D. 导致局部钢水过热

C　熔体的混匀时间 τ

混匀时间 τ 是指在被搅拌的熔体中，从加入示踪剂到它在熔体中均匀分布所需的时间。如设 C 为某一特定的测量点所测得的示踪剂浓度，按测量点与示踪剂加入点相对位置的不同，当示踪剂加入后，C 逐渐增大或减小。设 C_∞ 为完全混合后示踪剂的浓度，则当 $C/C_\infty = 1$ 时，就达到了完全混合。一般规定 $0.95 < C/C_\infty < 1.05$ 为完全混合，即允许有 $\pm 5\%$ 以内浓度偏差。

混匀时间取决于钢液在钢包内的循环次数。所以钢液被搅拌得越剧烈，混匀时间就越短。由于大多数冶金反应速度的限制性环节都是传质，所以混匀时间与反应速度有一定的联系。

吹氩混匀时间可按照式（4-4）计算：

$$\tau = \frac{V_m}{V_z} \tag{4-4}$$

式中　τ——混匀时间，s；

　　V_m——钢包钢液体积，m^3；

　　V_z——钢液循环流量，m^3/s。

$$V_z = 1.9(H + 0.8)\left[\ln\left(1 + \frac{H}{1.46}\right)\right]^{0.5} G^{0.381} \tag{4-5}$$

式中　H——钢液深度，m；

　　G——氩气流量，m^3/min。

例 3　某厂 210t 钢水包，钢液密度为 $7.0 t/m^3$，设钢包钢液深度 $H = 3.5m$，用两块透气砖吹氩搅拌，每块透气砖吹氩流量（标态）$G = 700 L/min = 0.7 m^3/min$，计算吹氩混匀

时间。

解：按照式（4-5），钢液循环流量：

$$V_z = 1.9(H + 0.8)\left[\ln\left(1 + \frac{H}{1.46}\right)\right]^{0.5} G^{0.381}$$

$$= 1.9 \times (3.5 + 0.8) \times 0.7^{0.381} \times \sqrt{\left[\ln\left(1 + \frac{3.5}{1.46}\right)\right]}$$

$$= 7.887 \mathrm{m^3/min}$$

钢液体积为：

$$V_m = \frac{210}{7} = 30\mathrm{m^3}$$

根据式（4-4），可得：

$$\tau = \frac{V_m}{V_z} = \frac{30}{7.887} = 3.8\mathrm{min}$$

答：该钢包钢水混匀时间为 3.8min。

很明显，随着比搅拌功率 E 的增加，混匀时间 τ 缩短，加快了熔池中的传质过程。喷口的数目多、透气砖离钢包中心远、钢包直径小、吹入深度深、钢液黏度小，可以缩短混匀时间。

混匀时间实质上取决于钢液的循环速度。循环流动使钢包内钢水经过多次循环达到均匀。当浓度的波动范围为 ±5% 时，经过三次循环就可以达到均匀混合。计算表明，容量在 150t 以下的钢包在吹气流量足够时，混匀时间在 4~6min。也就是说加入合金以后，4~6min 以后，取样就有了一定的代表性。

混匀时间 t（s）可以表示为：

$$t = 800E^{-0.4} \tag{4-6}$$

按照以上的条件计算出的氩气流量基本上与生产实际数据吻合，所以被广泛应用于排渣过程中氩气流量的计算。

例 4 取临界搅拌功在 50~100W/t，计算一座 120t 钢水的钢包，在 CAS 工位排渣过程中的吹氩流量范围以及混匀时间。其中钢水重量为 120t，钢水温度 1600℃，钢水的液面高度 3.010m。

解：分别取 $E_1 = 50\mathrm{W/t}$，$E_2 = 100\mathrm{W/t}$，$T_C = 1873\mathrm{K}$；$V = 120\mathrm{t}$；$H = 3.010\mathrm{m}$，代入式（4-3）可得（标态）：

$$G_1 = 0.233\mathrm{m^3/min}$$

$$G_2 = 0.466\mathrm{m^3/min}$$

熔池混匀时间：在 $E_1 = 50\mathrm{W/t}$，$E_2 = 100\mathrm{W/t}$ 时，代入式（4-6）可分别求得：

$$t_1 = 167.4\mathrm{s} = 2.79\mathrm{min}$$

$$t_2 = 126.8\mathrm{s} = 2.1\mathrm{min}$$

答：临界搅拌功在 50~100W/t，吹氩流量（标态）范围是 0.233~0.466m³/min，混匀时间在 2.1~2.79min。

以上计算说明，对一座 120t 钢包的钢水，在保证渣不被卷入钢中的前提下，当钢水为 120t 时，要达到推开渣面使钢液面裸露，以下降浸渍罩的目的，吹 Ar 强度为 233~

466L/min，在此吹 Ar 强度下，钢水搅拌混匀的时间需 126.8~167.4s，即 2.11~2.79min，理论上在此范围内吹 Ar，钢水裸露的面积会随着吹 Ar 强度的增加而增加，低于此范围，达不到排开顶渣的效果，而高于此吹 Ar 强度，则会加大形成大气泡的倾向，渣会被卷入钢水中，推开渣面使钢液面裸露的效果会变差。

某钢厂 300t 钢包排渣的吹氩流量（标态）控制在 300~500L/min，与上述公式的计算结果也是很接近的。

D CAS/CAS-OB 底部供气位置

从钢液混匀的角度讲，离钢包中心位置越近的位置吹氩，效果越差，离开中心的距离越远，效果越好（图 4-7 (b)），一般的底吹氩气的位置，是在钢包直径 1/3 处，但是在 CAS/CAS-OB 的工艺中，考虑到这种布置对吹氩的排渣，给浸渍罩的升降带来不利的影响，对浸渍罩内壁某一个方向的冲刷也严重，还有可能造成上升的钢液流股溢出浸渍罩外面，飞溅到钢包外面，或者引起钢渣强烈搅拌，所以 CAS-OB 工艺中，底吹氩气选择在接近钢包中心的位置进行。

✦ 练习题

1. 从钢液混匀的角度讲，离钢包中心位置越近的位置吹氩，效果越差，离开中心的距离越远，效果越好。（　　）√

2. CAS-OB 工艺中，底吹氩气的位置是选择在靠近包壁的某一个位置上进行底吹氩气作业的。（　　）×

E 吹氩时间

某厂 210t 钢水包吹氩站操作吹氩时间（标态）如下：

(1) 开吹流量 600~800L/min，试气通畅后，立即将钢包底吹氩流量调到 400~500L/min。

(2) 预吹氩 3min，底吹氩流量调至 400~500L/min。

(3) 测温（定氧）、取样、测定液面操作。然后将底吹氩流量调至 600~800L/min，当产生直径 1.4~1.6m 左右无渣区后，降下浸渍罩，保证浸渍罩下沿浸入钢水内 200mm。

(4) 升温操作时，吹氩流量控制在 200~400L/min。升温后吹氩流量控制在 400~500L/min。

(5) 吹氩降温时，氩气流量控制在 400~500L/min，可随时进行测温操作；若吹氩结合调温用废钢降温时，氩气流量控制在 400~500L/min。

(6) 合金调整时，氩气流量控制在 400~500L/min。

(7) 喂线时，钢包必须进行底吹氩搅拌，底吹氩流量控制在 100~400L/min。

(8) 要求弱吹氩的钢种，弱吹氩流量控制在 40~80L/min。

F CAS 吹氩排渣

对于 CAS 吹氩，为了保证足够能量吹开渣层，需要较大的搅拌流量，不同流量、渣况条件下吹氩排渣的效果见图 4-23 和图 4-24。

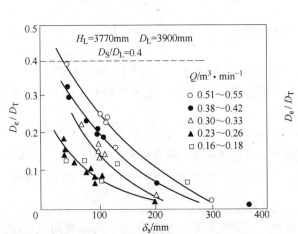

图 4-23　不同吹氩流量下 CAS 吹氩排渣效果　　　图 4-24　不同炉渣状况对撇渣面直径的影响

　　CAS-OB 处理中底吹排渣效果是十分重要的操作。排渣效果是指吹氩以后钢包表面裸露钢水面积的大小。主要与渣层厚度、渣黏度和底吹氩气流量等因素有关。底吹排渣示意见图 4-25。研究表明，底吹氩气的扩张宽度，即最大排渣直径可以表示为：

$$X = d + 2H\tan\frac{\theta}{2} \tag{4-7}$$

式中　　X——最大排渣直径，m；

　　　　H——钢液深度，m；

　　　　θ——底吹氩气流股扩张角，(°)；

　　　　d——底吹透气砖的砖直径，m。

　　在底吹排渣过程中，随着底吹氩气流量的提高，排渣面积增大；但当底吹氩气流量达到一定值后，进一步提高底吹氩气流量，其排渣效果变化不大。

　　CAS-OB 底吹排渣面积除了与底吹气的流量有关以外，还与渣层厚度有关，实验研究和实践结果都表明，排渣能力有以下特点：

　　（1）排渣能力随底吹流量的增加而增加，随渣厚的增加而减弱。

　　（2）底吹位置对排渣能力没有大的影响，但与混匀时间有关，混匀时间随着底吹位置与中心的距离增加而减小。

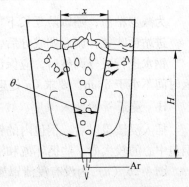

图 4-25　底吹排渣示意图

　　（3）在合适范围内，底吹流量越大，混匀效果越好，浸渍罩越浅，混匀效果也越好。

　　因此在 CAS-OB 处理中应选择最佳的底吹氩气流量，以防止钢水散热过多并降低氩气消耗量。

+-

✎ 练 习 题

1. (多选) 排渣效果是指吹氩以后钢包表面裸露钢水面积的大小,主要与下列 (　) 因素有关。ABC
   A. 渣层厚度　　　　　B. 渣黏度　　　　　C. 底吹氩气流量　　　　　D. 吹氩时间
2. 在底吹排渣过程中,随着底吹氩气流量的提高,排渣面积会一直不断增大。(　) ×
3. 底吹位置既影响排渣能力,又影响混匀时间。(　) ×
4. 混匀时间随着底吹位置与中心的距离增加而减小。(　) √
5. 在合适范围内,底吹流量越大,混匀效果越好,浸渍罩越深,混匀效果也越好。(　) √

+-

G　吹氩效果

吹氩效果就是气体搅拌钢包内钢液的运动,与氩气耗量、吹氩压力、处理时间及气泡大小等因素有关(排除透气砖的因素)。表4-5 给出了吹氩量和各种因素的关系。

表4-5　吹氩量和各种因素的关系

项　目	效　果	
氩气流量	小	大
脱 [S] 速度	慢	快
处理终点 T [O] 浓度	高	低
钢液温度	不均匀	均匀
渣钢温差	大	小
化渣速度	迟	早
增碳量	小	大

为减少粘渣,随罩龄延长下罩深度增加,开始 100 ~ 120mm,后期 120 ~ 150mm。

进站预吹氩,调温调成分后,吹氩 3min 后方可测温取样。

钢水进行成分调整后,应保证净吹氩时间不小于 5min,升温及改钢种炉次应保证净吹氩时间不小于 8min,要求 Ca 处理的钢种,喂 Ca-Si 线结束后保证吹氩 2 ~ 4min。

H　浸渍罩的插入深度

插入浸渍罩以后,钢包内的钢液的流场分为浸渍罩内部的小循环流,浸渍罩下方流向钢包中心的较大的一些循环流和沿着钢包壁向上流动的循环流。

图 4-26 (a) 为没有浸渍罩插入的流场。当插入浸渍罩后 (图 4-26 (b)),钢包内熔池的水平流被浸渍罩阻挡以后,沿着浸渍罩向下运动,在向下运动的过程中,一部分钢液被上升的气泡抽引向气液两相区运动形成向上的循环流;另一部分钢液在向下的运动过程中,向钢包壁方向运动,形成了沿着钢包壁向上的流动。所以从图 4-26 (d) 看,$H_{插}/H = 0.2$ 时,即浸渍罩插入较深的时候,在浸渍罩内部存在较强的循环流,浸渍罩下方的钢液的循环流较弱,靠近包壁处的钢液有向上流动的趋势。所以浸渍罩插入深度较深,熔池的混匀时间增加,但是浸渍罩内部的搅拌强烈,有利于浸渍罩内的化学反应。

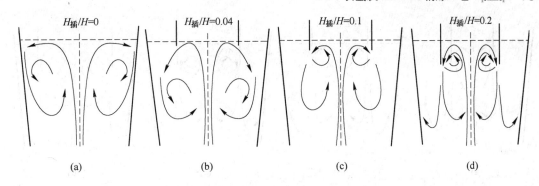

图 4-26 不同浸渍罩插入深度下钢液流动的变化示意图
H—熔池深度；$H_{插}$—浸渍罩插入深度

在关于浸渍罩插入深度的操作问题上，一般选 100~200mm，250~300t 的插入深度为 200~400mm，也有文献介绍，浸渍罩的插入深度为钢液深度的 10% 为宜。在进行 OB 升温作业过程中，为了提高热效率和减少浸渍罩外的钢渣卷入，浸渍罩的插入深度要求要比 CAS 作业时深一些。

练 习 题

1. 浸渍罩插入深度较深，熔池的混匀时间减少，浸渍罩内部的搅拌强烈，有利于浸渍罩内的化学反应。（　　）×
2. 在进行 OB 升温作业过程中，为了提高热效率和减少浸渍罩外的钢渣卷入，浸渍罩的插入深度要求要比 CAS 作业时深一些。（　　）√
3. 下面（　　）属于浸渍罩通常浸入钢包内的深度。B
   A. 50~100mm   B. 100~200mm   C. 200~300mm   D. 300~400mm
4. 浸渍罩在钢包内的位置必须要笼罩住全部上浮氩气泡，并与钢包壁保持适当的距离。（　　）×

I　浸渍罩的直径

浸渍罩是 CAS/CAS-OB 的关键设备，主要工艺尺寸为内径和罩壁的厚度，不同直径的浸渍罩，插入钢包内以后，对钢包内钢液流动的影响见图 4-27。

实验结果表明，在浸渍罩插入深度一定的情况下，浸渍罩内的钢液流动和浸渍罩的直径关系密切，浸渍罩的直径越小，罩内的循环流越弱，随着浸渍罩直径的增加，浸渍罩内的循环流变强，钢包内搅拌强烈的钢液向浸渍罩内集中，而浸渍罩下方的循环流和沿着钢包壁向上的流动减弱。故随着浸渍罩直径的增加，钢包内钢液的混匀时间增加。但是当浸渍罩直径增加到一定的数值时，混匀时间将会向缩短的趋势发展。

浸渍罩的罩壁的厚度选择，要考虑插入钢液以后的吸热造成的钢液温降、使用寿命、制作、装配等因素，一般在 160~240mm。

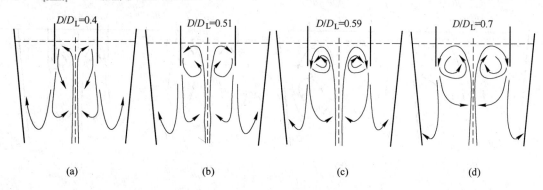

图 4-27 不同直径的浸渍管对钢包内钢液流场的影响示意图

D—浸渍罩直径；D_L—钢包底部直径

　　浸渍罩的内径大小，对 CAS/CAS-OB 工艺的影响明显。首先要考虑钢包在本企业生产的条件下，吹氩排渣的效果，还要考虑减少罩内的钢渣量和温降，从这些角度出发，需要选择内径较小的浸渍罩；但是内径较小时，合金化过程中，加合金过程中，合金对浸渍罩内壁的冲击较大，OB 作业时，热冲击和吹氧操作，引起的钢液对浸渍罩内壁的冲刷能力又有不利的影响，所以需要内径较大的浸渍罩。故浸渍罩内径的选择需要综合考虑以上的因素，加以选择。如一座 150t 钢包的浸渍罩内径为 1540mm，外径 1940mm，某厂 120t 转炉配置的浸渍罩及相关的技术数据见表 4-6。

表 4-6 一座 120t 转炉配置的浸渍罩及相关的技术数据

参　数		数　值
CAS-OB 平均处理量（公称）/t		120
CAS-OB 最小处理量/t		100
CAS-OB 最大处理量/t		140
钢包净空高度（120t，新衬）/mm		832
钢包最大净空高度（100t，新衬）/mm		1288
钢包上口直径/mm		ϕ3539
钢包内衬上口直径/mm		ϕ2839
一般 OB 升温范围/℃		约 30
OB 升温速度/℃·min^{-1}		≥4
OB 最大升温速度/℃·min^{-1}		8
钢包透气砖数量/个		1
浸渍罩数量/个		4
浸渍罩及提升装置	内径/mm	1300
	外径/mm	1700
	高度/mm	约 2900
	工作行程/mm	约 2200
	最大行程/mm	约 5400
	提升的速度/m·min^{-1}	5.4
	提升重量/t	约 20
	电机功率/kW	约 1×37

练习题

随着浸渍罩直径的增加，钢包内钢液的混匀时间增加。（ ）√

4.3.2.2 温度制度

炉外精炼到站所测温度低于精炼后温度上限，必须升温。升温到精炼后温度上限 +5 ~ 10℃。

A 精炼出站、进站温度的确定

任何炉外精炼方法精炼出站温度主要根据以下原则确定：

（1）所炼钢种的液相线温度。液相线温度要根据钢种的化学成分而定。

钢水的液相线温度又称凝固温度，也叫熔点，有多种经验计算公式，下面是常见的两种：

$$T_{凝} = 1536 - (78[C] + 7.6[Si] + 4.9[Mn] + 34[P] + 30[S] + 5.0[Cu] + \\ 3.1[Ni] + 2.0[Mn] + 2.0[V] + 1.3[Cr] + 18[Ti] + 3.6[Al])$$

(4-8)

$$T_{凝} = 1536 - (100.3[C] - 22.4[C]^2 - 0.61 + 13.55[Si] - 0.64[Si]^2 + 5.82[Mn] + \\ 0.3[Mn]^2 + 0.2[Cu] + 4.18[Ni] + 0.01[Ni]^2 + 1.59[Cr] - 0.007[Cr]^2)$$

(4-9)

式中，[C] 等为各元素的质量分数浓度，计算时只代入百分数的分子值。

式（4-8）适用于各钢种，而式（4-9）适用于特殊钢种。

练习题

1. 在一般的情况下，随着温度的升高，纯铁液的（ ）。B
  A. 碳含量升高　　　　　B. 密度下降　　　　　C. 密度不变　　　　　D. 碳含量降低

2. 碳、硅、锰和硫等四个元素中，对纯铁凝固点影响最大的是（ ）。C
  A. 锰　　　　　　　　　B. 硅　　　　　　　　C. 碳　　　　　　　　D. 硫

3. 锰溶于铁水中使铁的熔点（ ）。B
  A. 升高　　　　　　　　B. 降低　　　　　　　C. 无变化　　　　　　D. 不确定

4. 普通碳素结构钢中，含碳量高的钢熔点比含碳量低的钢熔点要（ ）。B
  A. 高　　　　　　　　　B. 低　　　　　　　　C. 好控制　　　　　　D. 容易浇注

5. 下列钢种中，熔点最高的是（ ）。A
  A. Q195　　　　　　　　B. Q235　　　　　　　C. HRB335

6. （多选）普通碳素结构钢种，含（ ）量高的钢熔点比较低。BCD
  A. 铁　　　　　　　　　B. 硅　　　　　　　　C. 锰　　　　　　　　D. 碳

7. 钢的熔化温度是随着钢中化学成分变化的，溶于钢中的化学元素含量越高，钢的熔点就越高。（ ）×

8. 钢液的熔点随钢中元素含量的增加而增加。（　　）×

9. 钢的熔点受钢中合金元素的影响，合金元素含量越高，则熔点也越高。（　　）×

10. 合金元素含量高，钢种液相线温度就高。（　　）×

11. 钢的液相线温度指结晶器内钢水温度。（　　）×

12. 钢中加入高熔点元素（如钨、钼等）会使钢的熔点升高。（　　）×

13. 普通碳素结构钢中，碳含量高的钢熔点比碳含量低的钢熔点要高。（　　）×

14. 纯铁的凝固温度肯定高于钢的凝固温度。（　　）√

15. 不同化学成分的钢种的凝固温度不同。（　　）√

16. 任何合金元素加入钢中都将使钢的熔点下降。（　　）√

17. 凝固是液态金属转变为固态金属的过程。凝固是金属原子从有序状态过渡到无序状态。（　　）×

18. 钢水温度越高，钢液黏度越大。（　　）×

19. 温度越高，炉渣黏度越小，流动性越好。（　　）√

20. [N]、[O]、[S] 降低钢的流动性，[C]、[Si]、[Mn]、[P] 则提高钢的流动性。（　　）√

21. 合金元素的加入使钢液熔点（　　）。B

A. 增加　　　　　　　B. 降低

C. 有些元素使熔点增加，有些元素使熔点降低

（2）合适的浇注温度，等于钢水液相线温度加上连铸浇注中间包至结晶器的温度降，这个温度降称为钢水过热度。连浇时钢水过热度较低为 10 ~ 20℃；钢水过热度还与钢种有关，见表 4-7。

表 4-7　不同钢种连铸过热度

对　象　钢　种	过热度/℃	范围/℃
Al 镇静钢	25	
一般大气、硫酸腐蚀用钢	20	±5
一般 Al-Si 镇静钢	15	

（3）连铸钢包至中间包的温度降和等待的温度降。

（4）钢水精炼方法及时间，炉外精炼有无加热设备对进站温度影响甚大，如果炉外精炼没有加热装置，精炼时间越长，要求进站温度越高。

精炼进站温度可由式（4-10）计算：

$$T_{进} = T_{凝} + \alpha + \Delta t_1 + \Delta t_2 + \Delta t_3 + \Delta t_4 \tag{4-10}$$

式中　α——浇注钢水过热度,℃，参见表 4-7，连铸钢水过热度与钢种、坯型有关，如低合金钢方坯取 20 ~ 25℃，板坯取 15 ~ 20℃，连铸开浇时比连浇钢水过热度再提高 5℃；

Δt_1——回转台上在线吹氩温降，一般为 3 ~ 5℃；

Δt_2——钢水从钢包至中间包的温降，一般为 25℃；

Δt_3——钢水精炼完毕至开浇之前的温降，又称为等待补正温降，若等待时间不大于

15min，则温降为 0℃，若 $t > 15$min，则温降为 $0.3 \times (t-15)$℃，钢水在钢包中镇静过程平均温降，与钢包容量有关，50t 钢包平均温降 1.5 ~ 1.3℃/min，100t 钢包平均温降 0.6 ~ 0.5℃/min，200t 钢包平均温降 0.4 ~ 0.3℃/min，300t 钢包平均温降 0.3 ~ 0.2℃/min，一般取 25℃；

Δt_4——钢水精炼过程温降，吹氩搅拌一般为 3 ~ 5℃/min。

炼钢出钢后各阶段的温度降如图 4-28 所示。

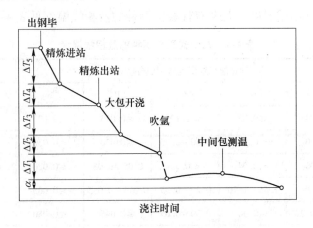

图 4-28 炼钢出钢后各阶段温度降

显然，精炼出站温度可由式（4-11）计算：

$$T_{出} = T_{凝} + \alpha + \Delta t_1 + \Delta t_2 + \Delta t_3 \tag{4-11}$$

在实际生产中，各厂家可根据本厂的实际来确定各个阶段的温降数值。

例 5 某厂 210t 精炼炉，生产 Q345A，浇注板坯，钢种规格成分见表 4-8，过热度取 20℃，吹氩精炼温降为 37℃，吹氩完毕到钢包回转台间隔 10min，温降速度为 0.4℃/min；连浇时钢水包到中间包钢水温度降为 25℃，连铸过程钢包在线吹 Ar 降温 4℃，计算精炼进站温度和精炼出站温度。

表 4-8 钢种规格成分   （%）

成 分	[C]	[Si]	[Mn]	[P]	[S]	Al
Q345A	0.12 ~ 0.20	0.20 ~ 0.55	1.20 ~ 1.60	0.015 ~ 0.045	0.015 ~ 0.045	0.003 ~ 0.006
中限	0.16	0.375	1.30	0.020	0.020	0.0045

解：根据式（4-8）以钢种成分中限计算出液相线温度：

$T_{凝} = 1536 - (78[C] + 7.6[Si] + 4.9[Mn] + 34[P] + 30[S] + 3.6[Al])$

$= 1536 - (78 \times 0.16 + 7.6 \times 0.375 + 4.9 \times 1.4 + 34 \times 0.020 + 30 \times 0.020 + 3.6 \times 0.0045)$

$= 1512℃$

$$\alpha = 20℃$$

$$\Delta t_1 = 4℃$$

$$\Delta t_2 = 25℃$$

$$\Delta t_3 = 10 \times 0.4 = 4℃$$

$$\Delta t_4 = 37℃$$

根据式（4-10）和式（4-11），可得：

$$T_{进} = T_{凝} + \alpha + \Delta t_1 + \Delta t_2 + \Delta t_3 + \Delta t_4 = 1512 + 20 + 4 + 25 + 4 + 37 = 1602℃$$

$$T_{出} = T_{凝} + \alpha + \Delta t_1 + \Delta t_2 + \Delta t_3 = 1512 + 20 + 4 + 25 + 4 = 1565℃$$

答：在上述条件下，Q345A 钢种的精炼出站温度和精炼进站温度分别为 1565℃ 和 1602℃。

为便于控制精炼出站温度，几个有代表性钢种的液相线温度见表 4-9。

表 4-9　几个代表性钢种的液相线温度

钢　种	计算液相线温度所用成分/%					液相线温度/℃	
	[C]	[Si]	[Mn]	[P]	[S]	下限	上限
YT1F	≤0.04	≤0.03	≤0.10	≤0.015	≤0.025	1531	1536
H08A	≤0.10	≤0.03	0.30 ~ 0.55	≤0.030	≤0.030	1523	1535
P1[①]	≤0.06	≤0.04	≤0.35	0.05 ~ 0.08	≤0.020	1526	1534
DW3	≤0.005	1.55 ~ 1.70	0.20 ~ 0.35	0.015 ~ 0.035	≤0.005	1520	1523
Q235A	0.14 ~ 0.22	≤0.30	0.30 ~ 0.65	≤0.045	≤0.050	1510	1524
HRB335	0.17 ~ 0.25	0.40 ~ 0.80	1.20 ~ 1.60	≤0.045	≤0.045	1500	1514
Q345A	≤0.20	≤0.55	1.00 ~ 1.60	≤0.045	≤0.045	1506	1531
ML25	0.22 ~ 0.30	≤0.20	0.30 ~ 0.60	≤0.035	≤0.035	1506	1517
45	0.42 ~ 0.50	0.17 ~ 0.37	0.50 ~ 0.80	≤0.035	≤0.035	1488	1499
65	0.62 ~ 0.70	0.17 ~ 0.37	0.50 ~ 0.80	≤0.035	≤0.035	1472	1484
U71	0.64 ~ 0.77	0.13 ~ 0.28	0.60 ~ 0.90	≤0.040	≤0.050	1467	1482
80	0.77 ~ 0.85	0.17 ~ 0.37	0.50 ~ 0.80	≤0.035	≤0.035	1461	1472
GCr15	0.95 ~ 1.05	0.15 ~ 0.35	0.25 ~ 0.45	≤0.025	≤0.025	1526	1536

① 考虑了 $[Al]_s = 0.02\% ~ 0.07\%$ 。

练 习 题

1. （多选）影响精炼出站温度的因素有（　　）。AB

　A. 钢种　　　　　　B. 钢包状况　　　　　C. 出钢时间　　　　　D. 转炉空炉时间

2. （多选）决定连铸钢水浇注温度的因素是（　　）。AB

　A. 钢水成分　　　　　　　　　　　B. 钢水过热度

　C. 精炼→浇注中的温度降　　　　　D. 出钢→精炼中的温度降

3. （多选）决定钢水精炼出站温度的因素是（　　）。ABC

　A. 钢水成分　　　　　　　　　　　B. 钢水过热度

　C. 精炼→浇注中的温度降　　　　　D. 出钢→精炼中的温度降

4. 合适的精炼出站温度 = $T_{液} + \alpha + \Delta t_1 + \Delta t_2 + \Delta t_3 + \Delta t_4$，其中 $T_{液}$ 是指钢水的（　　）。B

   A. 开浇温度　　　B. 凝固温度　　　　C. 过热度

5. 铸机浇注时的过热度应当（　　）。D

   A. 越低越好　　　B. 越高越好　　　　C. 不必控制　　　　D. 合理控制

6. 精炼进站温度取决于所炼钢种的凝固温度，而凝固温度要根据钢种的化学成分而定，根据凝固温度以及各个生产工序的温降情况可确定进站温度。（　　）√

7. 影响钢包过程温降的主要因素是钢包容积、包衬材质以及使用状况，采用高效烘烤、加快钢包周转、钢水表面加覆盖材料、钢包加盖等措施可以有效减少钢包温降。（　　）√

B　温度控制对策

出钢温度 – 液相线温度是出钢后钢水各阶段温度降总和，为保证连铸钢水浇注温度符合要求，钢水温度控制有三种控制对策：

（1）最大能量损失原则：出钢温度 – 液相线温度 > 各温度降总和。显然，这种提高出钢温度控制对策能量损失最大，路线最不合理的，现在已经被淘汰。

（2）优化能量损失原则：出钢温度 – 液相线温度 = 各温度降总和。这种控制对策对生产调度要求很高，如果出精炼站钢水延误时间长会造成低温冻流。

（3）最小能量损失原则：出钢温度 – 液相线温度比各温度降总和稍低，即按照稍低的出钢温度出钢，在炉外精炼、中间包应用加热技术补充热量。这种控制对策由于出钢温度降低，减少了热量损失，体现了能耗最小原则，但需要有加热设施对钢水补充热量，且需要考虑补热对钢水质量的影响。

C　发热剂加入量

发热剂加入量取决于钢水升温度数，加铝 1kg/t 钢水可升温 35℃，加硅 1kg/t 钢水可升温 33℃。

例6　210t 钢水，需要升温 20℃，氧流量（标态）为 2500m³/h，氧铝比取 0.83m³/kg，计算加铝量、氧耗量和供氧时间。

解： 1kg/t 铝升温 35℃，升温 20℃ 加铝量为

$$210 \times 20/35 = 120kg$$

氧铝比取　　　　　　　　　$0.83m^3/kg$

氧耗量为　　　　　　　$120 \times 0.83 = 99.6m^3$

供氧时间为　　　　$99.6/(2500/60) = 2.4min$

答： 加铝量为 120kg，氧耗量 99.6m³，供氧时间为 2.4min。

考虑铝氧平衡、热损失，实际铝加入 139kg，氧铝比实际为 0.8 ~ 1m³/kg，实际氧耗量、供氧时间比计算值多。

D　升温度数的确定

OB 升温度数可以按式（4-12）确定：

$$\Delta T_{升} = \Delta T_1 + \Delta T_2 - \Delta T_3 + \Delta T_4 \tag{4-12}$$

式中　$\Delta T_{升}$——处理开始温度与结束温度的差值，℃；

ΔT_1——与时间有关的温降，自然温降，℃，钢水精炼前自然温降为 0.8 ~ 1.4℃/min，正常周转红包，参考温降按 0.8 ~ 1.0℃/min 考虑，非正常周转红包，参考温降按 1.0 ~ 1.4℃/min 考虑，钢水精炼后自然温降为 0.6 ~ 0.8℃/min；

ΔT_2——加入合金造成的温降，℃；

ΔT_3——由铝脱氧导致的升温，每脱 100ppm 的氧，可以升温 3 ~ 4℃，由于吹氩过程降温，钢水温度补正参考值按 1.5℃/min 考虑；

ΔT_4——其他因素造成的温降，℃，包括浸渍罩引起温降、氩气温降、加入废钢造成温降等，浸渍罩新罩温度补正：夏天按 +8℃，冬天按 +10℃ 考虑，加入废钢降温，按 210t 钢水计算，每加入 110kg 废钢降温 1℃。

添加大部分的合金会降低钢液的温度，添加个别的合金，如 Fe-Si 和 Fe-Al，硅和铝的氧化放热会引起钢液温度的上升，所以 CAS 过程中，如果到站钢水的温度过高，此时添加合金调整成分，合金的回收率会降低，选择添加冷材，调温到一定的范围以后，再添加合金调整成分，最后终调温度，比较容易控制，添加各类合金引起钢液温度变化的范围见表 4-10。

表 4-10　CAS 过程添加各类合金引起钢液温度变化的范围

元　素	合金种类	温度损失/℃		合金含量/%
		每增加 1kg/t	每增加 0.1%	
Si	Fe-Si	升温 0.7	升温 0.9	75
Fe	冷材	降温 1.7	降温 1.7	100
Mn	Fe-Mn	降温 1.5	降温 2.3	77
P	Fe-P	降温 1.1	降温 4.9	23
Al	纯 Al	升温 1.8	升温 2.7	99.8
Cr	Fe-Cr	降温 2.1	降温 3.4	65
B	Fe-B	降温 1.6	降温 9.2	20

为了防止发热剂的流失，浸渍罩插入较深，浸渍罩内的钢液循环对流的强度增加，浸渍罩工作条件趋于恶化，侵蚀速度加快。正常 CAS 处理浸渍罩寿命达 70 ~ 80 炉，当有 CAS-OB 处理浸渍罩寿命则下降至 40 ~ 50 炉，而且承受不了长时间 OB 升温，稍有大意，就会烧穿浸渍罩。因而从质量控制和处理成本方面考虑，浸渍管上部喉口有耐火材料保护的，CAS-OB 升温幅度 $T \leqslant 45$℃；浸渍管上部喉口无耐火材料保护的，CAS-OB 升温幅度 $T \leqslant 30$℃。

浸渍管插入深度也是影响 OB 升温效率的重要因素。若浸渍管插入过浅，易造成投入的升温元素（如铝等）被钢水带走，影响升温效率，增加其他元素的氧化机会。因此，浸渍管须深插入，以扩大氧与升温元素（如铝等）的反应机会。浸渍管插入深度 $H_0 = 350 ~ 400$mm。

例 7　Al 作为发热元素，反应为 $4Al(s) + 3O_2(g) = 2Al_2O_3(s)$，每千克铝发热量为 31580kJ/kg，钢水的平均比热为 0.88kJ/(kg·℃)，CAS 设备的热效率为 80%，计算 1kg 铝可使 1t 钢水升温多少℃？

解： $Q = 31580$kJ/kg，$c = 0.88$kJ/(kg·℃)，$m = 1000$kg，CAS 设备的热效率 $\eta = 80\%$，

根据 $\eta Q = cm\Delta t$ 可得：

$$\Delta t = \eta Q/(cm) = 31580 \times 80\%/(0.88 \times 1000) = 28.7\text{℃}$$

答：1kg 铝可使 1t 钢水升温 28.7℃。

一般 CAS 设备的热效率为 70%~85%，实际上 1kg 铝可使 1t 钢水温度升高 25~30℃，由此可知，250kg 铝可使 250 吨钢水温度升高 25~30℃。

同理，硅的氧化放热反应 $Si(s) + O_2(g) = SiO_2(l)$，每千克硅发热量为 29260kJ/kg，钢水的平均比热为 0.88kJ/(kg·℃)，CAS 设备的热效率为 80%，可计算出 1kg 含硅 75% 的 Fe-Si 可使 1t 钢水升温 20℃。

例 8 钢水温度 1650℃，熔点 1520℃，计算每吨钢水加入 1kg 废钢（室温 20℃），能够降低多少度？（固态废钢平均热容 0.699kJ/(kg·℃)，熔化潜热 272kJ/kg，液态废钢平均热容 0.837 kJ/(kg·℃)）

解：设钢水最终温度为 T ℃。废钢加入经过三个吸热阶段，固体废钢吸热至熔化温度 1520℃，废钢熔化吸收的熔化潜热，液体废钢升温到钢水温度 T 吸收：

$$废钢总吸热量 = 0.699 \times (1520 - 20) + 272 + 0.837 \times (T - 1520)$$

$$每吨钢水放出热量 = 0.837 \times 1000 \times (1650 - T)$$

根据能量守恒定律：废钢总吸热量 = 每吨钢水放出热量，则有

$$0.699 \times (1520 - 20) + 272 + 0.837 \times (T - 1520) = 0.837 \times 1000 \times (1650 - T)$$

$$T = 1648.3\text{℃}$$

答：吨钢加入 1kg 废钢可降温约 2℃。

可见，210t 钢水加 110kg 废钢降温 1℃。升温处理必须在加合金前完成，减少合金烧损。

铝、氧升温速度按 4~5℃/min 计算，升温氧铝比（标态）为 0.8~1.0m³/kg Al，升温处理必须进行温度补正，考虑的因素包括等待过程中的自然温降、吹氩过程中的温降以及浸渍罩浸入钢水中带来的温降，升温处理按精炼后温度目标值 ±3℃ 控制。

CAS-OB 升温量与加铝量的计算如下：

$$升温量 \rightarrow 加铝量 \rightarrow 吹氧量 \rightarrow 氧流量、加铝速度$$

发热剂的加入方式有多种，CAS-OB 法与 IR-UT 法采用溜槽加入块状（丸状）发热剂，国外还有采用喂线法。当以块状加入发热剂时，发热剂合金浮在浸渍罩内钢液面上，此时采用顶枪在液面上供氧，发热剂与氧反应，产生的高温熔化低温发热剂，使之溶入浸渍罩内的钢水，在吹氧的作用下，氧气进一步氧化大部分的发热剂，促使发热剂快速氧化放热，最终达到加热整包钢水的目的；采用喂线法时，由于发热剂一般采用铝线被射入钢液深部，整包钢水铝含量相对较高，这种方法可减少 5% 的热量。但技术要求较高，钢液中其他合金元素控制较难，同时氧枪寿命短，增加了冶炼成本和操作的难度，故目前加入发热剂以采用投入法为主。

练 习 题

1.（多选）以下冷却废钢加入后引起钢水温度变化的描述中正确的是（　　）。ABCD

A. 调整 110kg 废钢理论计算约能使 210t 钢水温度降低 1℃

B. 实际生产中，加入调温废钢之后的温降一般均大于理论计算值

C. 加入调温废钢时还必须考虑到真空循环过程中的温降

D. 调整 1kg 废钢约能使 1t 钢水温度降低 1℃

2. 按 210t 钢水量进行计算，调整 100kg 废钢量约能使钢水温度升高 1℃。（　　）×

3. 钢的熔化温度是随钢中化学成分变化的，溶于钢中的非铁元素含量越高，钢的熔点就越高。（　　）×

4.3.2.3　CAS 过程中的成分的调整

为了保证合金在加料过程中不堵塞料仓的加料口，有利于快速的熔化在钢液中，有利于其他元素成分控制，保证操作自动化水平的提高，对合金的块度和成分要求见精炼原材料章节。

在 CAS 过程中，合金元素的吸收率和转炉出钢过程中的脱氧程度、带渣量的多少、渣子的氧化性强弱、CAS 排渣的效果以及浸渍罩插入以后，罩内的氧化渣的量有密切的关系，一些常见合金中，合金元素的吸收率的推荐参考范围见表 4-11。

表 4-11　部分合金元素的吸收率范围

合金化元素	合金元素的吸收率/%	
	Al 镇静钢	Al-Si 镇静钢
C	95	95
Si	90	95
Mn	90	95
Al	对成品而言，吸收率约 30~75，但随钢中 T［O］量变化	相对 CAS 处理完，吸收率 75；相对成品而言吸收率 60
Cr	90	95
N（氮化锰）	氮吸收率为 50~55	
N（氮化铬）	氮吸收率为 70~75	
S	90	95
P	90	95
B	75	80

4.3.2.4　供氧制度

A　吹氧模式

CAS-OB 的氧枪为普通的钢管或者不锈钢直筒钢管，压力大于 0.6MPa，所以枪位越低，氧气冲击钢液的动能越大，反应越快，飞溅越大，可以获得较高的提温速度，增加氧气的利用率，热损失较少，负面影响是对除尘系统和浸渍管的冲击也加剧，氧枪的损耗速度增加，更有甚者，钢液的飞溅严重，会造成事故。通常认为氧气流股对钢液面的冲击起来的钢液飞溅量少，氧流股集中在反应区域以利于铝氧反应的穿透为标准。为保证发热剂

Al 和氧气在钢液表面层进行反应，此时穿透深度（L）和钢液深度（H）的比值（L/H）选择在 0.2~0.3。所以氧枪枪位的控制对升温过程是关键因素，宝钢 300t 钢包，氧流股在钢液面的临界速度大于 30.5m/s，当供氧强度为 0.16~0.18m^3/(t·min) 时，氧枪枪位在 350~450mm，氧流股在氧枪出口的最大速度为 251.5m/s。在实际操作中对吹氧操作必须注意以下问题：

（1）为防止钢水的过氧化和有益元素的烧损，可增加底吹氩气的流量、控制顶吹氧流量和增加铝的过量系数。

（2）供氧钢管外涂高铝质的耐火材料，这样在操作中就可以忽略氧枪熔损的问题。

（3）控制合适的枪位减少喷溅，尽可能将反应区包围在钢水中减少对罩内耐火材料的直接辐射和在吹氧前加入部分铝，减少表面 FeO 的大量富集，减少快速升温对浸渍罩的寿命影响。

✎ **练 习 题**

为防止钢水的过氧化和有益元素的损失，下列方法中（　　　）不属于有效的解决方法。D
A. 增加底吹氩气的流量　　　　B. 控制顶吹氧流量
C. 增加铝的过量系数　　　　　D. 增加吹炼时间

B　氧枪枪位

氧枪枪位又称为枪位的间隙（h），是指氧枪前端与钢水面之间距离，是 CAS-OB 一个重要的工艺参数。h 太小，造成翻动激烈，喷溅大，降低氧枪和浸渍罩寿命；h 太大，热效率低，钢水飞溅大。一座 100~250t 钢包的 CAS-OB 工艺中，常规控制一般为 h = 400mm，参考范围 h = 350~450mm。

✎ **练 习 题**

枪位的间隙（h）是指氧枪前端与渣液面之间距离，是 CAS-OB 重要工艺控制参数之一。
（　　　）×

C　氧枪枪长

CAS-OB 枪位首先是确定 OB 枪上法兰基准面，而后输入枪长确定实际氧枪前端位置，再输入钢渣面和标准枪位间隙确定氧枪下降行程。因此，确定氧枪长度是至关重要的。为了保证氧枪的吹氧有效可控，规定一个氧枪的枪管长度有一个最大长度（针对新枪管）和最小长度（针对使用一段时间后的枪管），超过最小长度的范围，需要更换氧枪枪管，超过最长长度时，切割去多余部分，才能够换上使用。某厂 120t CAS-OB 的枪位示意见图 4-29，供氧系统参数见表 4-12。

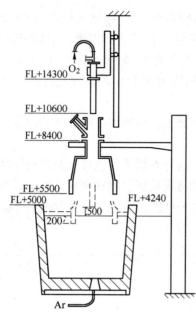

设定条件:
(1) 新枪长 3700mm(耐火材料部分);
(2) 钢液面 4240mm。
由此确定:
(1) 氧枪耐材下端 :10600mm;
(2) 浸渍管位置 :+500mm;
(3) 吹 O_2 枪位 :+500mm;
(4) 枪行程 :5860mm。

注: 氧枪完全最大行程 7025mm。

图 4-29　一座 120t CAS-OB 的枪位示意图

(以 120t 钢水为依据)

表 4-12　供氧系统参数

参　　数	数　　值
氧枪行程/mm	7025
氧枪的升降速度/m·min^{-1}	2 ~ 10.4
吹氧时氧枪离钢水面的距离/mm	300 ~ 500
枪径（外）/mm	205
枪径（内）/mm	50
自耗式, 覆盖耐火材料吹氧能力/m^3·h^{-1}	1600 ~ 3000
正常压力（减压后）/MPa	1.0
流量调节范围/m^3·h^{-1}	0 ~ 3000
吹氧时升温速度/℃·min^{-1}	4 ~ 8
停位精度/mm	±20
枪长（耐火材料部分）/mm	3700

练 习 题

1. （多选）CAS-OB 升温操作过程中, 钢水成分的变化规律为（　　　）。BCD

　A. 在吹氧前期, [Si]、[Mn] 上升, 在后期下降

　B. 在吹氧前期, [Si]、[Mn] 下降, 在后期回升

　C. 随着向钢中加入金属铝, [Al] 逐渐增多

D. [C]、[P]、[S] 在过程中变化很小

2. （多选）CAS-OB 升温操作过程中，供氧强度与升温速度的关系为（　）。ABC
   A. 铝（硅）加热钢水方法中的升温速度，取决于单位时间供氧速度
   B. 供氧强度越大，相应的发热剂供给速度越大，钢水升温速度越快
   C. 过高的供氧强度，会使铝（硅）的加热效率降低
   D. 过低的供氧强度，会使铝（硅）的加热效率降低

3. （多选）CAS-OB 升温操作过程中，关于供氧量与供氧强度的关系描述正确的是（　）。ABCD
   A. 供氧量与供氧强度是影响升温效果的重要因素，而且还会影响冶金效果
   B. 供氧强度过强，易造成喷溅，且受设备限制
   C. 供氧量 = 供氧强度×供氧时间×钢水量
   D. 根据升温速度选择合适的供氧强度

4. （多选）CAS-OB 升温操作过程中，下列说法正确的是（　）。ACD
   A. 增加铝的过剩系数防止其他元素的损失
   B. 穿透深度（L）与钢液深度（H）比值（L/H）应选择在 0.5~0.6
   C. 穿透深度（L）与钢液深度（H）比值（L/H）应选择在 0.2~0.3
   D. 浸渍罩的插入深度（H_0）与钢液深度（H）之比以 0.1 为宜

5. （多选）CAS-OB 升温操作过程中，需考虑以下（　）问题。ABCD
   A. 钢水的过氧化和有益元素的损失　　　B. 氧枪的烧损
   C. 浸渍罩的寿命　　　　　　　　　　　D. 氧铝比

6. （多选）CAS-OB 升温操作过程中，最佳的吹氧模式为（　）。ABD
   A. 氧气流股对钢液面的冲击以钢液面飞溅量少、氧流股集中于反应区域内，利于铝氧反应的穿透
   B. 穿透深度（L）与钢液深度（H）比值（L/H）应选择在 0.2~0.3
   C. 浸渍罩的插入深度（H_0）与钢液深度（H）之比以 0.3 为宜
   D. 浸渍罩的插入深度（H_0）与钢液深度（H）之比以 0.1 为宜

7. CAS-OB 升温操作时，氧气流对钢液面的冲击深度和钢液深度的比值应保持在 0.2~0.3 之间。（　）√

8. CAS-OB 升温操作时，氧气流对钢液面的冲击深度越大越好。（　）×

9. CAS-OB 吹氧升温过程中，氧气流对钢液面的冲击深度（　）。D
   A. 越大越好　　　　　　　　　　　　　B. 越小越好
   C. 与钢液深度的比值以 0.5~0.6 为宜　　D. 与钢液深度的比值以 0.2~0.3 为宜

10. CAS-OB 升温操作结束后，由于 Al 的过剩，Si、Mn 含量会继续下降。（　）×

11. CAS-OB 升温操作结束后，由于 Al 的过剩，Si、Mn 含量会略有上升。（　）√

12. （多选）CAS-OB 升温操作前期集中供氧，（　）元素含量会有明显下降。BC
    A. C　　　　B. Si　　　　C. Mn　　　　D. P

13. CAS-OB 加铝吹氧升温前期，（　）含量不会明显下降。A
    A. C　　　　B. Si　　　　C. Mn

14. 采用铝粒作为 CAS-OB 的发热材料处理钢水，会使钢水中酸溶铝降低。（　）×

15. 吹氩站处理钢水，要求连浇炉吹同钢种前后炉次成分波动要小，相邻炉次 C 含量之差在 0.02% 的范围内。(　　) √

4.3.3　吹氩与 CAS-OB 工艺控制

4.3.3.1　CAS-OB 周期控制

CAS-OB 的处理周期见图 4-30 和表 4-13。

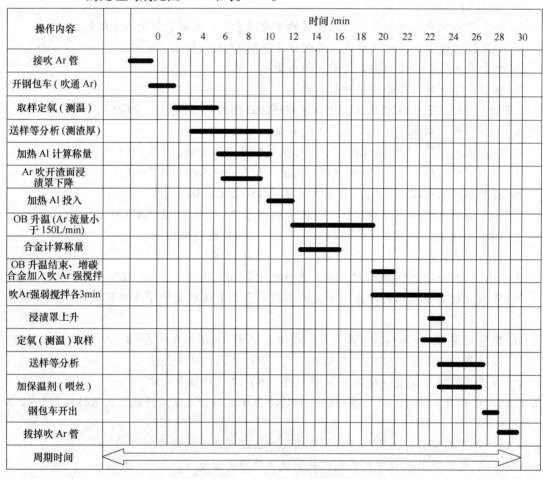

图 4-30　CAS-OB 的处理周期示例

表 4-13　CAS-OB 的处理周期

处 理 步 骤	常规（70%）/min	OB 升温（20%）/min	喂线 + OB（10%）/min
钢包台车进入处理工位	1	1	1
测量钢水的液面高度及渣层厚度	1	1	1
氩气吹开渣面、浸渍罩下降、吹氩搅拌均匀	2	2	2
测温取样	2	2	2
送样分析	5	5	5

处 理 步 骤	常规（70%）/min	OB 升温（20%）/min	喂线 + OB（10%）/min
合金称量、投入合金	1	1	1
OB 吹氧		5	5
吹氩搅拌	3	3	3
测温、取样（吹氩搅拌）	2	2	2
（送样分析）	(5)	(5)	(5)
浸渍罩上升	1	1	1
钢包台车移到保温剂投入工位喂线并返回	4	4	4
钢包台车移到保温剂投入工位	0.5	0.5	0.5
投保温剂	0.5	0.5	0.5
钢包台车离开保温剂投入工位	1	1	1
总处理周期	24 (29)	29 (34)	29 (34)

4.3.3.2　CAS 处理钢中夹杂物控制

转炉出钢过程中，进行成分的粗调和脱氧的操作，在此过程中加入的脱氧剂和合金，会产生许多夹杂物。其中大部分颗粒较大的夹杂物，在出钢过程中较大氩气流量的吹氩搅拌的作用下，得以上浮去除。而钢中存在簇群状和块状的 Al_2O_3 夹杂物，尺寸较小，集中在 $20\mu m$ 以下；此外钢中球状的 Al_2O_3 夹杂物数量较少，尺寸多数为 $10\mu m$ 以下的 Al_2O_3。这一点通过取 CAS 处理前钢水的试样，经过观察得到了证实。

在 CAS-OB 处理过程中，经过添加合金进行成分的终点调整和脱氧，加入的合金脱氧剂，被氧化以后，在钢液中形成夹杂物，在 CAS 大流量的吹氩条件下，大颗粒夹杂也随气泡黏附去除进入渣中或者被耐火材料表面吸附，所以经过合理的 CAS 工艺以后，钢水中的夹杂物以块状和簇群状的 Al_2O_3 为主，尺寸比 CAS 处理以前的尺寸要小，集中在 $5\mu m$ 以下，除此之外，钢中还存在部分的 CaO、MgO、MnS、SiO_2 等。和 CAS 处理以前相比，钢水中的氧含量得到大幅度的降低。某厂通过对 CAS 工艺对钢水处理前后定氧仪定氧的结果见表4-14。发现钢水自由氧大幅降低。

表4-14　某厂 CAS 工艺对钢水处理前后的定氧仪定氧结果

内　容	[O]/ppm
处理前	58.6
处理后	8.7

4.3.3.3　CAS 过程中的喂线钙处理操作

CAS 钢水钙处理的目的主要是改善钢水的质量，减少刚性 Al_2O_3 夹杂物的含量和提高钢水的流动性，减少结瘤。钙处理过程中主要的控制项目有两个，一是钢水中 [Ca]/[S]，二是钢水中的 [Ca]/[Al]。

文献介绍，[Ca]/[Al] > 0.14 时，可以形成低熔点的钙铝酸盐，或者与 CaS 形成复合化合物，降低了 CaS 的熔点，消除结瘤的风险。

当 [Ca]/[S] > 0.3 时，可以使钢中长条状的硫化物转变成为球状的 CaS 夹杂物或复杂硫化物。

以上结果要取得良好的效果，必须将 CAS 处理过程中的钢液中的氧含量和渣中的氧含量降下来。研究结果证实，钢水进行钙处理喂线以前，钢中的自由氧越高，夹杂物的球化率越低，钙处理效果就越差。转炉—CAS—钙处理—板坯连铸流程的生产线结瘤的炉次，几乎全部集中在转炉下渣或者后吹的炉次。在这些炉次中，转炉不论是冶炼铝镇静钢 SPHC，还是合金钢 Q345、Q125，都有结瘤。其中铝镇静钢最为突出。所以 CAS 工艺过程中，如果转炉下渣严重或者多次后吹，最好的选择是延长精炼周期，进行脱氧或者改换 LF、RH 处理。否则连铸结瘤不仅损失一包钢水，而且造成铸机停机，得不偿失。CAS 钙处理过程中喂线的区域选择在中心吹氩的位置。

✎ 练 习 题

1. CAS 钢水钙处理的目的主要是改善钢水的质量，减少刚性夹杂物 Al_2O_3 的含量和提高钢水的流动性。（　　）✓

2. CAS-OB 加铝吹氧升温操作后，合金化后钢水中的夹杂物主要为（　　）。A
   A. 不规则状 Al_2O_3 　　　　B. 球状铝酸钙 　　　　C. 硅酸锰

3. （多选）CAS-OB 精炼过程钢中显微夹杂物的类型分布情况为（　　）。ABCD
   A. 显微夹杂物的形态主要有球状和不规则状两种
   B. 转炉出钢后主要为球状脱氧产物和炉渣卷入的夹杂物
   C. 合金化后主要为不规则状 Al_2O_3 与球状的卷渣夹杂物和脱氧产物反应生产的产物
   D. 精炼结束后主要为球状的铝酸钙与铝酸钙、硫化钙和硫化锰的复合夹杂物

4.4　吹氩与 CAS-OB 事故

4.4.1　吹氩及 CAS-OB 设备事故

4.4.1.1　钢包底吹氩不通

造成底吹透气砖不透气原因有：钢水温度低，合金、脱硫剂加入早，氩气压力小、有漏气，透气孔堵塞、断裂等。钢包吹氩不通的原因具体分析如下。

A　烘烤时间的不合理

对于直接从烘烤台架吊出的钢包，投入使用后往往底吹效果较差。原因是钢水浇完以后，钢包内的剩余炉渣随温度的降低黏度增加，如不及时倒掉，余渣容易集结在钢包底、钢包壁上，钢包烘烤过程中，剩余炉渣中间的部分低熔点相，将会首先融化，和透气砖接触以后，长时间的炉渣的浸润渗透作用，进入透气砖的窄缝，造成使用时的透气砖底吹效果不好甚至底吹失败。

针对以上情况，一是在烘烤时，透气砖通氮气或者压缩空气，达到反吹清理进入透气

砖狭缝内钢渣的目的；二是新钢包修好以后，透气砖先不装，烘烤充分以后再装好透气砖，做短时间烘烤再投入使用。

B 透气砖的清理过程不规范

透气砖使用过程中，钢包精炼炉冶炼结束以后，在连铸浇注过程中，一方面因毛细作用钢渣渗透到灰缝中，将透气砖堵塞，另一方面是连铸浇注结束后，钢包内的钢渣和残钢沉降到包底，易将透气砖表面覆盖而造成透气砖不通气。所以每次钢包浇完后需清理透气砖表面，才能保证透气砖畅通。采用钢包外往透气砖吹燃气，包内用燃气—氧气清扫透气砖的表面残渣残钢。往透气砖内吹燃气一方面便于观察吹气效果，另一方面可以将管道内熔的渣钢吹出。用燃气—氧混合气体清扫是为清理透气砖表面钢渣，同时熔化透气砖通道内的渣钢。

操作方法是透气砖的清理是每次钢包倒完钢渣以后，钢包平放在装包工作平台，操作工通过防辐射的水冷护板，从钢包前面使用自耗式钢管，将透气砖前面的冷钢渣清理掉，如果清理的方式不得当，吹氧产生的钢液在透气砖上黏附，一般是氧气压力过小，没有在短时间内将透气砖上的冷钢吹掉，氧气氧化钢液在局部产生高温，氧化铁又可以降低透气砖的岩相组成物的熔点，造成吹氧将透气砖烧坏。

透气砖的清理是首先将透气砖的四周的残余冷钢清理干净，然后快速清理透气砖上面的残余冷钢，禁止长时间使用小流量的氧气清理透气砖。清理结束以后，将燃气接头接到底吹氩快速接头上，如果从钢包前面看到火焰均匀地从透气砖上升起，表明透气砖的清理比较彻底，反之则要进一步清理，如果经过多次的清理仍然不能够透气，就要更换新的透气砖了。

还有的厂家在透气砖清理结束以后，采用介质气体反吹透气砖，即从钢包底部的吹氩快速接头上，接通介质气体，吹扫透气砖，达到防止熔渣渗透到透气砖内部的事故。

最后需要说明的是，钢包倒渣以后，保证钢包在倒立状态保持一定的时间，尽量把包内钢渣倒彻底，是一项有效减少透气砖清理难度的操作方法。连铸钢包浇注完毕以后，如果不能够及时的吊包倒渣，盖好钢包包盖，防止钢包散热较快、钢包内的钢渣黏结在包底，对于减轻装包工的作业难度有显著的作用。

C 吹氩管路漏气

一般钢包上的吹氩管路采用固定的钢管和金属软管连接为主，软管连接底吹气透气砖底部进气管和钢包上固定的无缝钢管，钢包上固定的无缝钢管设有快速接头，钢包车上的吹氩管路也用固定的无缝钢管和金属软管连接，金属软管通过和钢包车上面匹配的快速接头连接，出钢过程中钢液的飞溅，会黏结在金属软管上，随着时间的积累，会形成渣钢，磨烂软管漏气，造成底吹气压达不到要求，底吹氩失败。

针对以上的情况，预防措施除了加强精炼炉的冶炼工艺控制、合理控制吹氩或者吹氮的流量、防止钢渣溢出钢包，还要加强维护，在金属软管上包裹石棉布，定期的清理吹氩管路上的冷钢渣，吹扫吹氩管道，防止吹氩管道堵塞。另外，定期更换吹氩的金属软管和快速接头，也是正常生产一个不可或缺的保证。

D 包温过低造成的钢包底部结冷钢

钢包烘烤不充分，钢包温度散失较快，造成钢包变黑，出钢温度不够高，造成钢包底部结冷钢堵塞底吹透气砖，造成吹氩不通。还有一种情况是连铸钢包没有浇完的钢水，由于低温或者其他原因应回到另外的钢水包里面，但没有及时倒出，黏结在钢包底部，形成"包底"，出钢时，使钢包底部钢水处于软融状态，钢液黏度大，造成吹氩不通。

一般是通过炼钢提高出钢温度，出钢前的氩气流量控制大一点可消除此类情况。对于黏结的冷钢较多的钢包，即使透气砖良好，也不宜使用。因为此类钢包投入使用以后，一是钢包内的冷钢会影响钢包内钢水化学成分的精确控制；二是出钢时高温钢水可能冲击冷钢产生的能量，加上搅拌气体的动能，导致钢水剧烈沸腾，溢出钢包，烧坏吹氩设备和出钢车；三是有可能冷钢熔化不掉，覆盖在钢包底，造成吹氩不通，形成事故。此类钢包的处理一般是采用平放以后，从钢包前面吹氧作业，将冷钢切割成为小块去除，或者将冷钢烧氧熔化，一次次倒出，将包内冷钢清理干净。

E 透气砖抗热震性差

狭缝式透气砖，一般采用浇筑成型，高温烧成，然后包铁皮再与座砖整体浇筑、养护、烘烤。透气砖体积密度大，荷重软化温度高，抗渣性好，高温强度大，但是抗热震性不稳定。钢包采用狭缝式透气砖，透气砖在烘烤过程、接钢过程或者冶炼过程中，温度在较大范围内急剧波动，在接近高温的热面上，热应力会导致透气砖产生裂纹，钢水如果渗透进入裂纹并且凝固，或者从裂纹处漏气，造成吹氩效果变差甚至底吹失败。

为了减少透气砖断裂造成的吹气不通，一方面要求生产厂商提高透气砖的抗热震性，比如使用低膨胀性的材料，防止透气砖在烧成和使用过程中的体积变化过大；保证狭缝的尺寸，防止热应力引起的裂纹。在使用过程中避免钢包的极冷极热，在保证生产需求的条件下，减少钢包的投入使用数量，提高钢包的热态周转，降低透气砖的热态振动损坏。

F 转炉出钢操作不当

转炉出钢温度过低，即使钢包的烘烤很充分，也会造成钢包底部形成冷钢；此外，冶炼合金加入量较大的钢种，出钢口没有及时的修补或者更换，出钢时间较短，合金加入时间滞后，钢水出完了，合金和渣料还没有加完，合金加在钢包上面，大量的合金渣料吸热造成钢包上部形成一个低温区的"盖子"，造成底吹氩不通。

最好的预防措施是杜绝低温出钢，及时修补出钢口或者更换出钢口，确保出钢时合金能够在出钢结束前加完。

G 事故状态的吹氩操作

为了保证钢包的吹氩正常，一般的吹氩装置除设有正常的吹氩装置以外，还有一套事故吹氩装置（比如吹氩顶枪），旁路吹氩装置（手动控制吹氩流量），还有的设有高压氮气事故状态下的吹通装置。需要说明的是，钢包内形成冷钢是从钢包底开始的，逐渐沿着包壁向包口上发展，所以为了防止钢包包底形成冷钢，钢包出钢以后，钢水要求始终保持吹氩搅拌的状态。

吹氩失败，钢水只有倒包处理。倒包即将吹氩不通的钢包内的钢水，使用天车吊起钢包，倒入另外一个准备好的钢包内，这种操作会产生新的问题，一是容易产生各类事故，二是钢水的温度损失较大。所以吹氩不通，是精炼炉冶炼的一个需要重点对待的问题。

a 事故状态的旁路吹氩或者高压氮气吹扫的操作

当精炼炉钢水积压较多，有两包以上的钢水待升温处理；精炼炉出现故障，停炉时间较长，造成钢水降温损失较大。以上两种情况下，这些钢水因为待处理时间较长，有的吹氩情况越来越弱，钢包表面结壳，吹氩的迹象越来越小，直到吹氩不通，没有了钢水的运动迹象，这种情况出现以后，一是看到钢包表面出现钢渣凝固的现象，二是搅拌气体的流量增加也没有钢水运动的迹象发生。这些情况下一般使用旁路吹氩，使用旁路吹氩，或者吹氮，吹气的压力和流量比自动控制的流量要大许多。

这种情况下，如果 LF 精炼炉能够送电加热，处理的方法主要是保持吹氩流量最大，能够起弧送电的直接送电冶炼，不能够起弧送电的，对着钢包内钢包表面钢渣结的壳进行吹氧，烧开钢壳，能够满足起弧条件以后，送电升温。送电升温以后，这种情况会有所缓解，只要有吹氩迹象出现，随着温度的升高，吹氩的迹象越来越明显，钢水在钢包内的运动越来越剧烈，这时候需要降低吹气的流量，恢复到正常的水平；10min 以后，如果还没有吹氩的迹象，就要考虑放弃此包钢水的加热。

b 事故状态下的顶枪吹氩

钢包底吹氩失败时，有些厂家采用顶吹氩代替作业。其工作原理和钢包底吹氩相似，但顶吹只是一种辅助手段，其目的是清除透气砖的堵塞，恢复底吹氩。顶枪吹氩和电极加热可配合进行，加速包底冷钢熔化，保证温度的均匀。使用顶枪连续吹氩 10min 以上时，要提枪观察枪的熔损情况，避免断枪事故发生。顶枪插入深度为距包底 0.5m，以确保包底钢液成分和温度的均匀。

4.4.1.2 钢包漏钢

在各种精炼方法中，都有钢包漏钢的事故，这种事故对设备和操作人员的危害极大，需要重点防范：

（1）钢包炉冶炼过程中应认真注意钢包包衬情况，如果发现钢包包壁发红，应立即停止冶炼，然后进行倒包处理。

（2）如果钢包在精炼过程中间包壁穿钢，应立即停止冶炼同时将钢包车开出，用天车将钢包吊离精炼工位，进行倒包操作或将钢水直接倒进渣盘内。

（3）如果钢包在精炼过程中间包底穿钢，应立即停止冶炼，将钢包车开至吊包位。此时严禁天车吊运钢包，以免损坏其他设备。将钢包内的钢水放入钢包车下事故坑内。

4.4.2 吹氩及 CAS-OB 事故案例

4.4.2.1 钢水过热度低冻流事故

300t CAS-OB 精炼装置，冶炼钢种 Q235B，57 号包正常包，丙班 CAS 炉处理，1 号板坯连浇第 6 炉，浇注后期因温度低导致回炉 55t。

此炉 7:00 到站，渣厚 63mm，净空 300mm，7:01 开底吹处理，7:05 测到站温度 1609℃，7:09 加炭粉 68kg、Fe-Si 62kg，7:11~7:13 分 3 批加废钢 1.43t，7:33 处理结束，结束温度 1569℃，7:43 吊包，总处理 33min。处理过程趋势如图 4-31 所示，钢水成分变化见表 4-15。铸机浇注趋势见图 4-32。

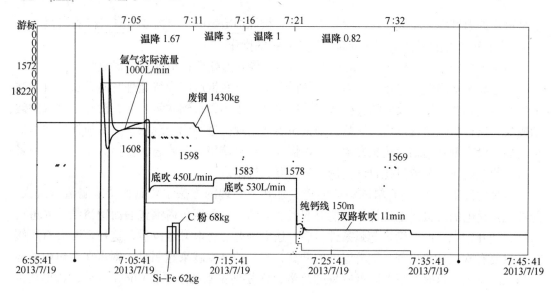

图 4-31 处理过程趋势

表 4-15 钢水成分变化　　　　　　　　　　　　　　　　　　　　（%）

样别	时刻	C	Si	Mn	P	S	[Al]$_t$	[Al]$_s$	Ca
炉后	7:07	0.1430	0.0680	0.3480	0.0110	0.0107	0.0321	0.0296	0.0001
喂线前	7:21	0.1830	0.0840	0.3490	0.0110	0.0108	0.0255	0.0225	0.0003
结束	7:36	0.1810	0.0810	0.3450	0.0111	0.0105	0.0222	0.0208	0.0013
成品	—	0.1740	0.0810	0.3440	0.0109	0.0106	0.0205	0.0186	0.0009

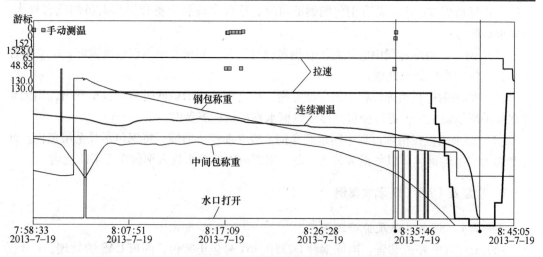

图 4-32 铸机浇注趋势

　　铸机 7:58 开浇，8:36 停浇。浇注过程中间包温度 1531℃、1533℃、1531℃、1528℃，平均温度 1531℃，平均过热度 14℃，浇注后期回炉 55t。

　　从浇注趋势中的温度变化来看，此炉浇注过程温度下降较快，最后一次手动测温的温度为 1521℃，过热度为 4℃。

A 原因分析

（1）精炼吹氩过程、合金化成分调整过程、钙处理软吹操作正常。

（2）此炉镇静 25min，镇静补偿温度 6℃，则合适的结束温度（1560～1570）+ 6 = 1566～1576℃，此炉实际结束温度 1569℃，中下限温度控制。

（3）从浇注趋势中的温度变化来看，此炉浇注过程温度下降较快，手动测温的温度偏低，最后一次手动测温为 1521℃（过热度 4℃），连续测温也一直呈现下降趋势。

（4）此炉浇注结束后检查钢包下水口状况如图 4-33 所示，未发现水口堵塞产物，但有少量冷钢，因此此炉并非水口堵塞。

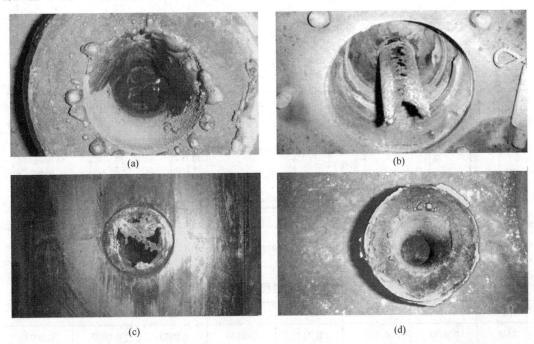

图 4-33 水口状况

（a）下水口情况；（b）下水后内粘钢情况；（c）下滑板内情况；（d）下水口内钢取出后情况

综上所述，浇注后期钢水温度偏低、钢水流动性变差，加之钢水静压力降低是导致此次钢包跟不上流回炉 55t 的主要原因。

B 预防措施

（1）精炼温度控制要以保证钢水过热度为原则，普碳降成本钢种的结束温度需适当提高，要以过热度不低于 20℃进行控制。

（2）钢水在浇注后期由于钢水静压力降低，而后期钢水温度降低将会降低钢水的流动性，严重时会导致钢包钢水跟不上流的现象。后期钢水正为钢包上部钢水，散热较快，因此要求各班在钢水处理结束后，一定要使用保温剂将钢水液面覆盖均匀，防止钢水在浇注后期温低影响正常浇注。

4.4.2.2 钢水铝含量偏高造成絮流套眼

冶炼钢种 H08E，使用正常钢包，甲班吹氩站处理，1 号方坯连浇第 3 炉，浇注过程中因钢包套眼，回炉 85t。

该炉次 18：00 到站，18：02 开底吹处理，到站温度 1649℃，18：04～18：07 顶吹 3min，18：10 定氧 73ppm，18：12 调 Fe-Si 62kg，18：14 喂铝线 140m，18：19 定氧 27.6ppm，18：20 调高碳 Fe-Mn 126kg，18：22 调废钢 498kg，18：30 定氧 24.2ppm，18：38 喂 Ca-Si 线 200m 后开始软吹，18：43 处理结束，结束温度 1610℃，18：46 定氧 21.8ppm，18：46 吊包上铸机。连铸 19：07 开浇，浇注过程过热度 1～4 流 29℃，5～8 流 31℃，平均过热度 30℃，浇注过程钢包套眼 19：54 停浇，回炉 85t。处理过程趋势见图 4-34，过程成分变化见表 4-16。

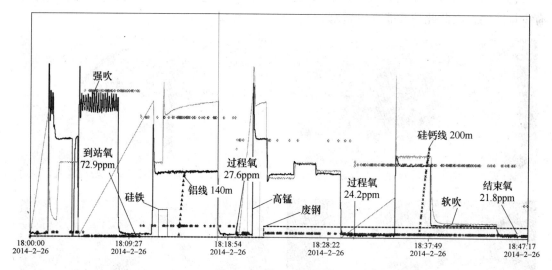

图 4-34　处理过程趋势

表 4-16　过程成分变化　　　　　　　　　　　　　　　　　（%）

样别	C	Si	Mn	P	S	$[Al]_t$	$[Al]_s$
到站	0.0374	0.007	0.417	0.0146	0.0075	0.0033	0.0023
过程 1	0.0405	0.023	0.46	0.0141	0.0073	0.0033	0.0027
过程 2	0.041	0.031	0.455	0.0146	0.0076	0.0037	0.0031
结束	0.0433	0.03	0.454	0.0146	0.0077	0.0032	0.0027
成品	0.0444	0.027	0.44	0.0142	0.0074	0.0026	0.0021

A　原因分析

（1）现场对水口检查，套眼迹象明显。此炉到站氧活度 73ppm，处理 12min 时按照精炼控制下线 28ppm 喂铝线 140m 脱氧，实际过程氧活度 27.6ppm，过程未回氧，结束氧活度偏低 21.8ppm（要求精炼结束氧 28～38ppm）。水口状况见图 4-35。冶炼操作过程数据见表 4-17。

（2）结合本浇次脱氧情况来看，只有本炉理论计算跟实际定氧值几乎完全吻合，其余炉次实际值均远高于理论计算值，说明过程均存在回氧现象（焊条冶炼基本上都得 2～3 次脱氧，减少后期炉渣向钢水传氧，造成氧高铸坯易出现气泡）。另外本炉到站氧较低，推断炉渣氧化性不高（该品种不取终点及到站渣样）。

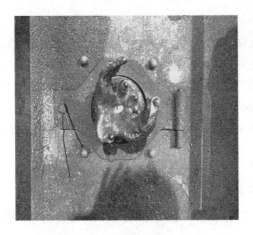
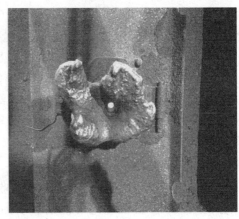

(a)   (b)

图 4-35　水口状况

（a）钢包南侧水口；（b）钢包北侧水口

表 4-17　冶炼操作过程数据

炉次号	3min 氧活度 /ppm	Fe-Si/kg	Fe-Al/kg	第一次铝 线量/m	理论过程氧 活度/ppm	实际过程氧 活度/ppm	结束氧活度 /ppm	总喂铝线量 /m
14300914	145	49	104	0	41	55	32.6	102
14300915	230	92	173	0	57	80	28.2	160
14300916	73	61	0	140	26.3	27.6	21.8	140
14201132	216	89	167	0	49	71.5	36.0	195
14300918	154.8	101	96	0	58.8	79.8	33.6	251
14201133	160	94	115	0	45	62	28.2	165
14201134	121	76	77	0	44	61.4	34.4	150
14201135	72	57	0	93	41	54	32.1	174

综上，此炉操作工第一次脱氧目标值设定偏低，导致精炼结束氧活度偏低，是造成事故的主要原因。

B　预防措施

（1）对于焊条等重点品种，作业区继续细化操作指南，根据到站氧活度分档来设定一次调铝目标氧值（见表 4-18）。

表 4-18　一次调铝目标值

到站氧	<100ppm	100~150ppm	>150ppm
氧目标值	38ppm	32ppm	28ppm

（2）操作工按照一次调铝目标值跟理论计算值进行对比，如果数值接近，考虑炉渣氧化性不强，考虑后期铝损（脱氧铝线的喂入量），避免按回氧情况喂入量较多导致钢水氧活度偏低。

（3）将此炉事故形成通报，四班组织学习，提高自身操作水平，避免类似情况发生。

4.4.2.3　铝含量低铸坯质量降级

冶炼钢种 Q345B，18∶08 到站，铸机要点 18∶59，渣厚 100mm，净空 310mm，到站温

度 1622℃。

18：13 预吹氩结束，取到站样，18：22 到站样回来，18：25 加入高碳 Fe-Mn 285kg，Fe-Si 147kg，炭粉 74kg，过程加入铝粒 125kg（25 袋），废钢 2t，18：35 喂完 300m 硅钙线后开始软吹，18：37 过程样回来，铝成分偏低，取送化验室做复验，18：47 结束，18：48 吊包上铸机。成分回来铝成分仍偏低，结束铝 86ppm。结束温度 1562℃，总处理周期 40min。

铸机 19：00 开浇，19：33 停浇，浇注平均过热度 27℃，成品铝低 113ppm，低于判定，成品降级，单独码垛处理。

A　原因分析

（1）到站渣子氧化性强，手动加铝粒吸收率低。此炉到站后，渣子泡，氧化性强，根据到站样调入 125kg 铝粒理论可使钢水中铝含量增至 0.04%～0.055%，实际铝含量为 0.0089%，铝成分增长异常，收得率较低。

从过程其他合金 Si 和 Mn 的吸收率来看，Fe-Si、Fe-Mn 吸收率均较低（分别为 40% 和 83%），说明渣子氧化性影响较大。

调铝只有铝线和手动加的铝粒。铝线脱氧能力较弱，而手动添加的铝粒受渣面流动性和渣子氧化性影响较大，调铝吸收不够稳定。

（2）精炼操作不够合理，应变不够及时。到站观察渣子泡，氧化性强，岗位未给予充分的关注，按照正常炉次调铝，调铝后没有等过程样即开始进行喂线操作，等过程样回来发现异常时已经喂完线；同时过程样异常仍然没有及时补救措施，造成此炉结束铝低于下限，成品铝低于判定范围。

B　预防措施

（1）加强对到站条件的把握，对到站渣量较大、氧化性较强的炉次加强关注，并及时调整合金化操作，等过程成分回来再进行喂线操作。

（2）吹氩站处理这类含铝钢，加铝后吹氩均匀及时定氧，观察定铝值和氧活度。及时判断铝成分异常并调整操作。

4.4.2.4　铝含量超标降级

钢种 SDX51D，CAS 处理过程由于操作不当造成吨钢加铝量超过 1kg，进而造成 11 块汽车板降级。

此炉 19：40 到站，净空 400mm，渣厚 60mm，铸机要点 21：02，19：40 到站。19：41 开吹，到站 3min 温度 1657℃，3min 定氧 26.7ppm，19：48 加 Fe-Al 200kg，取到站样，20：04 根据到站样调中碳 Fe-Mn 106kg，Fe-Al 250kg，20：20 根据过程样补调 Fe-Al 100kg，20：26 结束，结束温度 1593℃；20：43 吊包，总处理周期 63min。过程成分变化见表 4-19。

表 4-19　过程成分变化　（%）

取样时间	C	Si	Mn	P	S	$[Al]_t$	$[Al]_s$	$[N]$
炉　后	0.035	0.009	0.190	0.012	0.013	0.019	0.001	
到　站	0.028	0.009	0.210	0.013	0.011	0.020	0.018	
过　程	0.031	0.011	0.270	0.013	0.010	0.032	0.030	
结　束	0.030	0.013	0.270	0.014	0.010	0.032	0.030	0.0033

A 原因分析

（1）底吹操作不当。本炉到站温度 1662℃，3min 1657℃，温度偏高，到站钢水氧含量 27ppm，因取到站样困难，加入 Fe-Al 200kg，过程等样、根据到站样调成分、补调成分过程全程采用大流量底吹，流量控制为 1000 ~ 1200L/min；由于过程长时间流量控制过大，加上到站钢水带氧，过程铝损严重，后期需要不断补调 Fe-Al。

（2）到站条件不好，到站样未能及时取出。根据到站定氧及过程铝损情况，此炉到站钢水氧化性较强，而且到站含氧、到站样测取困难、到站条件不好是此炉铝损偏大的重要原因。

B 预防措施

（1）针对炉后脱氧钢种，由于炉后脱氧操作不够充分导致到站钢水含有一定氧，进而对到站样测取造成难度，并影响钢水处理及周期控制的现象，要求 CAS、吹氩站常备 1 ~ 2 箱含锆的超低碳取样器，对于个别到站氧较高难以取样的炉后脱氧钢，可以使用含锆取样器取到站样，保证到站样的准确及时报出。

同时由于含锆超低碳取样器成本远高于普通取样器，对于正常到站样及过程样避免使用。

（2）吹氩站、CAS 底吹操作严格按照底吹控制要求进行（个别底吹较差的炉次可以适当提高保证合金化成分均匀），到站温度偏高炉次要求在中前期废钢调整温度，严禁全程大流量底吹操作降温。

4.4.2.5 铝含量偏低改判

冶炼钢种 SDC01，丁班 CAS 炉处理，2 号板坯连浇第 11 炉，铸机要点 19：35，由于结束成分 Al 未进判定（230 ~ 500ppm），造成此炉及连浇下一炉钢水改判其他钢种。

此炉 18：56 到站，到站温度 1629℃，到站氧活度 63.2ppm；18：57 开底吹（双路 800L/min，19：01 开单路 370L/min），19：03 调废钢 1970kg，19：05 调 Fe-Al 204kg，19：06 3min 样成分回，19：10 调 Fe-Al 92 kg、中碳 Fe-Mn 116kg，19：12 调废钢 870kg，19：13 调 Fe-Al 13kg。19：19 结束，结束温度 1585℃，19：25 吊包。此炉共吹氩 22min，总处理周期 29min。过程成分变化见表 4-20。

表 4-20 成分变化情况 （%）

成 分	C	Si	Mn	P	S	$[Al]_t$	$[Al]_s$
到站（19：06）	0.028	0.004	0.17	0.009	0.0067	0.0022	0.0016
结束（19：21）	0.03	0.005	0.22	0.01	0.007	0.0068	0.0047

19：21 结束成分回来后，$[Al]_t$ = 68ppm，未进判定（判定 $[Al]_t$ = 230 ~ 500ppm），汇报厂调、通知铸机，并将备样送化验室，19：30 左右化验室通知结束备样不行，通知厂调，铸机停。处理过程趋势见图 4-36。

A 原因分析

成分变化情况见表 4-21。

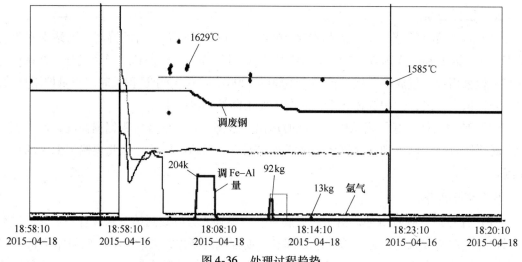

图 4-36　处理过程趋势

表 4-21　成分变化情况

炉　次	到站 3min 定氧/ppm	废钢加入量/t	到站铝/%	Fe-Al 加入量/kg	结束铝/%	Al 成分变化/ppm	吸收率/%
10102048	64. 3	2. 84	0. 0022	309	0. 0047	25	4. 25
10102046	16. 7	0	0. 0175	195	0. 0368	193	51. 96
10302335	9. 9	0	0. 0164	236	0. 045	286	63. 62
10202104	3. 2	0	0. 0539		0. 0454		

（1）到站氧高。此钢种为转炉完全脱氧钢种，但到站氧较高，为 63.2ppm。相比该浇次其他炉次到站氧偏高、铝成分偏低。说明钢水过氧化比较严重，渣子氧化性较强，对调铝造成困难，是此次结束铝低的主要原因。实际调 Fe-Al 309kg，计算收得率非常低。

（2）操作工对到站氧高异常情况处理不当也是此次结束铝低的主要原因。此炉到站定氧 63ppm，操作工调铝量为 309ppm，目标在 400ppm 左右。但是此炉到站温度 1629℃，过程调废钢近 3t，长时间的大流量吹氩及调整废钢量带来的铝损较大，但操作工考虑不周过程没有取样或者定氧确认。

B　预防措施

（1）要求岗位充分吸取教训，加强对异常炉次的判断，提高操作水平，同时加强与上道工序的联系确认，通过对转炉终点的了解，提高对异常炉次的预判断能力。对此类到站氧高铝低的异常炉次，调铝后及时取样确认，在周期不富裕的情况下，增加定氧次数，提高对钢水成分控制的准确性。

（2）及时统计上道工序的到站钢水条件水平，并及时反馈，减少因到站钢水条件异常造成精炼处理困难。

4.4.2.6　铝含量偏低影响浇注

冶炼钢种 SPA-H，1 号板坯第 1 炉，设定拉速为 1.3m/min，因本炉次等结束成分，时间紧为保连浇，连铸上炉次降拉速至 1.0m/min。

钢种 SPA-H，2 号板坯连浇第 2 炉，铸机要点 15：12。丁班 CAS 炉处理，14：17 到站，渣厚 60mm，14：18 开吹，预吹氩 3min 后取样，测到站温度 1637℃，14：32 ~ 14：38 调入中碳 Fe-Mn 409kg、Fe-Si 493kg、炭粉 113kg、Fe-Al 247kg，过程共调入废钢 4550kg，14：47 开始喂线，14：49 开始软吹，14：59 软吹结束，（期间测结束温度为 1572℃，）14：55 结束样回 ［Al］$_t$ = 200ppm，通知调度室，同时补铝线 100m，同时补喂 Si-Ca 线 400m，再取一样送化验室，厂调指令铸机降拉速。15：09 结束样子回 ［Al］$_t$ = 259ppm。15：09 结束吊包。成分变化情况见表 4-22。

表 4-22 成分变化情况 （%）

炉次号	时 刻	C	Si	Mn	P	S	［Al］$_t$
	201007031429	0.031	0.151	0.29	0.06	0.007	0.004
10303806	201007031455	0.08	0.297	0.46	0.08	0.007	0.02
	201007031509	0.081	0.307	0.47	0.081	0.007	0.026

A 原因分析

处理过程趋势见图 4-37，过程加料数据及成分变化情况见表 4-23。

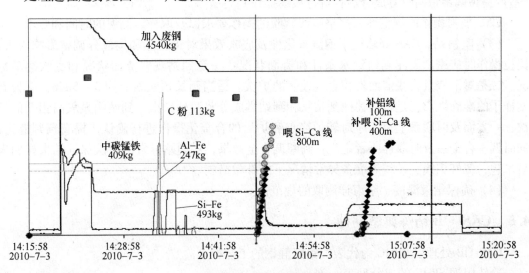

图 4-37 处理过程趋势

表 4-23 过程加料数据及成分变化情况

炉 次	废钢加入量 /kg	到站铝 /ppm	Fe-Al 加入量 /kg	Al 成分变化 /%	Al-Fe 吸收率/%	Fe-Si 加入量 /kg	Si 成分变化 /%	Si-Fe 吸收率 /%
10303806	4550	41	247	0.0159	33.80	494	0.146	79.57
10203745	3570	235	148	0.0213	75.56	389	0.144	99.66
10103864	2230	223	117	0.0167	74.94	202	0.08	100.00
10303808	460	230	162	0.0169	54.77	328	0.115	94.39

（1）到站钢水及钢渣氧化性强。到站铝 41ppm，过程调 Fe-Al 247kg，过程铝成分偏

低 0.02%，计算吸收率为 33%，吸收率明显偏低。主要原因是此炉到站渣子氧化性较强，从到站［Al］$_t$ 可以看出，此炉到站［Al］$_t$ 明显偏低，说明渣子氧化性强，因此调铝的吸收率偏低，远低于正常炉次 60%～70% 的 Fe-Al 吸收率；同时此炉 Fe-Si 吸收率也较低，为 79.5%，远比正常炉次要小，也说明了此炉到站钢水及渣子氧化性强。

（2）操作工对到站条件异常的炉次反应不足。在到站铝明显偏低、钢水及钢渣氧化性较强的情况下，岗位没有及时作出调整，按照正常炉次 70～80kg 增 0.01% 的吸收率调铝，导致此炉过程铝偏低。同时调铝之后在温度、周期有一定富裕的情况下，没有等成分直接喂线软吹，完全按照正常炉次处理。

（3）操作不够规范。在喂线软吹过程中，过程成分回来铝较低后，采取了补救措施，补喂铝线 100m（由于渣面结壳喂线困难），之后部位硅钙线 400m，再次软吹 10min 后吊包。但是二次喂线软吹后未测结束温度，实际结束温度要低于 1572℃，结束温度测量不够规范。

B　预防措施

（1）操作工对到站条件的异常加强关注度，对到站钢水和渣子氧化性强以及渣面状况不好的炉次，做出操作上的调整；对异常炉次要向最稳妥、影响最小的方向考虑调整操作（适度提高调铝量同时等成分后再进行喂线操作）。

（2）加强操作的规范性，严格喂线软吹的操作要求以及取样、测温的时间和要求。

（3）吹氩站、CAS 到站钢水钢渣氧化性及底吹效果对铝、硅和碳成分调整影响很大，岗位操作时应密切关注到站钢水条件和渣面状况：一是到站观察渣面状况和底吹翻动情况。二是对下渣量大或渣面堆积合金较多的炉次。适当延长预吹氩时间 3～5min，保证到站样子的准确性。三是密切关注到站氧和到站样成分并调整操作。到站明显氧高铝低的炉次，一方面及时联系上道工序对转炉终点和炉后的合金化操作进行确认，提高预判能力；同时调整合金后及时取样或者定氧，判断调合金效果，对到站异常的炉次保证结束样回来后吊包，备好铝线、碳线等准备异常情况下的补救措施。

（4）确保结束温度、结束样测取的规范性。

4.5　CAS-OB 精炼典型钢种

CAS-OB 处理以 SPHC 为代表的铝镇静钢的工艺控制。

冷轧用钢 SPHC 的成分见表 4-24。

表 4-24　冷轧用钢 SPHC 的成分　　　　　　　　　　　　（%）

成　分	C	Si	Mn	P、S	Al
含　量	0.04～0.08	<0.03	0.2～0.4	<0.015	0.02～0.06

转炉操作要点如下：

（1）入炉铁水成分要求［S］含量不高于 0.010%，脱硫站要求扒渣量大于渣量的三分之二，防止回硫。

（2）废钢要求为配加厂内废钢或低硫废钢。

（3）转炉造渣碱度按照 R = 2.8～3.2 控制，终点采用高拉补吹操作，出钢前炉内定氧；出钢碳含量控制在 0.05%～0.08%。

（4）出钢温度为正常 1660～1680℃；CAS 工位钢水到站钢包温度为正常 1620～1650℃。

（5）出钢要求为出钢时间不小于 4min。

（6）钢包要求钢包为红热钢包，包口、包壁、包底清洁，严禁有残渣，确保 100% 吹氩成功率。

（7）脱氧合金化：炉后脱氧合金采用电石、低碳 Fe-Mn、Fe-Al、钢包改质剂（铝渣球），所有钢包内加入的合金在出钢量达四分之三前加完；电石可在出钢前提前加入包底；出完钢后在钢包内加入钢包改质剂（铝渣球），低碳 Fe-Mn、Fe-Al 合金根据钢包成分要求确定加入量；电石加入量 1.0～1.5kg/t，钢包改质剂（铝渣球）加入量 150～250kg/炉；炼钢工根据实际下渣量及时通知 CAS 组长，适当调整该工位加入铝渣球的加入量。

（8）转炉自出钢开始必须保证全程吹氩，在出钢过程中能够明显看到钢包底吹效果，氩气流量以钢水液面明显翻动为准，确保转炉炉后所加合金及渣料充分。

CAS 精炼操作的前期准备包括：

（1）钢包使用双透气砖钢包，上线前必须烘烤良好，CAS 使用正常周转钢包（钢包闲置时间小于 2h），禁止黑钢包、冷钢包、结包底钢包上线。

（2）钢包包口干净不影响浸渍罩上下运行，钢包包底无渣壳。

（3）浸渍罩预热，利用开机前两炉钢水对浸渍罩进行预热（浸渍罩在钢液中浸泡时间每次大于 5min）。

CAS 处理周期的确定：

（1）CAS-OB 的处理周期是指钢包到达 CAS-OB 处理位至钢包离开 CAS 处理位时间。

（2）成分、温度合适时 CAS-OB 处理周期为 20min。

（3）温度合适、成分不合适时合金化后成分合适 CAS-OB 处理周期为 25min。

（4）温度不合适需 OB 处理时 CAS-OB 处理周期为 30min。

CAS-OB 处理工艺的确定：

（1）检查钢包吹氩情况：要求氩气强搅拌时搅拌面（裸露钢水面）可调节到浸渍罩内圆截面大小，氩气弱搅拌时可满足软吹条件（钢水不裸露，搅拌区域钢渣微微波动），氩气搅拌不满足工艺要求，必须更改精炼路径，上 LF 处理。

（2）钢水到站以后［S］>0.020%，更改工艺路线，钢水上 LF 处理。

（3）测量钢渣厚度。要求钢渣厚度必须小于 150mm，最佳钢渣厚度 80～100mm，转炉下渣（渣层厚度大于 150mm）进行泼渣处理，泼渣处理后 CAS-OB 处理周期小于 15min 更改精炼路径（上 LF 炉）。

（4）CAS-OB 初炼温度 1620～1650℃，最佳温度 1630～1640℃，因包况及浸渍罩不好时包温可提高 10～20℃。若初炼温度低于 1620℃，无法确保终点温度时更改精炼路径，上 LF 处理。

（5）钢包吹氩要求：自转炉出钢开始必须保证全程吹氩，氩气流量以钢水液面微动为准，保证软吹效果，严禁氩气流量过大造成钢水大翻，导致钢水二次氧化。

（6）转炉下渣量较大，温度大于 1650℃时，钢水上 RH 处理。

（7）禁止 CAS-OB 处理钢水进行回钢水操作，否则必须更改精炼路径。

CAS-OB 工艺操作要点如下：

（1）转炉出钢结束钢包到达 CAS-OB 工位，第一步进行测渣层厚度；第二步粘渣观察对钢渣进行二次改质,使用铝渣球大于 100kg,必要时加入 10 ~ 30kg 加热铝或 Fe-Al(钢渣厚度大于 100mm);第三步进行测温、定氧操作。

(2) 钢包到达调节氩气搅拌 2.5min(氩气流量(标态)100 ~ 150L/min)后进行取样操作。

(3) 试样返回后成分不合适进行合金化操作,成分合适则直接进行喂线操作。

合金化工艺操作要点如下:

(1) 合金化操作禁止在钢水要上连铸 10min 内进行。合金化操作前必须进行降浸渍罩操作。

(2) 降罩操作:现场操作下降浸渍罩至渣面 300 ~ 400mm 处时,调节氩气至搅拌面大于浸渍罩内圆截面大小(氩气流量(标态)150 ~ 350L/min 或旁路吹氩),再次下降浸渍罩至钢液面下 200mm 停止降浸渍罩。

(3) 合金化操作:在此操作过程中必须考虑到浸渍罩和合金加入过程对钢包造成的温降(一般在 10 ~ 30℃),合金化工艺原则是:CAS-OB 工位合金补加一次成分命中,合金补加总量小于 200kg,其中 Fe-Al 补加量必须小于等于 120kg,合金化工艺必须在降罩状态下进行,氩气调节至 200 ~ 350L/min,合金配加结束后氩气调节至 100 ~ 150L/min 搅拌3min 后进行取样操作,取样结束后氩气调节至软吹状态(氩气流量 35 ~ 100L/min),控制温度至处理结束。

钙处理操作要点如下:

(1) 成分合适后进行喂线作业,喂线机故障无法进行钙处理时必须更改精炼路径,采用 CAS + LF 工艺,钢水成分温度合适,钢水到达 LF 工位进行 LF 轻处理以后喂线,不论在哪一个工位,都采用钙铁线或者铝线,连铸采用透气上水口时,采用喂铝线的工艺,反之亦然。

(2) 喂线量为 0 ~ 500m(根据喂线前的脱氧情况和酸溶铝的量,钢液中的硫含量确定)。

软吹操作和出钢操作要点如下:

(1) 钢水成分合适,进行喂线操作处理后,进行软吹操作,调节氩气至钢水不裸露,搅拌区域钢渣微微波动为宜。软吹时间必须大于 5min,最长不超过 12min。

(2) 取终点试样,控制终点温度(氩气软吹状态)。

(3) 成分、温度合适,处理结束后,停止氩气搅拌在 CAS 处理位配加 80kg 的保护渣,开出钢包,钢水上连铸浇注。

CAS-OB 工艺能够生产的钢种见表 4-25。

表 4-25　CAS-OB 工艺能够生产的钢种

序号	品种名称	代表钢号	标准代号
1	碳素结构钢	Q195,Q235,Q255,SS330,SS400	GB 912—89,GB 3274—88,JISG 3101
2	优质碳素结构钢	08,08Al,10 号,15 号,20 号,25 号,40 号	GB 710—91,GB 711—88

续表4-25

序号	品种名称	代表钢号	标准代号
3	低合金高强度结构钢	Q295，Q345	GB/T 1591—94
	高耐候性结构钢、船板钢	09CuPRE，09CuPTiRE，09CuPCrNi，09CuPCrNi-A，09CuPCrNi-B	GB 4171—2000
	汽车大梁用钢	09SiVL，16MnL	GB 3273—89
	焊瓶钢	HP295，HP325	GB 6653—94
4	管线钢	X42～X60	API
5	冷轧用钢	SPHC、SPHD 等	

练习题

1. CAS-OB 的处理周期是指钢包到达 CAS-OB 处理位至钢包离开 CAS 处理位时间。（   ）√

2. （多选）CAS-OB 法冶炼的基本功能有（   ）。ABCD
   A. 调整和均匀钢水成分　　　　　B. 氧枪吹氧增温和废钢降温
   C. 提高合金吸收率　　　　　　　D. 净化钢水、去除夹杂物

3. （多选）炉外精炼吹氧升温的特点是（   ）。ABCD
   A. 升温快　　　B. 投资省　　　C. 易回磷　　　D. 易回硫

4. CAS-OB 具有升温和造渣功能。（   ）×

5. CAS-OB 精炼工艺具有升温功能，采用的升温方式为（   ）。A
   A. 化学升温　　　B. 电弧加热　　　C. 两者兼有　　　D. 两者均不是

6. CAS-OB 与吹氩站相比，合金吸收率较高。（   ）√

学习重点与难点

学习重点：初级工学习重点是掌握吹氩与 CAS-OB 精炼工艺参数、设备检查要求；中级工学习重点是理解吹氩及 CAS-OB 精炼原理；高级工学习重点是能够根据生产实际确定工艺参数，处理各种生产事故。

学习难点：CAS-OB 过程中钢水中各元素变化规律，根据氧铝比确定吹氧量。

思考与分析

1. 钢包吹氩搅拌的作用是什么？
2. 钢包吹氩搅拌通常有哪几种型式？
3. 钢包底吹透气砖位置应如何选择？
4. 钢包吹氩在什么情况下采用强搅拌，什么情况下采用弱搅拌？
5. 为什么吹气搅拌不采用氮气而采用氩气？
6. 什么叫 CAS 法和 CAS-OB 法，CAS-OB 操作工艺主要包括哪些内容？

5 喂 线

教学目的与要求

1. 掌握喂线精炼要素，精炼工艺物化反应的基本知识。

2. 能根据生产实际确定喂线精炼工艺生产参数及工艺效果。尤其注意喂线速度、喂线量参数。

3. 检查喂线精炼工艺的设备，掌握其要求与更换条件。

4. 能够处理、预防各种生产事故。

在钢中加钙经历了很长时间的发展，直至20世纪60年代生产钙合金轴承钢时，钢中加钙工艺才得到广泛应用。从70年代起，加钙控制钢中的夹杂物技术，得到了广泛和深入的研究。钢水钙处理作为一个现代技术如今已在大部分冶金工厂中得到应用。

钙处理是通过喷粉、喂线等手段将含钙合金加入钢水，是一种特殊的钢水微合金化工艺，它的目的是改变钢中氧化物和硫化物夹杂的成分和形态，特别是对铝镇静钢中的氧化铝夹杂进行变性，从而提高钢水的可浇性。很低的钙含量（10~30ppm）就可以达到钢中氧化物和硫化物变性的目的，在钢液和其凝固过程中有如下优点：

（1）提高可浇性。

（2）减少因为夹杂物造成的钢的内部及表面缺陷。

（3）改善钢的力学性能。

（4）减少管线钢的氢致裂纹敏感性。

钙处理使钢中的氧化铝、二氧化硅夹杂转变成低熔点液态铝酸钙、硅酸钙或硅铝酸钙，由于表面张力的作用，这种液态夹杂呈球形，对钢基体的危害减小。钢中夹杂物成分和形状的这种转变，称为夹杂物变性。

✎ 练 习 题

（多选）喂线处理具有以下（　　）优点。ABCD

A. 设备简单，操作方便，占用场地少

B. 对钢水搅动少，热损失小

C. 喂入的合金线容易熔化，并且均匀

D. 喂线深入钢水，所以合金元素吸收率高，脱氧效果好，方便钢水的微量元素调整

5.1 喂线精炼原理

5.1.1 钙脱氧与脱硫

加入钙可使钢液同时脱氧脱硫，因此，使用钙处理是当今生产超纯钢的重要手段之一。

钙是很强的脱氧剂，无论以 Ca-Si、Ca-Al 或纯钙铁混合的 Fe-Ca 粉加入，其反应是一样的。加入钢液后很快转变为蒸气，在上浮过程中脱氧，并与氧化铝反应形成铝酸钙，在钢中的氧含量降低至某一浓度以后，与硫反应生成硫化钙，反应式为：

$$Ca(l) == \{Ca\}$$
$$\{Ca\} == [Ca]$$
$$[Ca] + [O] == CaO$$
$$[Ca] + [S] == CaS$$
$$[Ca] + (x + 1/3)(Al_2O_3) == CaO \cdot xAl_2O_3 + 1/3[Al]$$
$$(CaO) + 2/3[Al] + [S] == (CaS) + 1/3(Al_2O_3)$$
$$\{Ca\} + [O] == (CaO)$$

钙也是很强的脱硫剂，生成 CaS：

$$\{Ca\} + [S] == (CaS)$$

钙处理低硫钢水时，晶界间的 MnS 析出受到限制，会与钙铝夹杂物形成 CaS(MnS) 这种复杂物质。反应如下：

$$(CaO) + 2[S] + [Mn] + 2/3[Al] \longrightarrow (CaS \cdot MnS) + 1/3(Al_2O_3)$$

当然，如果钢液的硫含量比较高，钙有可能同时与氧、硫发生作用。

5.1.2 钙的变性作用

由 $CaO-Al_2O_3$ 二元相图（见图 5-1）可知，铝脱氧钢水钙处理过程中可形成多种钙铝酸盐，其性能见表 5-1。

从图 5-1 的 $CaO-Al_2O_3$ 相图中可以看出，在钙为 50% 左右时，形成液态的 $C_{12}A_7$ 熔点低于 1400℃，因此，这种脱氧产物在炼钢和浇注过程中，以液态形式存在。

形状尖锐、带棱角和树枝状的 Al_2O_3 颗粒很容易黏结在钢包和中间包的水口上，并且结成硬壳互相黏连，影响钢水流动性，通过加入钙对 Al_2O_3 夹杂物变性处理，转变成易熔的 $C_{12}A_7$。

但夹杂物变性中的 Ca 不仅仅起到助熔作用。当钢水接触钢渣、耐火材料或空气发生二次氧化时，Ca 比 Al 更先氧化，起到了减少钢中铝二次氧化的作用。

由于 Ca 与氧有很高的亲和力，发生二次氧化时，氧化钙和钙铝氧化物最先形成。形成的球状夹杂很容易穿过水口，防止夹杂物聚集，避免因絮流套眼影响浇注工序。另外，含钙和钙铝的夹杂物在钢中更均匀，所以对钢质没有负面影响。

$12CaO \cdot 7Al_2O_3$ 中有 12 个钙原子，14 个铝原子，考虑串簇状 Al_2O_3 在吹氩 3~5min 可上浮 90%，按原子量和化学式量可推出钙铝比为：

$$12 \times 40/(14 \times 27 \times 10) = 0.127$$

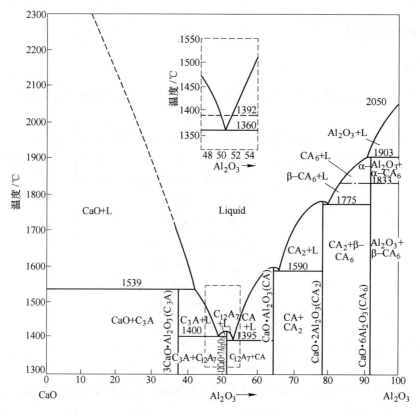

图 5-1　CaO-Al₂O₃ 系相图

（分区图表示干燥气氛中 Al₂O₃ 在 46%~56% 液相线，无同分熔点，共晶点温度为 1360℃）

表 5-1　钙铝酸盐的性能

化 合 物	(CaO)/%	(Al₂O₃)/%	熔点/℃	密度/kg·m⁻³	显微硬度/kg·mm⁻²
3CaO · Al₂O₃（C₃A）	62	38	1535	3040	—
12CaO · 7Al₂O₃（C₁₂A₇）	48	52	1455	2830	—
CaO · Al₂O₃（CA）	35	65	1605	2980	930
CaO · 2Al₂O₃（CA₂）	22	78	约 1750	2980	1100
CaO · 6Al₂O₃（CA₆）	8	92	约 1850	3380	2200
Al₂O₃	0	100	约 2020	3960	3000 ~ 4000

　　喂线推荐钙铝比为 0.10 ~ 0.15，考虑连铸铝碳质耐火材料在高钙钢液中易于蚀损，可适当降低钙铝比。

　　对于没有经过钙处理的钢种，硫在凝固末期将以液态弥散的硫化锰颗粒形式在晶界间析出，在热轧过程中变形成为条状。

　　对某些优质热轧中厚板钢种，为了减轻钢板的各向异性，提高冷弯性能和冲击韧性等，向钢水中添加钙以避免钢在凝固过程中析出大量的 MnS。此外，为减轻管线钢的氢致裂纹（HIC）、硫化物应力腐蚀裂纹（SCC），须通过钢液钙处理将钢中的硫化锰夹杂转变成点状的硫化钙夹杂物。

　　采用钙处理方法对钢中 Al₂O₃ 夹杂物和 MnS 夹杂物进行改性的原理是：通过增加钢中

有效钙含量，一方面使大颗粒 Al_2O_3 夹杂物改性成低熔点复合夹杂物，促进夹杂物上浮，净化钢水；另一方面，在钢水凝固过程中提前形成的高熔点 CaS（熔点 2500℃）质点，可以抑制钢水在此过程中生成 MnS 的总量和聚集程度，并把 MnS 部分或全部改性成 CaS，即形成细小、单一的 CaS 相或 CaS 与 MnS 的复合相。其操作就是在铝脱氧后用喂线法（或者射弹法、喷吹法）向钢水中供给钙。

使用钙进行夹杂物变性处理的机理可用图 5-2 表示。通过钙处理，使 Al_2O_3 夹杂变成钙铝酸盐夹杂，并成为硫化物的核心，使 MnS 夹杂物更分散细小。

图 5-3 为钢中钙气泡上浮过程夹杂物形成示意图。高 CaO 夹杂物能吸收钢中大量的硫，当钢液冷却时，夹杂物中的硫的溶解度降低，CaS 析出，生成复合夹杂物，并有可能产生一个 CaS 环包围铝酸钙核心。这种夹杂物也是球形的，熔点很高，轧制状态不变形。钢中夹杂物在铸态和轧制状态的形态见图 5-4。显然，在对硫化物进行变性处理之前，应先将钢中 Al_2O_3 夹杂物变成钙铝酸盐夹杂。

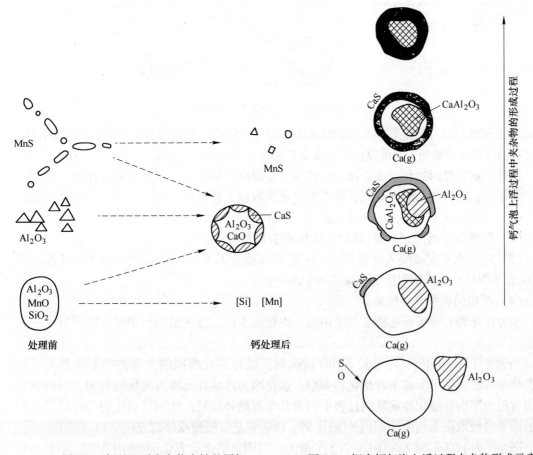

图 5-2　钙处理时夹杂物变性的图解　　　图 5-3　钢中钙气泡上浮过程夹杂物形成示意图

在通常的轧制温度下，硫化物夹杂与钢材硬度从高到低排列如下：$HBW_{CaS} > HBW_{MnS} > HBW_{钢材}$，且 CaS 相的硬度约为钢材基体硬度的 2 倍，因而热轧时单一组分的 CaS 相保持球形，可改善钢材的横向冲击韧性；同时，当 CaS 或铝酸钙对变形 MnS 夹杂物"滚碾"或"碾断"时，细小的 CaS 或铝酸钙离散相成为原条带状 MnS 夹杂物的"断点"，此时，塑性

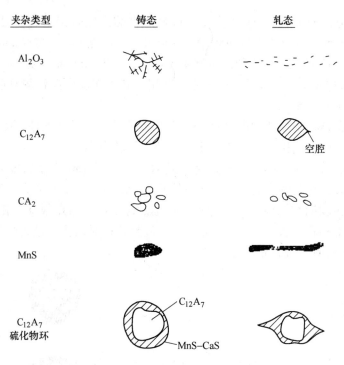

图 5-4 铝镇静钢夹杂物变性示意图

好的 MnS 相既可以对尖角形 CaS 或铝酸钙离散相（"脆断"后的形貌）起到表面润滑作用，减轻对钢材基体的划伤，又可以促使易聚集夹杂物（MnS）弥散分布。

钙处理钢在凝固过程中硫化物的形状和大小取决于钢中全氧、硫和钙的含量。

为了防止水口的黏结和堵塞，炼钢生产可采取以下措施：

（1）采用较大口径的水口或者采用不易吸附 Al_2O_3 夹杂的水口；

（2）降低钢中酸溶铝含量以减少 Al_2O_3 的析出数量；

（3）向钢水喷吹或喂入适量的 Ca-Si 粉剂（或含 CaC_2、CaO 熔剂）或 Ca-Si 线，使 Al_2O_3 夹杂物转变成炼钢温度下呈液态的铝酸钙；

（4）严格的保护浇注措施。

小方坯连铸和薄板坯连铸必须采用较小内径的水口，浇注铝脱氧钢时只能采取后三条措施。

当钢中 $T[O] \leqslant 10ppm$，$[S] > 1000ppm$ 时，通过钙处理控制夹杂物的形状是不可行的，而加入碲或硒可形成条状硫化物夹杂。这是因为这两种元素对硫化物和钢之间的表面张力有很大影响，硫化物在轧制过程中的条状变形趋势减轻。轧制后硫化物为椭圆形，椭圆的曲率半径取决于钢中[Te]/[S]的比例。碲通常是以喷粉或喂线方式加到钢水中。

图 5-5 为 1600℃时 Fe-Al-Ca-O-S 平衡图。以钢中铝含量为 0.030% 时为例，当加入钙时，溶解的钙与铝形成钙铝夹杂。随着钙加入量的增加，夹杂物中钙含量升高。当 CaO 含量达到 40%（p_L）夹杂物变为液态。当硫含量很低时，CaO 含量只随溶解钙的增加而增加，不形成 CaS，p_L 以上的夹杂物为液态。

如果钢中硫含量为 S_0，钢中钙的活度永远达不到 a_0。当钙的加入量超过 p_0 时立即产生 CaS。

因此当钢中硫含量超过 S_L 时在 p_L（铝钙夹杂中 CaO = 40%）。这样的钙处理钢水在

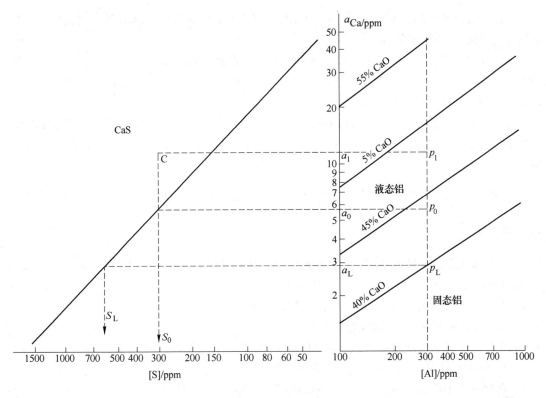

图 5-5 Fe、Ca、O、S 在 1600℃ 平衡图

连铸过程中夹杂物将会以铝酸盐或 CaS 的形式存在。

金属钙的熔点为 $839 \pm 2℃$，沸点很低约 $1491℃$，$1600℃$ 的 $p_{Ca} \approx 0.186MPa$。在炼钢温度下钙很难溶解在钢液内。但在含有其他元素，如硅、铝、镍等条件下，钙在钢液中的溶解度大大提高（见图 5-6）。因此为了对铝氧化物进行变性处理，加入的是 Ca-Si 及其他钙的合金。

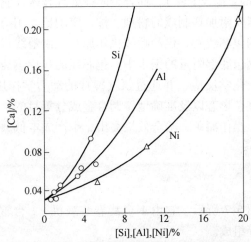

图 5-6 1600℃ 下第三种元素含量对钙溶解度的影响

在喷射冶金中，最常用于处理钢液的材料是 Ca-Si 合金，它的含钙量约 30%。此外，

$CaO\text{-}CaF_2\text{-}Al$，预熔的铝酸钙熔剂、$Mg\text{-}CaO$、$CaC_2$ 以及上述各种材料的混合物也用于不同条件和不同要求的钢水处理。

稀土元素和钙都是经常加以利用的脱硫剂和变质剂，但是理论和实践研究均表明，单用稀土处理钢不仅成本高，而且因为实际生产中的水口结瘤以及大量残留夹杂物影响钢质等原因，使得处理效果很不稳定。

采用 Ca-RE 复合处理钢，可以有效脱硫，减少钢中的硫化物夹杂的数量，控制和改变夹杂物形态，在钢中形成细小、分散、轧制时不变形的纺锤形稀土夹杂物，消除钢中原有的条状硫化锰夹杂所造成的危害作用。

📝 练 习 题

1. 钙处理过程中，CaO 和 Al_2O_3 会形成多种钙、铝化合物，其中熔点最低的是（　　）。C
   A. $CaO \cdot 2Al_2O_3$ B. $CaO \cdot Al_2O_3$
   C. $12CaO \cdot 7Al_2O_3$ D. $3CaO \cdot Al_2O_3$
2. 钙处理过程中可能会有 CaS 夹杂产生。（　　）√
3. 为防止含铝钢水口结瘤堵塞，$[Ca]/[Al]$ 应在（　　）。A
   A. $0.10 \sim 0.15$ B. $0.04 \sim 0.09$
   C. $0.05 \sim 0.10$ D. $0.02 \sim 0.08$
4. 向铝脱氧的钢液中加入 Ca 并且适当控制加入量，就能够改变铝氧化夹杂物的形状，因而改善钢液的浇注性能和钢的质量。（　　）√

5.2　喂线精炼设备

喂线法（Wire Feeding，即 WF 法），即合金芯线处理技术。它是在喷粉基础上开发出来的，是将各类金属元素及附加料制成的粉剂，按一定配比，用薄带钢包覆，做成各种大小断面的线，卷成很长的包芯线卷，供给喂线机作原料，由喂线机根据工艺需要按一定的速度，将包芯线插入到钢包底部附近的钢水中。包芯线的包皮迅速被熔化，线内粉料裸露出来与钢水直接接触进行化学反应，并通过氩气搅拌的动力学作用，能有效地达到脱氧、脱硫、去除夹杂、改变夹杂形态以及准确地微调合金成分等目的，从而提高钢的质量和性能。喂线工艺设备轻便，操作简单，冶金效果突出，生产成本低廉，能解决一些喷粉工艺难以解决的问题。

5.2.1　喂线设备

喂线设备的布置如图 5-7 所示。它由 1 台线卷装载机、1 台辊式喂线机、1 根或多根导管及其操作控制系统等组成。

喂线机的形式有单线机、双线机、三线机等。其布置形式有水平的、垂直的、倾斜的 3 种。一般是根据工艺需要、钢包大小及操作平台的具体情况，可选用一台或几台喂线机，分别或同时喂入一种或几种不同的线。

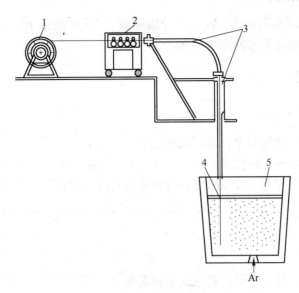

图 5-7　喂线设备布置示意图

1—线卷装载机；2—辊式喂线机；3—导管系统；4—包芯线；5—钢包

线卷装载机主要是承载外来的线卷，并将卷筒上的线开卷供给辊式喂线机。一般是由卷筒、装载机托架、机械拉紧装置及电磁制动器等组成。当开卷时，电子机械制动器分配给线适当的张力，进行灵敏的调节。在每次喂线处理操作后由辊式喂线机的力矩，把线反抽回来，线卷装载机的液压动力电机反向机械装置，能自动调节保持线上的拉紧张力，便于与辊式喂线机联动使用。

辊式喂线机是喂线设备的主体，是一种箱式整体组装件。其内一般有 6～8 个拉矫输送辊，上辊 3～4 个，底辊 3～4 个。采用直流电机或可控硅无级调速。设有电子控制设备，可控制向前和向后无级调速，通过可编程控制器能作线的终点指示，预设线的长度。线卷筒上的制动由控制盘操作。标准喂线机备有接口，可以连接到计算机。

导管是一根具有恰当的曲率半径的钢管，一端接在辊式喂线机的输出口，另一端支在钢包上口距钢液面一定距离的支架上，将从辊式喂线机送来的线正确地导入靠近钢包底部的钢水中，使包芯线或实芯线熔化而达到冶金目的。

5.2.2　喂线设备维护

为保证喂线设备良好运行，应对喂线设备进行常规检查与维护：

（1）应将喂线机安装在环境温度低于 50℃ 的地方。

（2）应经常保持喂线机箱表面和内部的干燥与清洁，尤其要经常用无水压缩空气吹扫机箱、配电柜和控制仪表内部的灰尘。

（3）不要无故按动控制仪表的电源开关。

（4）每周定期对霍尔传感器进行维护，除掉吸附在计数磁铁和传感器上的磁性灰尘。

（5）喂线工作结束后，应关闭所有电源，注意不要使变频器等电器经常处于有电状态，以增大设备的安全性，延长电器（尤其是变频器）的寿命。

（6）接班前应检查各部分电器运行是否可靠，尤其是上下送线轮不得松动。

（7）传动链条每周加润滑油一次，手动蜗轮辐、连杆销轴、压下滑块每班加油一次；线管与机架连接的半轴每周加油润滑一次。

5.3 喂线精炼工艺

5.3.1 操作工艺流程

喂线精炼操作流程比较简单，某厂流程如下：

钢包入喂线站→检查气路畅通，气压 0.4MPa→线穿入导轮穿进导管→导管垂直钢液面→喂线机到位，降下导管→开始喂线→达到喂线长度→停止喂线→抬起导管→钢包出站

📝 **练 习 题**

岗位工人要在每次喂线前检查喂线机导线管内是否有断线。（ 　　 ） ✓

5.3.2 喂线工艺制度

5.3.2.1 酸溶铝 $[Al]_s$ 控制

铝脱氧钢液钙处理后，钢中夹杂物主要是铝酸钙夹杂和硫化钙夹杂。炼钢温度下，$C_{12}A_7$、C_3A 等夹杂为液态，而 CaO-Al_2O_3 夹杂在靠近 $C_{12}A_7$ 区域为液态，因此，通过热力学计算，结合 CaO-Al_2O_3 体系的二元相图，可以分析出夹杂物的形态。1600℃不同夹杂物的 $[Al]$-$[O]$ 平衡关系见图 5-8，可见，要使得夹杂物为液态，必须把钢中 $[Al]$ 含量和 $[O]$ 含量控制在 $C/L \sim L/CA$ 的区域内，最好位于 $C_{12}A_7$ 附近。

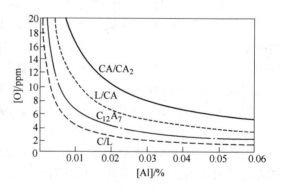

图 5-8　1600℃时不同夹杂物的 $[Al]$-$[O]$ 平衡关系图

如湘钢含铝冷镦钢生产，钢中酸溶铝 $[Al]_s$ 为 0.02% ~ 0.04% 时钢中的 $[O]$ 需控制在 2.5 ~ 4ppm 为宜。

5.3.2.2 $[Ca]/[Al]$ 控制

1600℃不同组成的 CaO-Al_2O_3 夹杂物的 $[Al]$-$[Ca]$ 平衡见图 5-9。由图可知，为使 Al_2O_3 变性为 L/CA，所需加入钙量是很小的，并且钙的加入量再多，氧化物夹杂也处于 L/CA-C/L 成分之间，在钢中酸溶铝一定的情况下，为使 Al_2O_3 变性为液态，钢中溶解钙的变化范围较大。钢中 $[Al] = 0.03\%$ 时，夹杂物变性为液态时，钢中溶解 $[Ca]$ 的变化范围在 5 ~ 48ppm，钢中的 $[Ca]/[Al]$ 在 0.02 ~ 0.16。一般应按 $[Ca]/[Al] = 0.09 ~ 0.14$ 控制（实际生产中一般用 $(T[Ca])/[Al]$ 来表示钙处理的程度，$(T[Ca])/[Al] > [Ca]/[Al]$，在邯钢，要求 $(T[Ca])/[Al] > 0.12$。也有文献中提出：$[Ca]/[Al] > 0.14$；$[Ca]/(T[O]) = 0.7 ~ 1.2$，钢中溶解 $[Ca]$ 位于 $C_{12}A_7$ 与 L/CA 之间。即在生产实践中，通常加入

相对过量的钙使 Al_2O_3 完全变性，改善钢水的流动性。

5.3.2.3 [S] 控制

CaS 夹杂也易在水口部位聚集，从而导致结瘤或加剧 Al_2O_3 水口结瘤。为保证钙处理的效果，钙的加入量必须满足：生成液态铝酸钙夹杂物，避免 CaS 夹杂析出。[Al]-[S] 平衡如图 5-10 所示。可知钢水在一定 [Al] 含量的情况下，为了避免钙处理时生成高熔点铝酸钙，钢水中 [S] 含量要求处于 C/L、L/CA 之间。喂钙线处理时，如果钢液中的 [S]、[Al] 含量位于 L/CA 线以上，则 Ca 先与 [S] 反应，直到 [S] 含量降到 L/CA 平衡曲线下，剩余的 Ca 才会与 Al_2O_3 反应，生成液态铝酸钙。因此进行钙处理时，为了把 Al_2O_3 系夹杂物改质为液态 $C_{12}A_7$，同时又不希望先析出易在水口部位聚集结瘤的 CaS，必须限制钢水中的最大 [S] 含量。要求把钢水中的 [Al] 及 [S] 含量降低到其与 $C_{12}A_7$ 平衡的值以下进行钙处理。特别是对于 [Al] 含量高的钢种，把钙处理前的 [S] 含量降得低一些更有利。

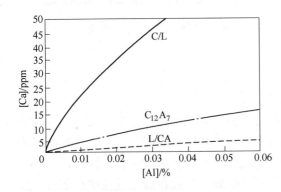

图 5-9　1600℃时不同组成的 CaO-Al_2O_3
夹杂物的 [Al]-[Ca] 平衡图

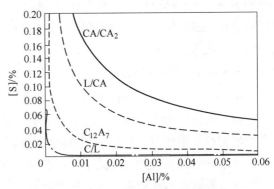

图 5-10　1600℃时[Al]-[S]平衡图

在钢液中要生成 $C_{12}A_7$，钢中的 [Al] = 0.02% 时，钢中[S] < 0.017%；钢中的[Al] = 0.04% 时，钢中[S] < 0.010%；钢中的[Al] = 0.05% 时，钢中 [S] < 0.009%。在实际生产中应将钢中硫含量降低到 0.005% ~ 0.01%。降低钢水中(T[O])和[S]之后进行钙处理，是用钙进行 Al_2O_3 系夹杂物改质的基本操作。

在钢水硫含量降低到一定程度时，通过钙处理可抑制钢水凝固过程中形成 MnS 的总量，并把钢水在凝固过程中产生的 MnS 转变成 MnS 与 CaS 或铝酸钙相结合的复合相。由于减少了硫化锰夹杂物的生成数量，并在残余硫化锰夹杂物基体中复合了细小的（10μm 左右）、不易变形的 CaS 或铝酸钙颗粒，使钢材在加工变形过程中原本容易形成长宽比很大的条带状 MnS 夹杂变成长宽比较小且相对弥散分布的夹杂物，从而提高了钢材性能的均匀性。

为了生产高抗拉强度的抗氢脆钢，必须合理地控制钢中的硫含量与钙含量。图 5-11 表示[Ca]/[S]与大直径管材发生氢脆率的关系，试验条件按 NACE 条件：试样在 pH = 3.7 的醋酸溶液中浸96h。[Ca]/[S]保持大于2.0，且硫含量小于0.001%时就能防止 HIC（Hydrogen Induced Cracking，氢致裂纹）的发生，而当硫含量为 0.004%，[Ca]/[S] > 2.5 也能发生 HIC。当[Ca]/[S] < 2.0 时，由于 MnS 没有完全转变成 CaS，而是部分地被

拉长，引起 HIC。当[Ca]/[S]较高且硫含量也较高时，会有 Ca-O-S 原子团的群集，从而导致钢发生 HIC。由此可见，仅靠特别低的硫含量是不够的，仅靠控制[Ca]/[S]值也是不够的，合适的方法是既保证低硫，如 [S]<0.0015%，又将[Ca]/[S]控制在 2 以上（希望钢中的[Ca]/[S]保持在 2~3），这样就可以充分保证钢不出现 HIC。

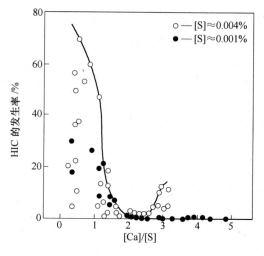

图 5-11　发生 HIC 率与[Ca]/[S]的关系

对大部分钢种来说，使用钙处理都会提高钢的性能，但是对轴承钢就不宜使用钙处理及喷粉处理手段。有研究结果证明，夹杂物对轴承钢疲劳寿命的危害顺序，由大到小排列为 mCaO · nAl$_2$O$_3$（点状夹杂）、Al$_2$O$_3$、TiN、(Ca, Mn)S。可见，如果将钢中 Al$_2$O$_3$ 夹杂物变成 mCaO · nAl$_2$O$_3$ 夹杂物，其结果将与处理的出发点背道而驰。

5.3.2.4　钙处理的效果

A　钙处理对夹杂物的变性作用以及对水口材质的要求

经过精炼炉冶炼的钢水，溶解氧和夹杂物的含量都有大幅度降低，但是还有部分的夹杂物残留在了钢液中，有些是高熔点的固态化合物，这些高熔点的固态化合物，有些成为了钢坯中的刚性夹杂物，降低了钢材的使用性能，有些成为堵塞水口的絮流物质。

在一般装备的转炉生产线，钢中的氧含量控制不够低，钢液在浇注过程中，随着温度的降低，钢水中的溶解氧和合金元素的析出是必然的，析出的氧和合金元素发生反应，生成新的氧化物或者其他的化合物，也会成为夹杂物；并且钢水中的合金元素与空气中的氧、炉渣、耐火材料中的氧化物也能够发生化学反应，生成新的氧化物污染钢水，影响钢坯的质量，造成中间包水口的堵塞。严重的时候，钢包的水口也有结瘤的现象。

此外，某些钢种如 60Si2Mn，加入的合金硅铁中含有钙元素较多，如果未经过处理，在连铸浇注时，可能造成连铸使用的铝碳质水口的侵蚀加快，塞棒侵蚀速度快，浇注几炉以后就关不住，导致连铸的停机。其中的主要原因是：

钢水中的 Ca 与钢水中的 Al$_2$O$_3$ 和 SiO$_2$ 反应

$$2[Ca] + SiO_2 = 2CaO + [Si]$$

$$3[Ca] + Al_2O_3 = 3CaO + 2[Al]$$

生成的氧化钙再与耐火材料中的三氧化二铝、二氧化硅反应：

$$mSiO_2 + nCaO = nCaO · mSiO_2 \quad (n > 1,\ m > 1)$$

$$SiO_2 + 2CaO + Al_2O_3 = 2CaO · SiO_2 · Al_2O_3$$

$$12CaO + 7Al_2O_3 = 12CaO · 7Al_2O_3$$

因为 2CaO · SiO$_2$ · Al$_2$O$_3$ 的熔点低于 1500℃，12CaO · 7Al$_2$O$_3$ 的熔点更加低，只有 1392℃，这些低熔点的化合物在钢液浇注的温度范围以内，很容易转变为液相，随钢流进入钢坯形成夹杂物，也造成连铸铝碳质的水口、塞棒或者钢包水口溶损，钢流失控酿成事故。

浇注钙处理钢时要注意钢液中的钙铝比，也要避免使用铝碳质耐火材料。

通过调整钢液成分，将固相的夹杂物转变为液相的夹杂物，达到上浮去除或者不堵塞水口的目的。处理方法得当，还可以将刚性夹杂物转变为塑性夹杂物，降低夹杂物对钢材质量的影响。所以钢水的纯净化和钙处理技术对炉外精炼比较重要。

B　钙处理对夹杂物尺寸的控制

在喂 Ca-Si 或者 Fe-Ca 线前后夹杂物尺寸变化表现为：

（1）试验表明，喂线前、喂线后、中间包到连铸坯的诸工艺点处的钢样中，夹杂物尺寸基本在 $20\mu m$ 以下，小颗粒的夹杂物占绝大多数，$1 \sim 3\mu m$ 的小夹杂占 60% 以上，平均为 81.45%；大于 $5\mu m$ 的夹杂物仅占 1.45% $\sim$ 12.5%，平均 4.27%。

（2）钢中钙铝比 [Ca]/[Al] 高的炉次，钢中 $10 \sim 20\mu m$ 的夹杂物消失。

（3）喂线前后相比，具有较高钙铝比的炉次，其连铸坯中各个尺寸级别的夹杂物数量都有较大幅度的降低。钙铝比较低的炉次，连铸坯中大于 $3\mu m$ 的夹杂物数量与喂线前相比相近或有不同程度的增加。

（4）喂线后随着钢中钙铝比的增加，连铸坯中 $1 \sim 3\mu m$ 的小颗粒夹杂物比例有增加趋势，而较大颗粒的夹杂物特别是大于 $5\mu m$ 的夹杂物比例下降趋势明显。

（5）从连铸坯中夹杂物的绝对数量来看，随着钢中钙铝比的增加，大于 $5\mu m$ 的夹杂物数量逐渐减少。

在铝镇静钢中喂入 Ca-Si 线，理想的目标是将 Al_2O_3 夹杂全部变性成为低熔点的 $C_{12}A_7$ 球状夹杂物，但在实际的生产中这几乎是难以实现的，所能做到的是将大部分的尤其是大颗粒的 Al_2O_3 类夹杂转变为主要成分接近 $C_{12}A_7$ 的低熔点复合钙铝酸盐，使留在钢中的 Al_2O_3 类夹杂或低熔点钙铝酸盐数量尽可能少，尺寸尽可能小，将其对钢的质量和浇注性能的不良影响控制在可接受的程度内。需要指出的是，喂线后钢中最低钙铝比的确定，在实际生产中有着重要的现实意义，它是预报和控制喂线工艺的基础。

5.3.2.5　钙处理的应用背景

众多的研究表明，钢中的氧化物、硫化物的性状和数量对钢的力学性能和物理化学性能产生很大影响，并且铝脱氧产物的数量和形状是使连铸中间包水口堵塞的主要原因。而钢液的氧与硫含量、脱氧剂的种类以及脱氧脱硫工艺因素，都将使最终残存在钢中的氧化物、硫化物发生变化。因此，通过选择合适的变性剂，有效地控制钢中的氧、硫含量以及氧化物、硫化物的组成，既可以减少非金属夹杂物的含量，还可以改变它们的性质和形状，从而保证连铸机正常运转，同时改善钢的性能。也就是所说的夹杂物的变性处理。

实际应用的非金属夹杂物的变性剂，一般应具有如下条件：

（1）与氧、硫、氮有较强的相互作用能力。

（2）在钢液中有一定的溶解度，在炼钢温度下蒸气压不大。

（3）操作简便易行，使用以后成本低收得率高。

钙以及含钙合金不仅能够脱氧，而且脱氧产物可改变钢液内 Al_2O_3 的性状。对普通的铝镇静钢，由热力学看，加入的钙很容易形成 $CaO \cdot 2Al_2O_3$ 型夹杂物，随着 CaO 不断增加而改变为 $CaO \cdot Al_2O_3$，最后形成富 CaO 的低熔点的铝酸钙夹杂物。由于 $12CaO \cdot 7Al_2O_3$

（$C_{12}A_7$）的熔点最低 1455℃，而且密度也小（2.83g/cm³），在钢液中易于上浮排除。向铝脱氧的钢液加入钙并适当控制加入量，就能够改变铝氧化物夹杂的性状，改善钢液的浇注性能和钢的质量。实际生产中含铝钢水钙处理的目标就是要将 Al_2O_3 夹杂尽可能地变性为低熔点的 $C_{12}A_7$ 球状夹杂或近似于 $C_{12}A_7$ 的低熔点复合钙铝酸盐去除，而且希望留在钢中的夹杂物尽可能少，尺寸尽可能小。这样对提高铸坯质量和顺利浇注有利。

有相当一部分的钢厂，由于不能解决好方坯和板坯连铸中间包水口结瘤的问题，采取限制钢中铝含量的办法，不用铝或者仅用少量的铝脱氧，把钢中酸溶铝控制在很低的范围内，其结果是钢中的总氧含量显著高于国外同类产品，掌握好钢水的钙处理技术，对提高产品的竞争力大有裨益。

钙处理的方式有多种，如加入含钙的合金、丝线或者脱氧剂。钛、锆、碱土金属（主要是钙合金和含钙的化合物）和稀土金属等都可作为变性剂。生产中大量使用的是含钙合金和稀土合金，其中以钙处理、钡处理、稀土处理和镁处理钢水最为常见和实用。其中钙处理对铝镇静钢的良好作用并不是提高了钢的纯净度，而在很大程度上是由于改变了钢中夹杂物的形态。虽然钙处理对铝镇静钢的疲劳、腐蚀和其他性能的影响还不能令人满意，但是是最常见和最经济的处理工艺之一，而钡处理、稀土处理和镁处理技术是目前应用和发展的一个方向。

5.4 喂线事故处理

5.4.1 钢液钙处理的实例

中班，2 号 120t 转炉冶炼 10B203237 炉 SPHC 钢，钢种的成分要求见表 5-2。

表 5-2 SPHC 钢的成分要求 （%）

目标成分	C	Si	Mn	S	P	Al
上限	0.07	0.03	0.28	0.030	0.015	0.060
下限	0.05	—	0.20	0	0	0.040

此炉为 LF 连铸第一炉，一次拉碳 1643℃，出钢 $[C]_{终点}=0.081\%$，出钢过程带渣，渣层厚度 98mm，泼渣没有成功，渣中氧化铁较高，精炼炉钢水到站实际 $[Al]_{包样}=0.012\%$（$[Al]_{出钢目标}=0.06\%$），在精炼炉对钢渣的改质脱氧操作困难，添加铝铁 350kg。LF 出钢前的钢渣勉强改质为黄渣，包温 1610℃，包样 $[C]=0.079\%$（终点和 LF 炉结束 C 含量均超目标上限，不知是否合适），包样 $[Al]=0.042\%$，此炉开浇以后 8min 出现结瘤，20min 以后抢救无效中间包结死停机。中间包样 $[Al]=0.035\%$。

案例说明，转炉出钢挡渣降低钢渣氧化性，控制钢液的氧化，是保持铝镇静钢的钢液可浇性的前提条件。

5.4.1.1 硅镇静钢钙处理

对常见的硅镇静钢，一般为中高碳钢，典型的有帘线钢、硬线钢和预应力钢绞线等。如果没有铝脱氧，钢中的酸溶铝的含量很低，一般 $[Al]_s<0.002\%$，水口结瘤主要是 SiO_2 造成的，Al_2O_3 引起的结瘤很少，要解决硅镇静钢引起的结瘤现象，首先要将脱氧的产

物形成控制为液态的 MnO·SiO$_2$ 夹杂物，为了达到此目的，要控制有合适的 $m[Mn]/m[Si]$ 比（摩尔比例）。$m[Mn]/m[Si]$ 较低，形成纯二氧化硅，引起水口结瘤；当 $m[Mn]/m[Si]$ 大于 2.5 以后，生成物为液态的 MnO·SiO$_2$ 夹杂物，容易上浮去除。实际上，硅镇静钢的结瘤现象较为少见，也较好处理。铸坯的针孔缺陷、水口结瘤与溶解氧之间的关系见图5-12。

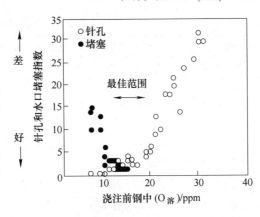

图 5-12　铸坯的针孔缺陷、水口结瘤与溶解氧之间的关系

5.4.1.2　硅铝镇静钢和 20CrMnTiH 的钙处理

对硅铝镇静钢来讲，一般为中低碳钢。如果钢中的 $[Al]_s > 0.01\%$，钢中析出的氧化物基本上以 Al$_2$O$_3$ 夹杂为主，钙处理也是考虑 Al$_2$O$_3$ 夹杂的变性处理为主，但也要全面考虑其他成分对钙处理效果的影响。硅铝镇静钢钙处理过程中的三元相图见图5-13。

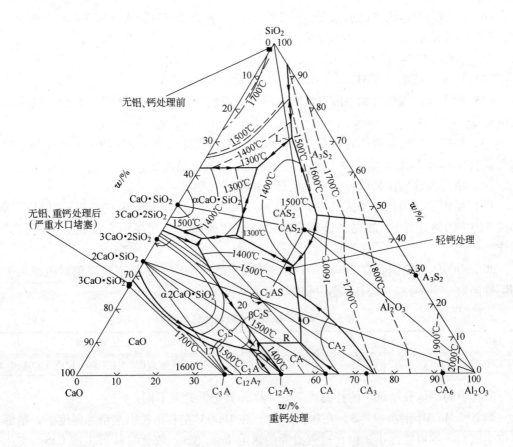

图 5-13　硅铝镇静钢钙处理过程中的三元相图

硫含量要求较低的 20CrMnTi 钢种的化学成分见表5-3。

表 5-3　20CrMnTi 钢种的化学成分　（%）

牌　号	C	Si	Mn	P	S	Cr	Ti
20CrMnTi	0.17 ~ 0.23	0.17 ~ 0.37	0.80 ~ 1.15	≤0.035	≤0.020	1.00 ~ 1.35	0.04 ~ 0.10

其各个工序的操作要点如下。

转炉操作要点：

（1）废钢原料避免有色金属（主要包括 Cu、Sn 等）含量超标，防止产品表面产生软点和铸坯的表面裂纹。

（2）转炉采用高拉补吹操作，终渣碱度 R 控制在 3.5 ~ 3.8。出钢[C] = 0.08% ~ 0.12%，控制出钢[P]≤0.008%。

（3）转炉出钢的温度控制在 1650 ~ 1670℃，保证吹氩站钢包温度在 1550 ~ 1600℃。

（4）脱氧合金化使用的合金选择硅锰合金、硅钙钡、铝铁、中碳铬铁、高碳铬铁、预熔渣、铝渣球、增碳剂；铝铁在钢水出至钢水总量的 1/4 时开始加入。所有钢包内加入的合金必须保证在钢水出至出钢量的 3/4 时加完。

（5）转炉炉后钢包必须干净，出钢底吹气体选择氩气，不使用热补的钢包，钢包内保证没有冷钢和渣子。

（6）出钢前钢包内提前加入预熔渣 200kg/炉，合金加完后加入石灰 300kg 于钢包，出完钢后钢包顶部加入铝渣球 100kg/炉。

精炼冶炼操作要点：

（1）钢水至精炼炉[Al]$_s$≥0.015%，$a_{[O]}$≤0.001%。

（2）钢水到精炼位后如果脱氧情况不好，采用铝铁进行深脱氧操作，此时氩气采用较大的流量。

（3）精炼炉应保证冶炼时间在 40min 以上，必须保证白渣 15min 以上方可喂线，喂线后保证软吹 8min 以上。丝线喂入量根据钢中的酸溶铝的量决定。

（4）精炼脱氧操作采用硅铁粉、电石、铝渣球、铝粒。

（5）精炼炉必须在脱氧良好的情况下加入钛铁，一次将钛配至成品范围（钛铁回收率按 55% ~ 60% 计算），加完钛铁后直接进行软吹操作。严禁在加完钛铁后再进行其他操作。

20CrMnTiH 齿轮钢是在 20CrMnTi 钢的基础上增加钢中硫含量来提高钢材机械加工易切削性能的一个钢种，其国标规定的化学成分见表 5-4。

表 5-4　20CrMnTiH 齿轮钢的化学成分　（%）

牌　号	C	Si	Mn	P	S	Cr	Ti
20CrMnTiH	0.17 ~ 0.23	0.17 ~ 0.37	0.80 ~ 1.15	≤0.035	≤0.035	1.00 ~ 1.35	0.04 ~ 0.10

其转炉的冶炼和精炼炉的控制大部分一样，只是钙处理不同。

当 20CrMnTiH 钢水中[S]在 0.03% 时，在 1600℃ 左右正常钢水精炼温度下，精炼过程中生成 CaS 的可能性小，但在过程温降的影响下，[Ca]较低时就可生成 CaS。实际生产中只要钙处理后钢水中剩余[Ca]为 10ppm 左右，CaS 就能稳定生成。计算结果表明，[S] = 0.02% ~ 0.035%，[Al] = 0.02% ~ 0.04% 的钢水进行钙处理时易生成稳定的 CaS，并难以使铝脱氧产生的 Al_2O_3 夹杂完全变性成低熔点 $C_{12}A_7$ 钙铝酸盐。20CrMnTiH 钢水中钙与硫反应生成 CaS 的临界浓度及温度的影响见图 5-14。

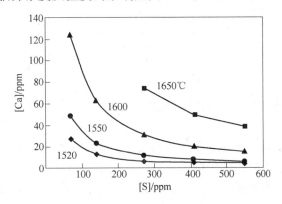

图 5-14　20CrMnTiH 钢水中钙与硫反应生成 CaS 的临界浓度及温度的影响

钢水中硫含量较高时，要想将 Al_2O_3 夹杂变性为 CA 很困难。对高硫含量钢水直接进行钙处理，反应生成的 CaS 和变性不完全的钙铝酸盐会堵塞连铸水口，造成结瘤事故。因此，钙处理应该在钢水中含硫较低时进行。通常在精炼钢水脱氧充分，钢液将硫脱除到 0.017% 以下，此时进行钙处理，较容易将 Al_2O_3 夹杂变性为液态钙铝酸盐，接着进行充分软吹搅拌，使夹杂物聚集长大上浮，同时使钢水中的残钙尽量排除。这时再喂硫线将钢水中硫含量调整到目标值。当硫含量增加后，钢水中残余的液态钙铝酸盐夹杂物还会和硫反应生成 CaS 夹杂，但经预先钙处理及软吹搅拌后，大量的钙铝酸盐夹杂物已被脱除，反应生成的 CaS 数量比先喂硫线再钙处理流程大为减少。同时生成的 CaS 会以液态的钙铝酸盐为核心析出，部分 CaS 还可融入到液态钙铝酸盐中，因此会大大减轻对水口的堵塞程度。

5.4.2　钢液钡处理的实例

以下是某厂冶炼高等级抽油杆钢 20Ni2MoA，使用硅钙钡脱氧的操作实例。

冶炼工艺路线：BOF(LD) + LF + CCM。转炉、精炼炉不同工位的成分控制要求见表 5-5 和表 5-6。

表 5-5　转炉钢包钢水成分控制要求　　　　　　　　　　　　　　　　　（%）

钢 号	C	Si	Mn	P	S	Al
20Ni2MoA	0.12 ~ 0.16	0.12 ~ 0.20	0.60 ~ 0.70	<0.010	<0.030	0.010 ~ 0.020

表 5-6　LF 精炼成品成分控制　　　　　　　　　　　　　　　　　　　（%）

钢 号	成分	C	Si	Mn	P	S	Ni	Mo
20Ni2MoA	标准	0.18 ~ 0.23	0.17 ~ 0.37	0.70 ~ 0.90	≤0.025	≤0.025	1.65 ~ 2.00	0.020 ~ 0.30
	内控	0.19 ~ 0.22	0.20 ~ 0.30	0.75 ~ 0.85	≤0.020	≤0.015	1.65 ~ 1.75	0.20 ~ 0.25

转炉出钢底吹氩流量（标态）控制在 $180 \sim 240 m^3/h$；脱氧合金化：炉后脱氧合金采用电石、硅钙钡、硅锰合金、铝铁，合金加完后钢包内加入石灰 200kg，合金加入量根据各钢种钢包成分要求设定加入量；脱氧剂加入量见表 5-7。

表 5-7 脱氧剂加入量

出钢碳含量/%	精炼剂加入量/kg·t⁻¹	电石加入量/kg·t⁻¹	硅钙钡加入量/kg·t⁻¹	铝铁加入量/kg·t⁻¹
[C]≥0.10	1	0.5	1.0	0.5
0.06<[C]<0.10	1	1.0	2.0	1.0
[C]≤0.06	1	1.0	2.0	1.5

（1）应选用干净的钢包，钢包内不允许有冷钢和渣子，使用前应充分烘烤达到红包出钢。

（2）精炼炉应提前接好定碳定氧仪，按要求分阶段进行定氧。冶炼前应检查电极使用情况，防止冶炼过程中电极脱落增碳。

（3）转炉出钢后，在吹氩站向钢包内加 Fe-Ni 1250kg、Fe-Mo 220kg，加合金时将氩气调大，后调小。

（4）精炼可选用精炼剂为电石、Fe-Si 粉、SD 铝渣球，SD 铝渣球≥1.0kg/t（电石为辅）。精炼炉碱度控制在 2.8~3.0。

（5）精炼炉应保证冶炼时间在 48min 以上，必须保证白渣 15min 以上方可喂线，喂线前应将烟道闸板关闭，Si-Ca 线每炉喂不少于 150m，精炼炉钢包喂线后保证软吹不小于 8min 以上，软吹后保证钢包镇静时间不小于 5min（铝含量高时可适当增加喂线量）。

5.4.3 冶炼铝镇静钢 SPHC 使用合成渣的使用实例

冶炼工艺路线：LD + WF（喂铝线）+ CCM。转炉出钢保证钢液一次拉碳率，成分和温度同时满足要求，其中钢液的终点碳含量 [C]=0.04%~0.06%。转炉出钢挡渣保证钢包内的渣层厚度小于 60mm。转炉出钢过程中一次将酸溶铝配至目标成分的中限以上 + 0.010% 的范围，出钢过程中首先加入铝铁合金和低碳合金，钢水出钢达到四分之一出钢量时，随着钢流加入 A 类合成渣。A 类合成渣的成分见表 5-8。出钢结束以后，向渣面加入 B 类合成渣。B 类合成渣的成分见表 5-9。

表 5-8 A 类合成渣（一种烧结精炼剂）**的成分** （%）

成 分	CaF₂	Al₂O₃	CaO	Al
含 量	20~30	15~35	>20	7~15

表 5-9 B 类合成渣的成分 （%）

成 分	CaF₂	Al₂O₃	CaO	MgO	Al
含 量	<6	20~30	20~30	<8	>24

出钢过程中氩气搅拌采用强搅拌，以钢水不溢出钢包为原则，加入 B 类合成渣以前吹氩控制切换成为中等强度的搅拌，以能够看到吹氩砖上方的渣眼为准。钢水到达吹氩站以后，首先调整温度。如果酸溶铝不够，尽早补加铝铁或喂入铝线，补铝过程中钢液的吹氩搅拌保持较强的搅拌为宜，软吹 5~12min 以后出站上连铸，不进行钙处理。转炉出钢挡渣失败或者带渣严重，泼渣以后钢水上 LF 炉处理。

5.4.4　成分出格

5.4.4.1　铝出格

某炉次，钢种 X65-1（钢种成分见表 5-10），1 号板坯连浇第 8 炉，铸机要点 9:56，乙班 LF 炉处理，正常包。8:58 进 LF 炉 1 号工位，到站温度 1544℃，过程加热一次，加热 16min，调入白灰 500kg、合成渣 1500kg、铝矾土 300kg、铝铁 350kg、铝粒 200kg、中碳 Fe-Mn 205kg、Fe-Ti 100kg，结束时喂 300m 碳线，800m Ca-Si 线，软吹 10min，9:51 处理结束，结束温度 1564℃，处理周期 53min，9:51 吊包上铸机。

表 5-10　X65-1 钢种化学成分　　　　（%）

样　别	C	Si	Mn	P	S	$[Al]_t$	$[Al]_s$
炉后	0.0470	0.1370	1.4400	0.0070	0.0040	0.0404	0.0330
到站	0.0471	0.1440	1.4500	0.0080	0.0040	0.0736	0.0713
过程	0.0600	0.1490	1.4500	0.0080	0.0010	0.0207	0.0192
结束	0.0850	0.2050	1.5100	0.0080	0.0010	0.0735	0.0721
成品	0.0800	0.2000	1.510	0.0080	0.0010	0.0700	0.0694

此钢种 $[Al]_t$ 判定 0.0200%～0.0500%，协议 0.0600%，LF 炉结束成分 $[Al]_t=$ 0.0735%，超出协议，汇报厂调，为保连浇厂调指令吊包。铸机 9:58 钢包开浇，成品成分 $[Al]_t=0.0700\%$ 超协议，通知切割划中间坯，钢坯单码。

铝出格分析：

（1）此炉到站样 $[Al]_t=0.0736\%$，过程样 $[Al]_t=0.0207\%$，可能过程样不具代表性。

（2）此炉过程样 $[Al]_t=0.0207\%$，调入铝铁 250kg，目标 0.0450%，操作工考虑过程铝损不准确。

（3）此炉要点 9:56，8:58 进站，周期相对较紧。

原因：喂铝线、加铝量过多，升温铝氧比过高铝出格。

处理：铸机降拉速或使用其他炉次进行连浇，铝高炉次在 LF 炉进行吹氩操作，过程保持微正压，待铝含量满足协议要求后进行钙处理，否则回炉处理。

5.4.4.2　钙出格

2008 年某厂冶炼弹簧钢 60Si2Mn 钢种，转炉出钢量 75t，转炉留碳操作，钢水的氧含量较低，冶炼的记录如下：

20 点 07 分：钢包到达钢包车位置。

20 点 08 分：接通氩气搅拌正常；测温 $T=1544℃$。

20 点 10 分：送电，加入石灰 100kg，中等氩气搅拌进行混均成分的作业。

20 点 17 分：停电取样，取样后继续送电。

20 点 22 分：化验结果传回：$[Si]=1.1\%$，$[Mn]=0.46\%$，$[C]=0.48\%$，$[S]=$ 0.026%，$[P]=0.004\%$。调整氩气进行强搅拌，同时加入 Fe-Si 500kg，高碳 Fe-Mn 250kg，增碳剂炭粉 60kg。

20 点 28 分：氩气强烈搅拌持续 5min 以后恢复正常搅拌状态，同时送电。

20 点 36 分：停电取样，$T = 1533℃$。

20 点 38 分：送电，成分传回以后微调一次成分。

20 点 43 分：停电测温，$T = 1540℃$，喂硅钙线 150m。

20 点 48 分：氩气软吹搅拌 5min，$T = 1538℃$，出站上连铸浇注。

3 炉钢以后，连铸塞棒关不住，导致停机。事后分析发现，使用的 [Ca] = 4.8% 高钙硅铁，合金化后钢中的 [Ca] = 0.0028%，炼钢工又喂线处理，增加了钢中氧化钙和钙的含量，侵蚀铝碳质塞棒，根据钙处理的原理，规定冶炼弹簧钢采用低钙硅铁合金化，并且不喂线处理，解决了以上的问题。

5.4.4.3　氧出格

原因：加铝量不足或喂铝线不足，脱氧不足，二次氧化严重。

处理：继续喂铝线，并注意钙铝比、出站前弱搅拌时间。

5.4.5　钢包表面结壳

原因：钢包静置时间长或者渣碱度高。

处理：由 LF 炉破壳处理或者烧氧管烧氧，危险源：钢包溢渣。

5.4.6　生产过程结瘤

5.4.6.1　氩气不正常造成的结瘤

2009 年 10 月，某厂 120t 转炉冶炼 SPHC 钢、采用铁水脱硫工艺，转炉终点成分控制较好，但是出钢过程中的氩气搅拌情况不好，此炉为连铸连浇的第五炉。钢水到达 LF 以后，氩气只能够维持弱搅拌状态，由于温度合适，精炼炉炼钢工调整好温度和成分以后，进行喂线处理，然后软吹 8min，钢水上连铸浇注，钢水浇注 30t 左右，钢包结瘤，引流后再次结瘤，中间包也出现结瘤，造成连铸停机。

事后，从钢包水口的堵塞物分析表明，Al_2O_3 占 85%，主要原因是精炼处理过程中氩气搅拌不正常，导致钢中大部分的 Al_2O_3 夹杂物没有上浮，造成钢包水口结瘤和中间包水口结瘤。

5.4.6.2　铝铁补加量过大造成的结瘤

2010 年 5 月 22 日，白班冶炼 SPHC 钢，此炉转炉正常出钢，精炼冶炼未出现异常，吹氩和钢渣的情况良好。但是转炉出钢过程中铝的加入量偏低，造成钢水 LF 到站成分为 0.015%，距离下限 0.025% 差距较大，铝铁加入量 160kg，总作业时间 53min，前后软吹 24min，钢水到达连铸浇注浇至后期出现结瘤迹象，中班接班后上连铸一炉钢结瘤未好转，导致结瘤停机。

事后原因分析认为，转炉的铝铁配加量不合理，造成二次补加铝铁，补加的铝铁沉淀脱氧以后，钢中的 Al_2O_3 没有及时上浮去除，造成钢水上连铸结瘤。

5.4.6.3　脱硫不合格造成的结瘤

2008 年某厂冶炼 SPHC 钢，LF 精炼炉到站以后，钢水硫含量 0.065%，作业过程中脱硫效率较低，冶炼 40min 以后，钢水中的硫含量为 0.024%，控制成分的目标上限为

0.020%，此时，连铸浇注的钢包钢水已经浇完，精炼工为了让钢水上连铸，在1601℃进行钙处理。采用喂线脱硫的方法喂入比平时多一倍的钙铁线，使脱硫和钙处理同时进行，喂线后取样，钢水同时上连铸浇注，4min钢水到达连铸以后，取样结果传回，[S] = 0.018%，[Al]$_s$ = 0.028%，达到了控制水平的要求，但是钢水在中间包浇注45t钢水以后，结瘤，上水口堵塞物的分析表明，CaS占17%，Al$_2$O$_3$占78%，是导致结瘤的主要物质。

原因分析：此炉为了脱硫，前期钢渣偏干，冶炼过程中Al$_2$O$_3$上浮去除的效果不好，后期渣子调整后，效果也不明显，加上硫含量高，钙处理过程中的钢液含钙量处于硫化钙析出的区域，造成了结瘤。

某厂冶炼SPHC钢种，转炉出钢量125t，出钢以后，钢包第一个试样分析，钢水中的硫高达0.055%，成品要求硫含量低于0.02%。由于此炉是连铸浇注的第七炉，留给LF炉的处理时间只有40min，才能够匹配连铸的浇注速度。LF炉很快调整好了成分和温度，但是硫高，白渣条件下脱硫困难，取样五次，钢包硫含量仍然在0.025%，此时连铸前面的钢包已经浇注结束了，只等此炉钢水连浇。炼钢工无奈之下，采用了喂线脱硫的方法，喂入了400m的钙铁线脱硫，此时钢中酸溶铝含量为0.033%，喂线以后，硫含量达到了目标成分上限0.02%，钢水没有按照规定软吹氩气镇静，直接上连铸，此时由于连铸降拉速等钢水，中间包钢水液面较低，温度也偏低，此炉钢水浇注了60t钢水的时候，连铸结瘤停机，此时温度合适，经过解剖水口的堵塞物为外表以CaS为主的复杂岩相化合物。

5.4.6.4 喂线不正常造成的结瘤

某厂白班，1号LF炉生产AP1461C1钢，2号机开机第一炉，到精炼炉温度1529℃，上钢水前测温1607℃，冶炼时间68min，送电时间33min，石灰加入量530kg，电石568kg，低碳锰铁41kg，萤石210kg，铝铁121kg，钙铁线500m，软吹9min，上连铸浇至钢包重量110t时开始，至钢水量剩15t时结瘤停机。炉次成分变化见表5-11。

表5-11 炉次成分变化 （%）

炼钢试样号	C	Si	Mn	P	S	Al	Ca	[Al]$_s$
钢水到达LF试样1	0.095	0.003	0.087	0.0071	0.020	0.50	0.00135	0.18
LF试样2	0.064	0.008	0.258	0.0066	0.020	0.06	0.00009	0.04347
LF试样3	0.070	0.008	0.286	0.0089	0.018	0.047	0.0002	0.0397
LF喂线后	0.077	0.028	0.292	0.0086	0.011	0.061	0.00261	0.04904
中间包试样	0.081	0.023	0.291	0.0092	0.012	0.044	0.0008	0.0425

事故原因：此炉钢全程吹氩不正常，未进行倒包操作，是造成结瘤事故发生的主要原因。渣子厚，钙铁线未能很好地进入钢水。

预防措施：钢包使用前检测透气砖的情况，转炉控制好出钢温度，保证钢水有合适的精炼炉到站温度，温度在冶炼钢种液相线温度以上45℃为宜；提高操作技能，加强处理突发事故的应变能力；及时清理钢包包沿，保证开机炉次钢包的清洁，以利于钙铁线的喂入。

5.4.6.5 硅镇静钢的结瘤

对中高碳硅锰脱氧钢未加Al脱氧，钢水中[Al]$_s$很低（0.003%）也发生水口堵塞现象，原因主要有以下两种：

（1）脱氧合金化过程控制不好引起的。铁合金中，含有残余 Al、Ca 等元素。如钛铁中的残余铝的含量在 1.2%~4.5%；某些企业生产的硅铁中钙的含量在 0.8%~5.8%。这些残余元素被氧化反应以后，生成了高熔点的铝酸钙夹杂（$CaO \cdot 2Al_2O_3$、$CaO \cdot 6Al_2O_3$）和 $MgO \cdot Al_2O_3$ 尖晶石，导致水口堵塞。其预防措施除了选用成分合适的合金元素以外，选择合适的钙处理工艺。

（2）[Mn]/[Si]比控制不合理。如果[Mn]/[Si]低，生成 SiO_2 为主的固态夹杂物，则产生水口堵塞。钢中锰硅比析出的脱氧产物见图 5-15。

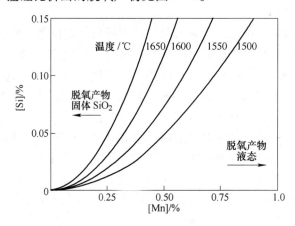

图 5-15　钢中锰硅比析出的脱氧产物

这种原因造成的结瘤，在钢液脱氧过程中，通过控制合适的[Mn]/[Si]比，即可得到缓解和消除。

不用 Al 脱氧的高碳硅镇静钢，在 LF 炉造白渣脱氧，使得 T[O] < 20ppm。这种操作模式，在 LF 炉还原精炼气氛和低氧条件下（氧低于 15ppm），转炉出钢带渣或者下渣，钢包水口填料，会使钢液中含有 MgO；MgO-C 中的 MgO 被碳还原以后释放出 Mg，二次氧化生成 MgO；顶渣中的 Al_2O_3 被还原进入钢液，再次氧化以后生成 Al_2O_3，氧化镁和氧化铝反应形成 $MgO \cdot Al_2O_3$，也会造成钢液结瘤。LF 炉白渣精炼时间越长，$MgO \cdot Al_2O_3$ 形成得多，结瘤的情况也会越严重。

能够采取的有效措施有：

（1）根据钢中的铝含量，决定钙处理喂线的量，保持合适的钙铝比，以保证得到 $12CaO \cdot 7Al_2O_3$ 为目标，促使其能够上浮，并且不会造成结瘤。

（2）白渣精炼时间不应太长。

（3）LF 顶渣加扩散脱氧剂不应过量。

（4）顶渣保持合适的碱度，吸收 MgO。

5.4.6.6　中间包水口上部的结瘤

中间包水口碗上部结瘤，往往导致连铸非正常停浇。实际生产中表现为中间包塞棒开启度上涨快。随着堵塞的加剧，通过水口的钢液流量逐渐减小，直到连铸停浇。某厂浇注铝脱氧钢，停浇水口中的结瘤物呈白色，取样后分析成分见表 5-12。

表 5-12　结瘤物成分分析 （%）

成　分	Al_2O_3	CaO	FeO	SiO_2	MgO	MnO	S
含　量	70.4	18.0	2.8	2.3	5.2	1.0	0.03

从上水口的结瘤物解剖（图5-16）来看，整个结瘤的水口可以分为以下3层结构：

（1）P_1：靠近水口耐火材料表面上的脱碳层。脱碳层表面上有许多的小孔，有一层不连续的金属层，这是浸入式水口和钢液接触形成的。

在高温条件下，水口内部的钢液和铝碳质水口发生反应，一种是耐火材料中的碳直接溶解于钢液之中，一种是间接反应，造成耐火材料制品的表面形成脱碳层。示意图见图5-17。

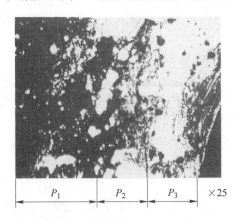

图 5-16　上水口结瘤物解剖结构

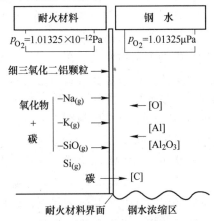

图 5-17　水口脱碳示意图

这一过程中可能发生的化学反应和产生的原因如下：

钢液通过气孔进入耐火材料内部和耐火材料中的碳接触，造成碳的直接溶解的反应 $C \rightarrow [C]$。

钢液在上水口区域，温度降低，钢液之间的平衡发生改变，溶解氧析出和铝反应，生成 Al_2O_3 夹杂物，沉积在水口的敏感区：

$$2[Al] + 3[O] = Al_2O_3$$

钢液中没有上浮的 Al_2O_3 夹杂物，沉积在水口的敏感区。

高温下耐火材料内部发生以下间接反应：

$$2Al_2O_3 = 4\{Al\} + 3\{O_2\}$$
$$C(s) + [O] = \{CO\}$$

高温下耐火材料内部发生以下间接反应：

$$SiO_2(s) + C(s) = \{SiO\} + \{CO\}$$
$$Na_2O(s) + C(s) = 2\{Na\} + \{CO\}$$
$$K_2O(s) + C(s) = 2\{K\} + \{CO\}$$

耐火材料和钢水在接触面还会发生以下反应：

$$3SiO(g) + 2[Al] = Al_2O_3(s) + 3[Si]$$
$$2[Al] + 3\{CO\} = Al_2O_3(s) + 3[C]$$

总的反应为：

$$3SiO_2(s) + 3C(s) + 4[Al] \Longrightarrow 2Al_2O_3(s) + 3[Si] + 3[C]$$

以上的反应导致耐火材料表层脱碳层的产生,脱碳层的表层结构较为疏松,有较多的孔洞存在。显微结构的照片显示,反应层以残留的 Al_2O_3 大颗粒为主,其间结合相为材料中 Al_2O_3 粉料与钢液中的氧化物反应的产物。钢液沿着孔洞和气孔进入耐火材料表层,形成不连续的金属铁珠存在的金属层。含铝钢脱氧产物主要为 Al_2O_3,其熔点为 2050℃,具有较高的界面能。Al_2O_3 与钢水的润湿角为 140°,钢水与 Al_2O_3 的界面张力较大,Al_2O_3 有相互聚群倾向,两个 $10\mu m$ 的 Al_2O_3 夹杂黏结只需 0.03s,黏结力很大且黏附后有足够的强度。因此,耐火材料表面上的脱碳层上的氧化铝,很容易和夹杂通过碰撞,积聚形成大颗粒夹杂,在浇注过程中析出,并黏附在水口周围,形成 P_2 过渡层。

(2) P_2:过渡层。稠密堆积的 Al_2O_3 沉积物,有肉眼可见的缝隙,由铁和烧结的颗粒将内壁和堵塞物烧结在一起。

钢水中的夹杂物如果要在第二层上黏附,首先是夹杂物传递到第二层。Al_2O_3 夹杂物倾向于沉积在水口耐火材料表面,以减少表面能,从而形成群集现象。分流的部位是钢液流动速度产生变化,容易造成夹杂物传递到脱碳层表面,所以 Al_2O_3 夹杂物如果黏附在脱碳层的 Al_2O_3 表面,就会迅速黏结,并且黏附力很大,形成过渡层。

(3) P_3:堵塞物层。白色粉末,十分松软,可用手抠下,其内有大小不等的铁珠,主要由 $2\sim30\mu m$ 的 Al_2O_3 以块状、片状群聚形成的。

5.4.6.7 浸入式水口下部的结瘤

不同的脱氧工艺,其浸入式水口结瘤的产物各有差别,但是差别不大。就浸入式水口而言,弯月面以上的沉积物,没有和结晶器内钢液接触的部分,主要为含有少量 Al_2O_3 的凝钢。弯月面以下浸入结晶器内钢水部分,内壁的沉积物是粒径小于 $5\mu m$ 的含量为 80%~90% 瘤状物,经显微镜观察,它有三层组成,由于碳的溶解而形成的 $500\mu m$ 左右的脱碳层;紧靠脱碳层的是厚度为 $100\sim300\mu m$ 的第一沉积层,也叫网状 Al_2O_3 致密层。主要由 Al_2O_3 颗粒 25%~30% + Na_2O(5%~12%) + K_2O(1%~4%) + SiO_2(50%~60%)的玻璃相构成,与钢水接触的有几毫米到几厘米厚的由 Al_2O_3 和瘤状金属构成的沉积物。Al_2O_3 呈平板状且尺寸不大于 $20\mu m$ 同时也观察到从钢包和中间包耐火材料来的 MgO- Al_2O_3 和 MgO-FeO 类尖晶石。此外在浇注过程中,浸入式水口发现有大量结瘤物在水口下口端部聚集成菜花头形状(这在一些敞开浇注的上水口下部也会发现),浸入结晶器钢液中的水口下部结瘤物,会造成注入结晶器的钢液偏流,改变了钢液流动方式,容易导致液面波动及钢液卷渣情况的发生。同时,聚集成菜花头形状的结瘤物往往变大脱落后,进入结晶器。某厂浸入式水口结瘤物的成分见表5-13。

表 5-13 水口下部结瘤物的成分   (%)

成 分	Al_2O_3	CaO	FeO	SiO_2	MgO	MnO	S
含 量	57.0	20.60	1.6	5.5	3.9	0.45	0.10

由分析成分可以看出,主要为以 Al_2O_3 和部分铝酸钙夹杂物为主。

5.4.6.8 进入结晶器内的结瘤

钢水中 Al_2O_3 夹杂析出以后,存在于流动的钢液中。此外钢水中还产生一些夹杂物,钢包耐火材料中的引流砂、包衬、钢渣也带入部分外来夹杂物进入钢液,这些夹杂物主要

有 SiO_2、Fe_2O_3、MgO、硫化物等。这些夹杂物可以成为内生夹杂物 Al_2O_3 沉淀析出的异相形核核心，并聚集形成大的夹杂颗粒。这些大颗粒互相积聚，形成水口菜花头。随着在水口头部积聚成菜花头形状的结瘤物变大并被钢水冲掉脱落后，进入结晶器，再与结晶器内的其他氧化物积聚，导致在结晶器内形成块状。此类块状夹杂极易被冲入结晶器液相穴深处，而不能上浮，残留在铸坯中成为产品中的夹杂物。某厂含铝钢浇注过程中结晶器块状物的成分见表 5-14。

表 5-14　结晶器中脱落的结瘤物的成分　　　　　　　　　（%）

成　分	Al_2O_3	CaO	FeO	SiO_2	MgO	MnO	S
含　量	56.2	21.60	4.0	6.8	3.5	0.38	0.09

从上面的分析可知，造成结瘤的主要原因是钢中 Al_2O_3 的含量较高造成的，如果减少 Al_2O_3 的量，或者 Al_2O_3 将转变为低熔点的液态物质，就不会影响连铸机的正常浇注。结瘤的部位，往往是钢液流动速度较为缓慢的部位。对如图 5-18 所示的浸入式水口，结瘤的位置是图中水口内径发生改变的位置，即图 5-18（a）中的底部凹进去的部位，图 5-18（b）和图 5-18（c）中水口内径凸出部位的"产生台阶的拐弯处"。

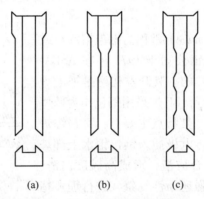

图 5-18　浸入式水口的结瘤位置
（a）普通水口；（b）单环阶梯水口；（c）双环阶梯水口

学习重点与难点

学习重点：初级工学习重点是掌握喂线精炼工艺参数、设备检查要求；中级工学习重点是理解讲述夹杂物变性原理；高级工学习重点是能够根据生产实际确定工艺参数，处理各种生产事故。

学习难点：连铸水口絮流套眼原因、喂线量确定。

思考与分析

1. 钢包喂线的作用是什么，它有什么工艺特点？
2. 喂线工艺对包芯线质量有什么要求？
3. 喂线精炼有哪些工艺参数，钢水喂线量如何确定，喂线速度快慢对生产有何影响，为什么要求导线管与钢水液面垂直？
4. 喂线精炼设备检查何时进行，有什么要求，设备更换条件是什么？

6　LF

教学目的与要求

1. 叙述 LF 炉精炼要素，掌握精炼工艺物化反应的基本知识，尤其是脱硫、脱氧理论。

2. 根据钢水条件和质量要求确定 LF 炉精炼工艺生产参数，保证工艺效果。尤其注意电极抽头、渣料加入量、吹氩流量等参数。

3. LF 炉精炼工艺的设备检查要求与更换条件。

4. 能够根据生产实际确定工艺参数，处理各种生产事故。

LF 炉（英文名 Ladle Furnace）常称为钢包精炼炉或钢包炉，是由日本大同特殊钢公司于 1971 年在 ASEA-SKF 精炼法的基础上研制成功的。其开发初意是把电炉中的还原操作移到钢包中进行，LF 炉采用钢包作为精炼容器，多采用埋弧精炼操作。其特点主要有：将初炼炉内熔炼的钢水送入钢包，再将电极插入钢包钢水上部炉渣内通电并产生电弧，加入合成渣，形成高碱度白渣，用氩气搅拌，使钢包内保持强还原性气氛，进行埋弧精炼（图 6-1）。由于吹氩搅拌加速了渣—钢之间的化学反应，用电弧加热进行温度补偿，可以保证较长的精炼时间，从而使钢中的氧、硫含量降低（硫大约最低可到10ppm，总氧可到 25ppm 以下）。LF 钢包精炼炉设备投资较少，操作灵活和精炼效果好，可显著提高车间产量，此法广泛应用于转炉炼钢车间，与转炉配合生产，可以在浇注（铸）前有效地均匀和调节钢水温度、成分，从而使得转炉炼钢厂可以用较低的成本生产质量极高的钢材产品。

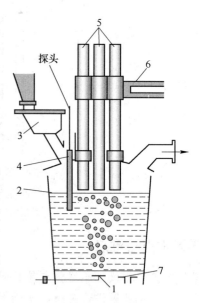

图 6-1　LF 炉示意图

1—底吹氩；2—钢包；3—加料装置；
4—测温取样设备；5—电极；
6—除尘设备；7—滑动水口

据不完全统计，2002 年全世界共有 LF 钢包炉 300多台。从 1980 年西安电炉研究所自行设计第一台 40t LF 起，至 1999 年重庆钢铁研究院自行设计并成套向宝钢一炼钢提供 1 台 300t LF 顺利建成投产，我国 LF 的国产化取得了长足的进步。到 2007 年底，我国 LF 装置达 295 台。宝钢一炼钢的 300t LF 炉已成为生产低硫管线钢的重要手段。生产的 X70 钢，LF 处理的钢水［S］< 0.002%。宝钢集团五钢公司，自 1982 年建成 LF 以来，经 LF 处理的轴承钢已达到瑞典 SKF 的质量水平，年处理量已超

过 10 万吨，处理品种达 30 多个；LF 平均处理时间 30~40min，每吨钢耗电量在 20kW·h 以下；经 LF 处理的轴承钢[O] <0.002%，还成功利用 LF 精炼生产了超低碳不锈钢。LF 炉在我国的炉外精炼设备中已占据主导地位，国内外典型钢厂 LF 精炼设备配置情况见表6-1。

表 6-1　典型 LF 精炼设备配置情况

项　目		珠钢公司炼钢厂	大同公司涩川厂	日本钢公司八幡厂	德国纳尔钢厂	丹麦轧钢公司	日本铸锻件户佃厂	三菱公司东京厂	宝钢一炼钢
容量	额定值/t	150	30	60	45	110	150	50	300
	实际/t	110~150	18~33	60			100~150	45~50	250~300
电气设备	变压器/MVA	20	5	6.5	8(18)①	15(40)①	6	7.5	45
	二次电压/V	240/380	235/85	225/75	143/208	175/289	275/110	250/102	335~535
	额定二次电流/A	38000	14400	28860	23000	30000	17000	17320	13500~59700
	电极直径/mm	406	254	356	300	400	356	305	500
	电极极心圆直径/mm	700	600	810	600	700	940	900	1100
钢包参数	炉壳直径/mm	3756	2400	2600	2550	3310	3900	2924	
	内径/mm		1948	2070			3164	2430	4100
	总高度/mm	5210	2500	3150	2300	3470	4330	3040	
	内高/mm		2195	2740			4000	2770	4249
	熔池深度/mm		1402 (30t)	2340 (60t)			2754 (150t)	1348 (45t)	
升温速率/℃·min⁻¹		5			6	4			5

① 配用变压器容量分别为 18MVA、40MVA，而实际使用 8MVA、15MVA。

练习题

1. LF 炉精炼主要作用是（　　）、脱硫、去夹杂、精确地控制钢水成分和均匀成分、温度等。B

   A. 脱碳　　　　　B. 脱氧　　　　　C. 脱磷　　　　　D. 脱气

2. LF 原文为 Ladle Furnace，即真空精炼装置。（　　）×

3. LF 原文为 Ladle Furnace，是 1971 年日本特殊钢公司开发的钢包炉精炼法。（　　）√

4. LF 炉有如下四个独特的精炼功能，它们是白渣精炼、氩气搅拌、炉内还原气氛、（　　）。D

   A. 真空脱气　　　B. 合金微调　　　C. 炉盖保温　　　D. 埋弧加热

5. （多选）炉外精炼的主要加热方式包括（　　）。BD

   A. 电阻加热　　　B. 电弧加热　　　C. 吹氮加热　　　D. 化学加热

6. （多选）炉外精炼加热方式分为（　　）。AB

   A. 物理加热　　　B. 化学加热　　　C. 高温加热　　　D. 中温加热

7. 钢包底吹氩气的方法是由日本特殊钢公司开发的，并与 LF 炉同时得到应用。（　　）√

6.1 LF 精炼基础

6.1.1 精炼电弧加热要素

LF 精炼炉采用三根石墨电极进行加热,加热时电弧插入渣层中采用埋弧加热,埋弧加热辐射热小,对钢包包衬有很好的保护作用,与此同时加热的热效率较高,热利用率好,通常升温幅度能达到 3~5℃/min,可以大大降低初炼炉的出钢温度,同时考虑到 LF 炉进行的是电极物理升温,避免了如 RH-OB 升温所产生大量 Al_2O_3 夹杂对钢内在质量的影响。

碳与渣中氧化物主要发生如下反应:

$$[C] + (FeO) = [Fe] + \{CO\}$$

$$[C] + (MnO) = [Mn] + \{CO\}$$

其结果不仅使渣中不稳定的氧化物减少,提高了炉渣的还原性,而且还可提高合金元素的吸收率,合金元素的吸收率不仅高于转炉出钢脱氧合金化,较电炉单独冶炼有了较大程度的提高。碳与氧化物作用的另一结果是生成 CO 气体,CO 的生成使 LF 炉内气氛具有还原性,钢液在还原性气氛下精炼,可进一步提高质量。

6.1.2 精炼渣洗及还原渣精炼要素

LF 炉是利用白渣进行精炼的,它不同于主要靠真空脱气的其他精炼方法。白渣在 LF 炉内具有很强的还原性,这是 LF 炉内良好的还原气氛和氩气搅拌相互作用的结果。通过白渣的精炼作用可以降低钢中氧、硫及夹杂物的含量。

要保证白渣精炼效果,必须保证炉渣性质,具体见《炼钢生产知识》相关章节,但是炉渣碱度、氧化性、曼内斯曼指数等性质是保证精炼效果的关键。

6.1.2.1 炉渣的酸碱性

A 炉渣碱度

熔渣中碱性氧化物浓度总和与酸性氧化物浓度总和之比称为熔渣碱度。常用符号 R 表示,即:

$$R = \frac{碱性氧化物浓度总和}{酸性氧化物浓度总和} \tag{6-1}$$

二元碱度:

$$R = \frac{(CaO)}{(SiO_2)} \tag{6-2}$$

或

$$R = \frac{x(CaO)}{x(SiO_2)} \tag{6-3}$$

三元碱度:

$$R = \frac{(CaO) + (MgO)}{(SiO_2)} \tag{6-4}$$

或

$$R = \frac{x(CaO) + x(MgO)}{x(SiO_2)} \tag{6-5}$$

四元碱度:

$$R = \frac{(CaO) + (MgO)}{(SiO_2) + (P_2O_5)} \tag{6-6}$$

或

$$R = \frac{x(CaO) + x(MgO)}{x(SiO_2) + x(P_2O_5)} \tag{6-7}$$

式中，(CaO)、(SiO_2) 等为熔渣中 CaO、SiO_2 等成分的质量分数浓度；$x_{(CaO)}$、$x_{(SiO_2)}$ 等为熔渣中 CaO、SiO_2 等成分的摩尔分数浓度。

熔渣的 $R < 1.0$ 为酸性渣，由于 SiO_2 含量高，高温下可拉成细丝，所以称为长渣，冷却后呈黑亮色玻璃状。当 $R > 1.0$ 为碱性渣，相对长渣，碱性渣称为短渣。

炼钢熔渣碱度 $R \geqslant 3.0$。

同一种金属元素的氧化物在高价时显酸性，在低价时显碱性，如 Fe、FeO、Fe_2O_3 等。氧化物的酸碱性如下：

$$CaO \quad MnO \quad FeO \quad MgO \quad CaF_2 \quad Fe_2O_3 \quad TiO_2 \quad Al_2O_3 \quad SiO_2 \quad P_2O_5$$

$$\uparrow$$

碱性增强 ←———— 中性 ————→ 酸性增强

利用氧化物酸碱性的大小，可以判断简单氧化物与复杂氧化物之间化学反应平衡移动的方向。CaO 比 FeO 碱性强，所以 CaO 能从 $2FeO \cdot SiO_2$ 中置换 FeO，使之成为自由氧化物：

$$(2FeO \cdot SiO_2) + 2(CaO) \rule[0.5ex]{2em}{0.4pt} (2CaO \cdot SiO_2) + 2(FeO)$$

炉渣的酸碱性取决于其中占优势的氧化物是酸性还是碱性，熔渣的酸碱性通常利用碱度表示。

划分渣酸碱性的标准：以 $R = 2$ 为界，$R < 2$ 为酸性渣，$R > 2$ 为碱性渣。

B 光学碱度

光学碱度利用探针离子的信息表示炉渣中的相对"自由"氧离子，是一种表达炉渣碱度的有效方法。

光谱线中测定氧化物的氧释放电子的能力与 CaO 中的氧释放电子的能力之比，称为该氧化物的理论光学碱度。

炉渣的光学碱度即可通过测量而得到，也可由炉渣的化学成分计算出来；很多结果表明，在炼钢的渣剂控制模型中，利用光学碱度比一般碱度更能可靠地控制冶炼的化学成分（如脱硫、回磷分析）。

硫容量与光学碱度的关系如下：

氧化物的光学碱度为：

$$\Lambda_A = 0.74/(x - 0.26) \tag{6-8}$$

式中 x——阳离子电负性。

炉渣的光学碱度为：

$$\Lambda = X_A \Lambda_A + x_B \Lambda_B + \cdots \tag{6-9}$$

炉渣的硫容量为：

$$\lg C_S = 12.6\Lambda - 12.3 \tag{6-10}$$

C 过剩氧化钙

过剩氧化钙是将各种碱性氧化物折合成 CaO 含量，减去与酸性氧化物结合的碱性氧化物量：

$$(CaO)_u = (CaO) + 1.4(MgO) - 1.86(SiO_2) - 0.55(Al_2O_3) \qquad (6\text{-}11)$$

练习题

1. （多选）以下（　　）是正确的碱度表示方法。AC
   A. CaO/SiO$_2$　　B. SiO$_2$/CaO　　C. CaO/(SiO$_2$+P$_2$O$_5$)　　D. (P$_2$O$_5$)/[P]

2. 炉渣碱度是指（　　）比值。A
   A. CaO/SiO$_2$　　B. SiO$_2$/CaO　　C. CaS/[FeS]　　D. (P$_2$O$_5$)/[P]

3. （多选）关于炉渣碱度叙述，正确的是（　　）。CD
   A. 炉渣的 $R<1.0$ 时为碱性渣，由于 SiO$_2$ 高，高温下能拉成细丝
   B. 炉渣的 $R>1.0$ 时为酸性渣，相对于长渣，酸性渣为短渣
   C. 炉渣碱度是保证转炉脱 Si、脱 P 以及杂质元素的必要条件
   D. 炼钢炉渣的碱度要求 $R>3.0$

4. （多选）熔渣的 $R>1$ 时为（　　）。BC
   A. 酸性渣　　B. 短渣　　C. 碱性渣　　D. 长渣

5. （多选）熔渣的 $R<1$ 时为（　　）。AD
   A. 酸性渣　　B. 短渣　　C. 碱性渣　　D. 长渣

6. （多选）氧气顶吹转炉炼钢炉渣属于（　　）。AD
   A. 高碱度渣　　B. 中碱度渣　　C. 还原渣　　D. 氧化渣

7. 炉渣碱度越高越好。（　　）×

8. 炉渣的碱度小于 1.0 时，通常称为碱性渣。（　　）×

9. 炉渣碱度是渣中全部酸性物与全部碱性物之比。（　　）×

10. 炉渣的碱度是渣中全部酸性氧化物与全部碱性氧化物之比。（　　）×

11. 碱度是炉渣中酸性氧化物与碱性氧化物总和的比值。（　　）×

12. 炼钢炉渣碱度一般用渣中氧化钙浓度与二氧化硅浓度的比值表示。（　　）√

13. 计算炉渣碱度的公式是 $R=CaO/SiO_2$。（　　）√

14. 炉渣的化学性质只是指炉渣碱度。（　　）×

15. 炉渣碱度等于 1.2 时称中碱度渣。（　　）×

16. 随着渣中 CaO 含量的增高，使一大部分（MnO）处于游离状态，并且随着熔池温度的升高，锰发生逆向还原。（　　）√

17. 炉渣碱度 $R>1$ 是（　　）渣。C
   A. 氧化　　B. 还原　　C. 碱性　　D. 酸性

18. 炉渣碱度等于 1.4 时称（　　）渣。A
   A. 低碱度　　B. 中碱度　　C. 高碱度

19. 炉渣碱度是指（　　）。B
   A. 铁的氧化物浓度总和与酸性氧化物总和之比
   B. 碱性氧化物浓度总和与酸性氧化物浓度总和之比

C. 氧化钙浓度与酸性氧化物浓度总和之比

D. 氧化钙浓度与氧化磷浓度之比

20. 炉渣中具有足够的（　　）有利于去除金属液中的硫、磷。A

A. 碱度和流动性　　　　B. 温度和氧化性　　　　C. 碱度和温度

6.1.2.2　氧化性和还原性

根据（FeO）＝[Fe]＋[O]进行的方向，可以判断渣的氧化还原性：

当（FeO）＝[Fe]＋[O]反应向右进行，能够向与之接触的金属液供给氧[O]，而使金属液内溶解元素发生氧化的熔渣称为氧化渣；反应向左进行，能够使金属液中溶解氧量减小，以氧化铁（或 $Fe^{2+} \cdot O^{2-}$ 离子团）进入其内的熔渣称为还原渣。

衡量熔渣氧化还原性的依据是熔渣中的（ΣFeO）。具有还原性的高炉渣中（ΣFeO）＜1％；氧化性较强的炼钢渣中（ΣFeO）＝10％~25％。

影响熔渣氧化性的因素：a_{FeO} 增加，熔渣的氧化性提高；Fe_2O_3 含量提高，a_{FeO} 增加，熔渣的氧化性提高；$R=2$ 时，a_{FeO} 最大，熔渣的氧化性增强。

熔渣的氧化性是指熔渣向金属熔池传氧的能力，即单位时间内自熔渣向金属熔池供氧的数量。

由于氧化物分解压不同，在炼钢温度下，只有（FeO）、（Fe_2O_3）和（MnO）才能向钢中传氧，而（Al_2O_3）、（SiO_2）、（MgO）、（CaO）等不能传氧。

熔渣氧化性的表示方法很多，最简单的是以熔渣中氧化铁含量表示。一般是将（Fe_2O_3）折合成（FeO）：

其一为全氧法：

$$（ΣFeO）＝（FeO）＋1.35×（Fe_2O_3） \tag{6-12}$$

式中　1.35——1g Fe_2O_3 中的氧相当于1.35g FeO中的氧。

设1g（Fe_2O_3）可生成 xg 的（FeO）：

$$Fe_2O_3 ＋ Fe ＝ 3FeO$$
$$2×56＋3×16 \qquad\qquad 3×(56＋16)$$
$$1 \qquad\qquad\qquad x$$

$$x=\frac{3×72}{160}=1.35g$$

其二为全铁法：

$$（ΣFeO）＝（FeO）＋0.9×（Fe_2O_3） \tag{6-13}$$

式中　0.9——1g（Fe_2O_3）中的铁折合成（FeO）中的铁 $\frac{2×(56＋16)}{2×56＋3×16}=0.9$。

目前熔渣氧化性以熔渣中的铁含量 TFe 表示：

$$TFe＝9.78×（FeO）＋0.7×（Fe_2O_3） \tag{6-14}$$

式中　0.78——1g（FeO）中含铁 $\frac{56}{56＋16}=0.78g$；

0.7——1g Fe_2O_3 含铁 $\frac{2×56}{2×56＋3×16}=0.7g$。

根据熔渣的分子理论，部分氧化铁会以复杂分子形式存在，不能直接参加反应，用熔渣中的氧化铁活度表示熔渣氧化性更精确：

$$a_{FeO} = \frac{[O]}{[O]_{饱和}} \tag{6-15}$$

式中　　[O]——钢中 O 的质量分数浓度；

[O]$_{饱和}$——钢中氧的饱和质量分数浓度，它与温度间的关系是 $\lg[O]_{饱和} = 2.734 - \frac{6320}{T}$，1600℃下，[O]$_{饱和}$ =0.23%。

练 习 题

1. 炉渣的化学性质是指（　　）。C

　A. 炉渣黏度、表面张力　　　　　　B. 炉渣碱度、炉渣黏度

　C. 炉渣碱度、炉渣氧化性　　　　　D. 炉渣成分、炉渣温度

2. 炉渣氧化性强则合金吸收率高。（　　）×

3. 炼钢生产中，炉渣不仅没有向金属熔池中供氧的能力，还可能使金属中氧转向炉渣，这种渣称为氧化渣。（　　）×

4. 炉渣的化学性质包括炉渣氧化性。（　　）√

5. 炉渣的氧化性强则钢液氧含量低。（　　）×

6. 炉渣氧化能力是指炉渣向熔池传氧的能力。（　　）√

7. 炉渣的氧化能力通常用（∑FeO）表示，其具体含义为(FeO)+1.35(Fe$_2$O$_3$)。（　　）√

8. 炉渣的氧化性是指炉渣所具备的氧化能力大小。（　　）√

9. 炉渣氧化金属溶液中杂质的能力称为炉渣的氧化性。（　　）√

10. 炉渣的氧化能力是指炉渣所有的氧化物浓度的总和。（　　）×

11. 扩散脱氧温度一定，反应达到平衡时，渣中氧浓度降低可带来钢中氧浓度降低。（　　）√

12. 炉渣氧化性用渣中（　　）代表。C

　A. R　　　　　　　　　　B. Fe　　　　　　　　　　C. TFe

13. 炉渣的氧化能力通常用（∑FeO）表示，其具体含义为（　　）。A

　A. (FeO%)+1.35(Fe$_2$O$_3$%)　　B. FeO%　　　　　　C.(Fe%)×1.287

14. 炉渣氧化性用渣中（　　）代表。B

　A. R　　　　　　　　　　B. ∑FeO　　　　　　　　C. MgO

15. 在炼钢生产实践中，一般炉渣的氧化性是指（　　）。C

　A. 渣中氧化钙、氧化镁、氧化亚铁、三氧化二铁、氧化锰、五氧化二磷等氧化物中氧含量的总和

　B. 渣中氧化钙、氧化镁中浓度的总和

　C. 渣中氧化亚铁、三氧化二铁浓度的总和

16. 在炼钢生产实践中，一般炉渣的氧化性是指渣中（　　）。C

A. (CaO)、(MgO)、(FeO)、(Fe$_2$O$_3$)、(MnO)、(P$_2$O$_5$) 等氧化物中氧含量的总和

B. (CaO)、(MgO) 浓度的总和

C. (FeO)、(Fe$_2$O$_3$) 浓度的总和

17. 渣中氧化性 TFe 是 (　　)。C

　　A. (FeO) + (Fe$_2$O$_3$)　　　　　　　　B. (FeO) + 1.35(Fe$_2$O$_3$)

　　C. 0.78(FeO) + 0.7(Fe$_2$O$_3$)　　　　　D. 0.7(FeO) + 0.78(Fe$_2$O$_3$)

18. 熔渣氧化性的表示方法很多，最简单的是以熔渣中氧化铁含量表示。一般采用把 (Fe$_2$O$_3$) 折合成 (FeO)，采用全铁，则 (　　)。D

　　A. (ΣFeO) = (FeO) + (Fe$_2$O$_3$)　　　　B. (ΣFeO) = (FeO) + 0.9(Fe$_2$O$_3$)

　　C. (ΣFeO) = 0.78(FeO) + 0.7(Fe$_2$O$_3$)　　D. TFe = 0.78(FeO) + 0.7(Fe$_2$O$_3$)

19. 下列氧化物中，氧化性最强的是 (　　)。B

　　A. MnO　　　　　B. FeO　　　　　C. SiO$_2$

20. 在同样 (ΣFeO%) 条件下炉渣碱度 R = (　　) 左右时，炉渣氧化性最强。B

　　A. 1　　　　　B. 2　　　　　C. 3　　　　　D. 4

21. 1600℃时某炉渣下金属中测得氧含量为 0.10%，此时钢水氧的饱和浓度为 0.23%，则该炉渣中 a(FeO) 为 (　　)。D

　　A. 0.123　　　B. 0.23　　　C. 0.10　　　D. 0.435

　　(a(FeO) = [O]$_{实际}$/[O]$_{饱和}$ = 0.10%/0.23% = 0.435)

22. (多选) 炉渣的氧化性强有利于 (　　)。AB

　　A. 脱碳　　　　B. 脱磷　　　　C. 脱硫　　　　D. 脱氧

23. (多选) 炉渣氧化性的表示方法有 (　　)。AC

　　A. (ΣFeO) = (FeO) + 1.35(Fe$_2$O$_3$)　　　B. (ΣFeO) = (Fe$_2$O$_3$) + 1.35(FeO)

　　C. TFe = 0.78(FeO) + 0.7(Fe$_2$O$_3$)　　　D. TFe = 0.7(FeO) + 0.78(Fe$_2$O$_3$)

24. (多选) 炉渣氧化性表示方法有 (　　)。ABCD

　　A. 单氧化铁　　　　　　　　　　B. 全氧法

　　C. 全铁法　　　　　　　　　　　D. 氧化亚铁和三氧化二铁之和

25. (多选) 炼钢炉渣成分中 (　　) 属于传氧氧化物。CD

　　A. CaO　　　　B. SiO$_2$　　　　C. Fe$_2$O$_3$　　　　D. FeO

6.1.2.3　容量性质

熔渣具有的容纳或溶解 S、P、N、H 等有害物质的能力称为炉渣的容量性。炉渣的硫容量、磷容量越高，炉渣的脱硫、脱磷能力越强。

6.1.2.4　曼内斯曼指数

为了表征炉渣的流动性，学术界引入了曼内斯曼 (Mannesman) 指数的概念描述炉渣的流动性。曼内斯曼指数也称为渣指数，用 MI 表示。它是表征炉渣在保证一定碱度下，使炉渣具有适宜的流动性的一个冶金参数。其定义为：

$$MI = (CaO)/(SiO_2)/(Al_2O_3) \qquad (6-16)$$

钢渣中，CaO、SiO$_2$、Al$_2$O$_3$ 它们之间相互影响，互相配合。碱度高了，渣的流动性不

好，影响脱硫；但是加入 Al_2O_3 可以改变其流动性。所以渣指数对脱硫来说是很重要的。文献中推荐 MI 渣指数在 $0.25 \sim 0.3$ 脱硫效率最高，MI 对脱硫能力的影响见图 6-2。

由图可见，曼内斯曼指数在 $0.25 \sim 0.40$ 时，硫分配比 L_S 处于较高水平，与此对应的 Al_2O_3 含量为 $10\% \sim 15\%$。

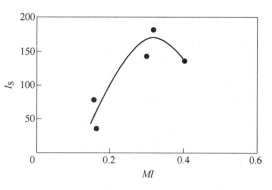

图 6-2 CaO-MgO-Al$_2$O$_3$-SiO$_2$-CaF$_2$渣系
炉渣系数 MI 对硫分配系数 L_S 的影响

6.1.2.5 泡沫渣

进入熔渣内的不溶解气体分散在熔渣中形成无数小气泡时，使熔渣的体积膨胀，形成被液膜隔离的密集排列的气孔状结构，此时的熔渣称为泡沫渣。

促进作用：渣钢起沫对形成乳浊液有好处，增大了渣钢两相界面，促进了气—渣—金属液间的反应，对于 LF 炉可保护电弧，减少热损失，减少包衬蚀损。

不利影响：转炉炼钢产生过度的泡沫渣能够引起渣钢喷溅或从炉口溢出、黏附氧枪头等问题；高炉内形成泡沫渣使高炉下部炉料的透气性恶化；泡沫渣进入渣罐使渣罐的利用率降低；精炼炉泡沫渣严重也会造成溢渣。

形成泡沫渣的必要条件为：

（1）熔渣中存在不溶性气体。

（2）熔渣的 σ/η 比小。σ/η 越小，气泡越容易形成，而且形成的气泡越稳定，这是因为 σ 小意味着生成气泡的能耗小，气泡易于形成，η 大则气泡的稳定性越高。

（3）熔渣的乳化性能：熔渣的乳化是熔渣能以液珠状分散在铁液中形成乳状液，影响熔渣在金属液中乳化的主要因素是熔渣的表面张力和金属—熔渣的界面张力：

$$S = \sigma_m - \sigma_s - \sigma_{ms} \tag{6-17}$$

式中 S——乳化系数（描述熔渣在钢液中的乳化趋势）；

σ_m——金属液和熔渣的表面张力；

σ_s——金属液和熔渣的表面张力；

σ_{ms}——金属—熔渣的界面张力。

熔渣的表面张力、金属—熔渣的界面张力越小，乳化系数 S 越大，熔渣越容易在金属液中乳化，有利于渣—金反应进行。为了使熔渣—金属液分离，例如夹杂物的上浮去除，乳化系数 S 越小越好。

✎ 练 习 题

1. 采用电石、SiC 作发泡剂，可保证精炼后期具有显著的发泡效果。（　　）×

2. 采用泡沫渣操作会增大炉渣对钢包耐火材料的侵蚀程度。（　　）×

3. 采用泡沫渣操作可减小钢包耐火材料的侵蚀。（　　）√

4. 采用泡沫渣埋弧操作，可减小电弧对钢包耐火材料的辐射。（　　）√

5. 对于泡沫渣，表面张力较低的炉渣有利于泡沫化的形成和稳定。（　　）√

6. 对于泡沫渣，炉渣黏度大有利于延长气泡在炉渣中的滞留时间。（　　）√

7. 碳化物发泡剂比碳酸盐发泡剂有利于延长炉渣泡沫化的持续时间。（　　）√

8. 温度降低对精炼渣泡沫化指数的影响是（　　）。A

    A. 增加　　　　　　　B. 降低　　　　　　　C. 没有影响

9. 相同质量的下列物质用作发泡剂时，产生气体体积由大到小排列正确的是（　　）。D

    A. 电石 > 焦炭 > SiC　　　　　　　　　B. 电石 > SiC > 焦炭

    C. 焦炭 > SiC > 电石　　　　　　　　　D. 焦炭 > 电石 > SiC

10. 相同质量的下列物质用作发泡剂时，产生气体体积最大的是（　　）。A

    A. 焦炭　　　　　B. SiC　　　　　C. 电石　　　　　D. $CaCO_3$

11. （多选）操作条件对炉渣泡沫化程度的影响中，下列说法正确的是（　　）。AC

    A. 温度降低会增加精炼渣的泡沫化指数

    B. 温度升高会增加精炼渣的泡沫化指数

    C. 气泡尺寸减小会提高精炼渣的泡沫化指数

    D. 气泡尺寸增大会提高精炼渣的泡沫化指数

12. （多选）下列（　　）物质可用作精炼渣泡沫化发泡剂原料。ACD

    A. SiC　　　　　B. NaCl　　　　　C. 焦炭　　　　　D. $CaCO_3$

13. （多选）下列（　　）物质可用作精炼渣泡沫化发泡剂原料。ABC

    A. 焦炭　　　　　B. SiC　　　　　C. 电石　　　　　D. 硅铁粉

14. （多选）关于泡沫渣，下列说法正确的是（　　）。ABC

    A. 炉渣的发泡效果从发泡高度和持续时间两方面考虑

    B. 表面张力较低的炉渣有利于泡沫化的形成和稳定

    C. 较低的炉渣密度有利于炉渣发泡和泡沫渣的稳定

    D. 较高的炉渣密度有利于炉渣发泡和泡沫渣的稳定

6.1.3　脱硫与回磷

6.1.3.1　脱硫

对于常见钢种，硫原则上是炼钢要去除的有害元素之一。

硫在钢中以 [FeS] 形式存在。硫会造成钢的"热脆"。FeS 熔点为 1193℃，而 Fe 与 FeS 组成的共晶体，其熔点只有 985℃。液态铁中 Fe 与 FeS 可以无限互溶，但 FeS 在固态铁的溶解度很小，仅为 0.015% ~ 0.020%。所以当钢的硫含量超过 0.02% 时，钢水在冷凝过程中，由于偏析，Fe-FeS 以低熔点的共晶体呈网状集中分布于晶界处；钢的热加工温度在 1250 ~ 1350℃，在此温度下晶界处共晶体熔化，受压后造成晶界处的破裂，这就是钢的"热脆"；当钢中氧含量较高时，FeO 与 FeS 形成的共晶体熔点更低，只有 940℃，会加剧钢的"热脆"现象。

除此之外，硫会明显地降低钢的焊接性能，引起高温龟裂，并使金属焊缝中产生许多气孔和疏松，从而降低焊缝处的强度；当其含量超过 0.06% 时，显著恶化了钢的耐腐蚀性；对于工业纯铁和硅钢来说，随着钢中 S 含量的提高磁滞损失增加，影响钢的电磁性能；同时，铸坯（锭）凝固结构中硫的偏析最为严重。

但是，有些钢种硫是作为合金元素加入的。例如，硫易切钢则要求[S] = 0.08% ~ 0.20%，甚至高达0.30%。

练习题

1. 钢材在高温条件下受力而发生晶界破裂从而产生热脆现象是因为钢中含（　　）。C

　　A. H　　　　　　　　　B. P　　　　　　　　　C. S

2. 通常规定钢中锰硫比应大于（　　）。C

　　A. 5　　　　　　　　　B. 10　　　　　　　　　C. 15

3. 硫在钢中是以 FeS 和 MnS 形态存在，当钢水凝固时，FeS 和 Fe 形成低熔点共晶体，熔点是（　　）℃。B

　　A. 895　　　　　　　　B. 985　　　　　　　　C. 1050

4. "热脆" 现象是指钢材在高温条件下受力而发生晶界破裂的现象。（　　）√

5. 硫是钢中偏析度最小的元素，因而影响了钢材的使用性能。（　　）×

　　A　脱硫反应式

硫在钢中以 FeS 形式存在，FeS 既溶于钢液，又溶于熔渣中。脱硫的基本反应是：首先钢液中硫扩散至熔渣中，[FeS] → (FeS)；而后与熔渣中 CaO 或 MnO 结合成稳定的、只熔于熔渣的 CaS 或 MnS。因此，脱硫反应式是：

$$[FeS] = (FeS)$$
$$+)\ (FeS) + (CaO) = (CaS) + (FeO)$$

总反应式是：　　　　　　$$[FeS] + (CaO) = (CaS) + (FeO)$$

或　　　　　　　　　　　$$[FeS] + (MnO) = (MnS) + (FeO)$$

上述反应均为强吸热反应。

　　B　脱硫条件

从熔渣脱硫的基本反应方程式分析平衡移动条件可知，高 (CaO)、高温、低 (FeO)，有利于平衡向右移动，有利于脱硫。脱硫也是界面反应，因此熔渣必须有良好流动性，充分的熔池搅拌，以加快其扩散速度和反应速度；适当的大渣量对脱硫也有利。

高温不仅有利于石灰的渣化，还可改善熔渣流动性和加速扩散。

电炉和 LF 精炼炉还原渣 FeO 含量很低，电石渣中 TFe 约 0.3% ~ 0.5%，脱硫能力极强；然而，转炉冶炼为氧化性操作，熔渣 TFe 含量高达 25% ~ 30%；但 TFe 对石灰渣化、改善熔渣流动性却是有利的。转炉炼钢时碱性氧化渣，脱硫效果有限，最好采用铁水炉外脱硫技术。

练习题

1. 脱硫的热力学条件是（　　）。A
   A. 高温、高碱度、适量（FeO）和大渣量　　　B. 低温、高碱度、高（FeO）和大渣量
   C. 高温、低碱度、高（FeO）和大渣量

2. 脱硫的基本条件是（　　）。A
   A. 高温、高碱度、低氧化铁
   B. 低温、高碱度、高氧化铁
   C. 低温、低碱度、高氧化铁

3. 炉渣中（　　）含量高对脱硫有利。C
   A. 二氧化硅（SiO_2）
   B. 三氧化二铝（Al_2O_3）、五氧化二磷（P_2O_5）、氧化镁（MgO）
   C. 氧化钙（CaO）、氧化锰（MnO）

4. 高碱度、低氧化铁、高温、大渣量是去除（　　）的条件。B
   A. 磷　　　　　　B. 硫　　　　　　C. 硅　　　　　　D. 碳

5. （多选）炼钢脱硫的条件是（　　）。AD
   A. 高碱度　　　B. 低碱度　　　C. 高氧化性　　　D. 低氧化性

6. （多选）有利于脱硫的因素有（　　）。AB
   A. 适当高的温度　B. 高碱度　　　　C. 降低渣量　　　D.（FeO）含量高

7. 脱硫反应是吸热反应，所以温度升高有利于脱硫。（　　）√

8. 根据脱硫的热力学和动力学条件，转炉炉渣的氧化铁含量越低越有利于去硫。（　　）×

9. 高碱度、大渣量、高温和高氧化铁有利于去硫。（　　）×

10. 高温、适当低氧化亚铁、高碱度、大渣量有利于硫的去除。（　　）√

11. 因为高碱度对脱硫有利，所以碱度越高越好。（　　）×

12. 渣中 FeO 含量越高，越有利于脱硫。（　　）×

13. （多选）转炉冶炼终点 [S] 含量高的原因有（　　）。ABC
    A. 铁水、废钢硫含量超标　　　　　　　B. 造渣剂和冷却剂含硫高
    C. 冶炼操作不正常，化渣状况不好　　　D. 吹炼过程大喷，使钢水硫升高

14. （多选）关于精炼渣洗脱硫，下列说法正确的是（　　）。ABD
    A. 强化对炉渣和钢水的脱氧对脱硫有利　B. 较高的精炼温度有利于脱硫
    C. CaO 含量越高越有利于脱硫　　　　　D. 炉渣流动性好有利于脱硫

15. （多选）下列操作有利于精炼脱硫的是（　　）。ABCD
    A. 高温　　　　　B. 高碱度渣　　　C. 提高炉渣流动性
    D. 加强渣面脱氧，降低渣中（FeO）含量

16. （多选）保证 LF 炉去硫效果的条件包括（　　）。ABCD
    A. 高碱度渣、流动性好　　　　　　　B. 钢液、渣低氧化性
    C. 一定的钢液温度　　　　　　　　　D. 足够的氩气搅拌强度

17. （多选）LF炉精炼炉深脱硫渣属于（　　）。AC

  A. 高碱度渣 B. 低碱度渣 C. 还原渣 D. 氧化渣

18. （多选）$CaO-CaF_2$精炼渣系的特点是（　　）。ABC

  A. 有很强的脱硫、脱氧能力，硫容量较高

  B. 渣中CaF_2的主要作用是降低脱硫渣的熔点，改善渣的流动性

  C. 含CaF_2的炉渣对炉衬侵蚀严重

  D. 含CaF_2的炉渣有利于包衬寿命的提高

19. LF炉脱硫主要受钢水温度、搅拌、脱氧和（　　）条件的影响。D

  A. 抽头 B. 碳成分 C. 硅成分 D. 炉渣碱度

20. 脱硫反应$[FeS]+(CaO)=(CaS)+(FeO)$属于放热反应。（　　）×

21. 下列操作中，提高渣中（　　）对脱S有利。C

  A. SiO_2含量   B. MgO、Al_2O_3含量

  C. CaO、MgO含量   D. FeO、MnO含量

22. 需要深脱硫钢种，应补加合成渣提高碱度，并适当加大（　　）及提高钢液温度，保持还原气氛下一定的搅拌时间。A

  A. 底吹氩气流量 B. 钢水中氧含量 C. 渣中FeO含量

23. 渣子是黑色说明渣中含有高的（　　），可通过加Al、CaC_2、Fe-Si来降低。A

  A. $FeO+MnO$ B. $CaO+MgO$ C. 萤石 D. $SiO_2+Al_2O_3$

24. 精炼渣脱硫碱度过高反而不利于脱硫。（　　）√

-+-

  C　硫的分配系数

  按照平衡常数推导，在一定温度下，硫在熔渣与钢液中的溶解达到平衡时，其质量分数之比是一个常数，这个常数就称为硫的分配系数。其表达式为：

$$L_S = \frac{(S)}{[S]} \tag{6-18}$$

或者

$$L_S = \frac{(CaS)}{[FeS]} \tag{6-19}$$

  L_S只与温度有关，其数值越高，说明熔渣的脱硫能力越强。转炉炼钢过程硫的分配系数$L_S=7\sim10$，最高也只在$12\sim14$。但是，碱性电弧炉、LF炉还原渣，(FeO)极低，在$0.3\sim0.5\%$，此时L_S可达100；即使脱氧后的白渣，L_S也在$20\sim80$。说明还原渣脱硫能力强。

  脱硫效率是表述脱硫的程度。可用式（6-20）表达：

$$\eta_S = \frac{[S]_{原料}-[S]_{钢水}}{[S]_{原料}} \times 100\% \tag{6-20}$$

式中 $[S]_{原料}$——原料中S含量；

   $[S]_{钢水}$——冶炼结束钢中S含量。

练习题

1. LF 炉炼钢过程脱硫形式为（　　　）。C

   A. 搅拌脱硫　　　　　B. 还原脱硫　　　　　C. 炉渣脱硫　　　　　D. 扩散脱硫

2. 炉渣脱硫能力表示式是（　　　）。B

   A. $L_S = [S]/(S)$　　　　B. $L_S = (S)/[S]$　　　　C. $L_S = (S)/[S]^2$

3. 若硫的分配系数小于 10，根据分配定律，石灰中硫含量为 0.040%，冶炼终点硫含量上限为 0.005% 的钢理论上是（　　　）。A

   A. 可行的　　　　　B. 不可行的　　　　　C. 无法判定的

4. 若硫的分配系数小于 10，根据分配定律，冶炼终点硫含量上限为 0.003% 的钢，从理论上应选择石灰中硫含量小于（　　　）。C

   A. 0.050%　　　　B. 0.040%　　　　C. 0.030%　　　　D. 0.003%

5. 根据分配定律，渣中硫含量越高，钢中硫含量（　　　）。A

   A. 越高　　　　　B. 越低　　　　　C. 没有关系

6. 氧化钙（　　　）和硫化亚铁（　　　）起化学反应生成硫化钙（　　　）和氧化亚铁（　　　），该反应是（　　　）。D

   A. CaO；Fe_2S；CaS；Fe_2O；放热反应　　　　B. $CaOH$；FeS；$CaSO_2$；FeO；吸热反应
   C. CaO；FeS；CaS；FeO；放热反应　　　　D. CaO；FeS；CaS；FeO；吸热反应

7. 脱硫反应属于氧化反应。（　　　）×

8. 在硫分配系数一定的条件下，钢中的硫含量取决于炉料中的硫含量和渣量。（　　　）√

9. 温度一定，反应达到平衡时，渣中硫含量与钢中硫含量的比值是一个常数。（　　　）√

10. （多选）炼钢过程的（　　　）均应用分配定律。BC

    A. 脱碳反应　　　　　B. 脱硫反应　　　　　C. 扩散脱氧反应　　　　　D. 脱氮反应

11. 提高炉渣碱度有利于脱硫，不利于提高硫的分配比。（　　　）×

6.1.3.2　回磷现象

炉外精炼是一种还原气氛，在冶炼过程中，磷含量有所升高，严重时也有出格现象，这是由于出现了回磷现象。

A　回磷的原因

回磷就是磷从渣中返回钢液的现象。回磷反应是脱磷的逆反应。凡是不利于脱磷的条件都会促进回磷反应。在转炉出钢下渣量大，熔渣碱度及氧化铁含量降低、炉温过高等均会造成回磷现象。

B　回磷反应

由于脱氧，熔渣碱度、TFe 含量降低，会发生如下回磷反应：

$$2(FeO) + [Si] = (SiO_2) + 2[Fe]$$
$$(4CaO \cdot P_2O_5) + 2(SiO_2) = 2(2CaO \cdot SiO_2) + (P_2O_5)$$

分解出的（P_2O_5）可以被 Si、Mn、Al 等合金元素所还原。脱氧元素也可能直接还原磷。例如：

$$2(P_2O_5)+5[Si]\!\!=\!\!=\!\!5(SiO_2)+4[P]$$
$$(P_2O_5)+5[Mn]\!\!=\!\!=\!\!5(MnO)+2[P]$$
$$3(P_2O_5)+10[Al]\!\!=\!\!=\!\!5(Al_2O_3)+6[P]$$
$$3(4CaO\cdot P_2O_5)+10[Al]\!\!=\!\!=\!\!6[P]+5(Al_2O_3)+12(CaO)$$

C　预防回磷的措施

从精炼过称回磷的原因可以看出，采取挡渣出钢，出钢过程尽量避免下渣，挡渣不好尽早扒除钢包渣（见图6-3），出钢过程向钢水包中加小块清洁石灰，稠化包内熔渣，减弱反应能力等，保证精炼过程钢包渣碱度，避免精炼温度过高，适当缩短精炼时间，均可降低精炼过程回磷现象。

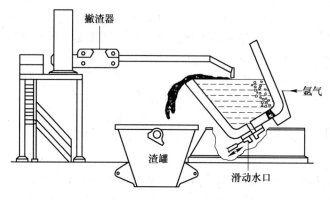

图6-3　钢包扒渣装置

练习题

1. 转炉出钢下渣过多，容易造成钢水（　　）。C

　　A. 回硫　　　　　　　B. 回硅　　　　　　　C. 回磷

2. 减少钢包内回磷的措施是（　　）。C

　　A. 把温度降到最低限度　　　　　　B. 把磷降到最低限度

　　C. 把出钢下渣量降到最低限度　　　D. 多加脱氧剂

3. 回磷的现象是由（　　）引起的。A

　　A. 高温　　　　　　　B. 低温　　　　　　　C. 与温度无关

4. HRB与Q235相比，出钢时HRB的回磷幅度比Q235要（　　）。A

　　A. 大　　　　　　　　B. 小　　　　　　　　C. 相同

5. 防止钢包回磷的主要措施有（　　）。B

　　A. 出钢过程向钢包内投入少量石灰粉，稠化炉渣，降低碱度

　　B. 挡渣出钢，控制下渣量

　　C. A和B均可

6.（多选）防止和减少钢包钢水回磷的方法和措施有（　　）。BC

　　A. 出钢过程严禁向钢包内加入钢包渣改质剂　　　B. 维护好出钢口，避免出钢下渣

　　C. 采取挡渣出钢，减少出钢带渣量　　　　　　　D. 增加硅铁加入量，提高脱氧效果

6.2 LF 炉精炼设备

6.2.1 LF 炉精炼设备检查

在处理钢水前需要对精炼设备进行检查，LF 精炼炉的机械设备包括钢包及钢包车、炉盖及升降（旋转）系统、电极加热系统（变压器、二次短网、导电横臂、石墨电极）、电极升降（旋转）系统、底吹供气系统、合金加料装置、冷却水系统、排烟除尘系统等其他辅助设备。图6-4 是 LF 炉设备示意图。

为保证 LF 炉精炼生产安全，精炼操作应注意以下几点：

（1）钢包炉周围防护栏不能随便打开，通电时操作人员严禁入内。

（2）送电加热时，严禁与电导体接触，严禁手动测温、取样、定氢、定氧、取渣样。

（3）插拔氩气管做好联系确认，插拔过程禁止对钢包操作。

（4）更换电极与热电极保持安全距离，联系确认炉下无人。

（5）有喷溅迹象迅速疏散人员，喷溅停止加热，提升包盖电极，降低吹氩流量。

（6）测温、取样、定碳、定氧，严禁无关人员在操作人员后方停留。

（7）炉下保持干燥。

（8）喂线机和丝卷周围 3m 不得站人，喂线导管需与升降导管对准，喂线操作防止钢液溅起烫伤。

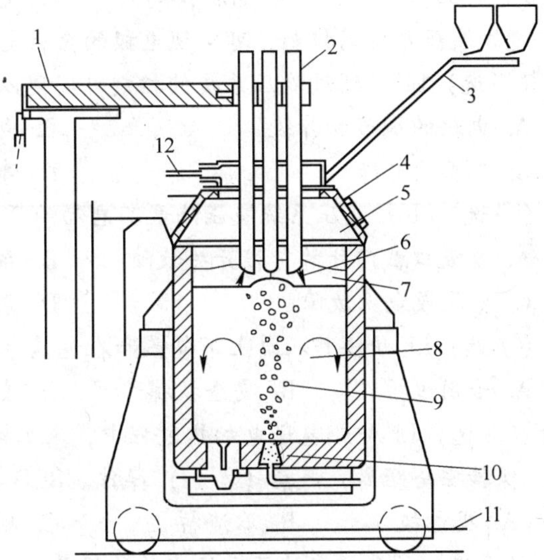

（9）高压吹氩前联系确认炉下无人。

在设备检查时特别要注意：

（1）水冷包盖防止漏水。

（2）拆时，先断进水，拆除进水管，自然泄水或吹气帮助泄水，拆除回水管。

（3）安装检查管、阀完好，堵塞情况，装回水管、进水管；开进水检查回水是否畅通，不通迅速关进水，避免水管爆裂，使用中注意接头不要松动。

图 6-4 LF 炉设备示意图

1—电极横臂；2—电极；3—加料溜槽；4—水冷炉盖；
5—炉内惰性气氛；6—电弧；7—炉渣；8—吹氩搅拌；
9—钢液；10—透气砖；11—钢包车；12—水冷烟罩

练习题

1. LF 炉精炼，在封点的情况下（　　）。C

    A. 可进行精炼操作　　　B. 可在监护下进行精炼操作　　　C. 严禁进行精炼操作

2. 液压传动是（　　）的转换。B

　　A. 电能向机械能　　　　　　　　B. 液体的压力能向机械能

　　C. 机械能向压力能　　　　　　　D. 电能向液体压力能

3. 液压和高压氮气系统即使出现极微小的泄漏也要待停泵泄压后再进行处理。(　　) √

4. 下列适用于伺服液压系统的油液清洁度等级是 (　　)。B

　　A. NAS (1638) 11 级　　　　　　B. NAS (1638) 6 级

　　C. NAS (1638) 9 级　　　　　　D. NAS (1638) 8 级

5. 下面 (　　) 在液压系统中被称为辅助元件。C

　　A. 电机　　　　　B. 电液换向阀　　　C. 蓄能器　　　　D. 液压马达

6. 通过液压系统的控制,可实现电极的夹持与松放。(　　) √

7. (多选) LF 炉通过液压系统的控制可实现以下 (　　) 功能。ABCD

　　A. 电极的调节和升级　　　　　　B. 电极的夹持与松放

　　C. 包盖的升降　　　　　　　　　D. 事故状态下电极和包盖的紧急提升

8. (多选) LF 炉液压系统液压油泵不启动的原因可能为 (　　)。ACD

　　A. 泵吸口截门处的行程开关故障　　B. 系统压力不足

　　C. 电机或电源故障　　　　　　　　D. 泵启动的连锁条件不满足

9. (多选) LF 炉操作人员上下包盖和在包盖上进行各项操作时,必须使用 (　　)。AC

　　A. 专用过桥　　　B. 安全扶梯　　　C. 安全带　　　　D. 钢丝绳

10. (多选) LF 炉钢包送电加热过程中,人工输送任何导电材料的操作必须与电导体之间
　　保持安全距离,严禁 (　　) 操作。BCD

　　A. 提电极　　　B. 取渣样　　　　C. 测温取样　　　　D. 定氧

11. (多选) 蓄能器在液压系统中的作用是 (　　)。ABCD

　　A. 储存压力能　　　　　　　　　B. 为系统补充流量

　　C. 吸收压力冲击和脉动　　　　　D. 事故状态下的包盖、电极提升

12. 事故状态下电极和包盖的紧急提升不是通过液压系统的控制来完成的。(　　) ×

·—·+·—·+·—·+·—·+·—·+·—·+·—·+·—·+·—·+·—·+·—·+·—·+·—·+·—·+·—·+·—·+·—·+·—·+·—·+·—·

6.2.2　LF 炉精炼设备结构

6.2.2.1　炉盖及炉盖升降

　　LF 炉炉盖的主要功能一方面是精炼时微正压、还原气氛的密封盖,另一方面又收集冶炼过程中所产生的烟气,满足环保要求。炉内保持零压或有一定微正压可以减少空气渗透到钢包炉中,从而达到减小电极氧化和电极消耗;减少炉渣中 FeO 含量和钢水的二次氧化;减少从炉气中增氢;减少从炉气中增氮冶金效果。

　　LF 炉炉盖与 ASEA-SKF 炉相同,为保证炉内加热时的还原气氛,炉盖下部与钢包上口接触应采用密封装置。现在,炉盖大都采用水冷结构型。为保护水冷构件和减少冷却水带走热量,在水冷炉盖的内表面衬以捣制耐火材料,下部还挂铸造的保护挡板,以防钢液激烈喷溅,黏结炉盖,使炉盖与钢包边缘焊死,无法开启。水冷炉盖为密排管式结构,用无缝钢管和特制的等直径弯头组焊而成,以保证水冷为均流无死点,提高水冷效果。通常在结构上炉盖本体侧壁体成柱形,顶部是锥形面下大上小以保证刚性,顶中心部分是一倒

锥形水冷环，用以承放耐火材料中心盖。

中心盖上开有与三相电极相对应的三个电极孔。在炉盖本体上除三个电极孔外，根据工艺要求还设有合金加料孔以及相应的密封盖，根据冶炼要求打开相应的孔盖进行操作（汽缸带动）。孔盖的作用是防止高温烟气逸出，同时在炉盖的侧壁或顶部设有一人工观察孔，在冶炼过程中，根据需要可人工打开孔盖进行观察，汽缸带动炉门开闭。炉盖上的渣料及合金加料孔的位置要根据吹氩砖的布置的位置确定，以确保加料进入钢包后落入吹氩搅拌区，同时又尽可能避免炉料冲击电极而导致钢液增碳和电极消耗增加。

炉盖在整体设计时，为保证包盖使用寿命及良好的综合技术指标，在炉盖的内侧设有"V"字形挂渣钉，以便于耐火材料打结和冶炼过程中自动挂渣。

炉盖水冷部分设备包括：进水分配器、集水箱、压力变送器、热电阻、阀门和回水流量计等。

LF炉炉盖根据不同工艺布置和现场条件，一般采用液压和机械两种升降方式。

典型包盖及包盖升降参数如下：包盖直径 $\phi4685mm$，电极孔直径 $\phi487mm$，高度（包括吸气罩）2490mm，包盖提升行程1300mm，包盖提升速度1.8m/min。

6.2.2.2 钢包车

钢包车由车体、轮组、动力传动系统等组成。钢包车本体由四个钢板组焊成的矩形梁构成框形车架，上面设有两个耳轴支座用于支撑钢包，下部装有主、从两组车轮。

钢包车一般主要采用变频电机电机驱动，电机直联双出轴齿轮减速机后通过联轴器分别与两个主动轮相连接，结构简单、可靠。电动机和减速器通过安装座直接固定于车架横梁上，刚性好，减速机齿轮面采用中硬齿轮面。钢包车运行调速采用变频调速。为了保证钢包车的平稳运行，在车的前后端对应于每个车轮装有四个轨道清理装置，随着钢包车的运行清理掉落上钢轨上的杂物。钢包车动力电缆、钢包底吹氩搅拌的氩气管道及控制电缆均由拖缆提供。电缆及氩气软管通过若干个吊架悬挂于工字钢轨上，吊架与工字钢轨之间设有滚轮，从而保证了钢包车运行过程中拖缆装置收放自如。钢包车拖缆需设防护屏，目的是为了有效地保护电缆免受高温钢包的热辐射，提高电缆的使用寿命。

钢包车的定位采用远离加热工位的限位开关定位，使得钢包车可平稳启动和制动，较小的惯性冲击。除钢包车控制系统设有制动单元和制动电阻外，钢包车本身也设"软"制动装置——电液制动器，以确保在钢包车轨道基础变形条件下钢包车定位准确可靠，同时便于在事故状态下将钢包车拖出。

典型钢包及钢包车参数如下：钢包车外形尺寸（长×宽×高）10914mm×5630mm×4780mm，运行速度2.22～22.2m/min，钢包车设备总重量87.875t，钢包车载重350t，钢包车驱动功率37kW，停车精度±10mm，钢包钢结构总重41.79（52.13）t，钢包耐火材料总重66.38（62）t，内衬上口直径3930（3970）mm，内衬下口直径2882（2820）mm，钢包包底距包沿4130（3690）mm，钢包底部透气砖数量2块，钢包自由净空（渣液面到包沿）400～700（>450）mm。

6.2.2.3 钢包

LF的炉体本身就是钢包，最早LF的炉体钢包与普通钢包有所不同。钢包上口外缘装有水冷圈（法兰），防止包口变形和保证炉盖与之密封接触，但考虑运行、维修成本等问题，现在基本都用普通钢包（没有水冷圈）。钢包底部装有滑动水口和吹氩透气砖。LF 钢包内熔池深度 H 与熔池直径 D 之比是钢包设计时必须考虑的重要参数，钢包的 H/D 数值影响钢液搅拌效果、钢渣接触面积、包壁渣线部位热负荷、包衬寿命及热损失等。一般精炼炉的熔池深度都比较大。在钢液面以上到钢包口还要留有一定的自由空间高度，即净空高，一般为 $500 \sim 600\,mm$。

根据 LF 容量的不同，钢包底部透气砖的个数一般不同。60t 以上的钢包可以安装两个透气砖。更大一些的可以安装三个透气砖。正常工作状态开启两个透气砖，当出现透气砖不透气时开启第三个透气砖。透气砖的合理位置可以根据经验决定，也可以根据水力学模型决定。

6.2.2.4　加料设备

LF 炉精炼过程需要加入渣料和合金料已实现钢水造渣精炼目的，这些物料加入是通过合金加料系统实现的。

合金加料系统主要由储料仓装置、储料仓给料装置、称量仓及其给料装置、皮带送料及密封装置、溜管、闸阀等装置组成。储料仓可以设置上料装置，也可以用天车直接将物料放入料仓。储料仓装置主要包括料仓、高低料位检测装置、手动插板阀等，料仓主要由型钢和钢板焊接而成，呈倒锥形布置，上大下小。侧面设有低料位检测装置，主要用于料位检测和报警。当料位在低限时，操作人员能够及时得到信息，以完成对料仓中所需物料的补充，满足正常生产之需要。在料仓的下端设有一个人工手动插板阀，以备检修振动给料器时关闭料仓；储料仓固定在支撑架上。储料仓给料装置是在储料仓下端出口处设有一个振动给料器，可将料仓的物料快速准确地送到称量料斗中。称量给料装置主要包括称量料仓、称量传感器和振动给料器等。称量料仓是由钢板和型钢焊接而成，称量装置主要依据工艺要求，准确计量拟加炉内的物料。振动给料器则将计量准确的物料送到皮带送料装置上。物料通过皮带送料装置，经过溜管、闸阀进入炉内。典型加料系统布置如图 6-5 所示。

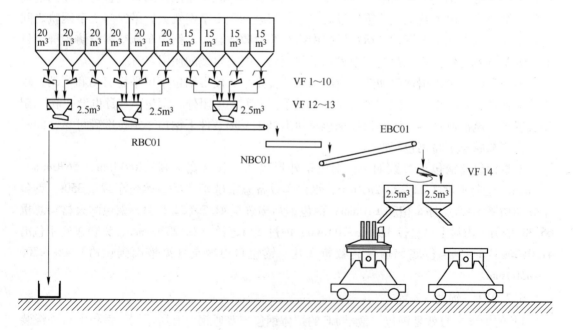

图 6-5　加料系统工艺布置

料仓数量根据场地、工艺和处理钢种需要一般 12~16 个比较合适。表 6-2 为典型料仓数量和物料布置。

表 6-2 料仓数量和物料布置图

仓 号	1 号	3 号	5 号	7 号	9 号	11 号	13 号	15 号
物 料	活性石灰	合成渣	活性石灰	合成渣	萤石	埋弧渣	备用	铝矾土
容积/m³	20	15	20	15	20	15	15	20
仓 号	2 号	4 号	6 号	8 号	10 号	12 号	14 号	16 号
物 料	钢芯铝	硅铁	中碳锰铁	备用	增碳剂	硅钙钡	备用	备用
容积/m³	20	15	20	15	20	15	15	20
称量斗	1 号		2 号		3 号		4 号	
容积/m³	2.5		2.5		2.5		2.5	

6.2.2.5 冷却系统、除尘设备

LF 炉冷却水系统是通过联合泵站供水对需要冷却的设备提供冷却水，并保证一定的冷却效果，冷却水可以循环利用。一般需要冷却下列部件：炉盖和抽气罩、水冷电缆、电极臂、电极夹钳、电极柱的顶部、二次短网系统、液压中心装置、变压器。

冷却水系统水来自车间的过滤水，冷却主要监控水流量和温度。

排烟除尘系统的功能是抽掉 LF 炉精炼过程所产生的灰尘。LF 炉精炼过程粉尘来源：冶炼过程产生的烟尘，加入渣料、炭粉、合金粉末进入烟尘。排烟除尘系统要求：抽气速度按照冶炼工况灵活调节，保持微正压操作，减少二次氧化、吸气和炭粉损耗。

除尘系统由下列项组成：用于每个卸载点的手动操作比例流量阀、气动开/关阀，根据操作周期选用所需管道、自动控制阀。

除尘系统由一系列的吸气管道组成，这些管道和安装在每个卸载点的罩相连，吸气管道把灰尘送至烟气处理厂接受点。

6.2.2.6 电极升降、把持和调节控制

LF 炉电极加热系统与三相电弧炉加热装置相似，主要由石墨电极、电极臂、水冷电缆、二次短网、变压器、高压控制柜等组成。在三相电极设计中，电极分布圆（极心圆）的确定主要考虑其对渣线包衬和系统阻抗的影响，另一方面考虑变压器二次最高电压对其的影响，即在保证相间安全距离的条件下选择一个最优的电极分布圆。电极升降装置要求启动制动快 0.1~0.2s、惯性小；过渡时间短，液压控制上升速度 5~6m/min，下降速度 2~3m/min；以避免电极增碳。

二次子回路由短网、导电横臂、电极组成。二次子回路以减少阻抗为原则，距离越短，阻抗越小。短网结构类型有三种：三相三臂式、三相电缆吊挂式、三相单臂式。三种形式的特点见表 6-3，目前大部分 LF 炉采用三相三臂式。

电气参数见表 6-4 和表 6-5。

表6-3　我国三种 LF 短网结构的比较

形　式	三相三臂式	三相电缆吊挂式	三相单臂式
特　点	传统结构，运行可靠，维护方便	二次侧导电线路短，阻抗小；节能，电极极心圆小，电极夹持可靠	点击升降控制简单，投资省，电极极心圆小
注意问题	导电回路较长，电极距升降立柱距离大，导轮夹紧要可靠，防止电极抖动	电缆经过炉盖上部，要有适当的保护	三相阻抗不平衡值不可调。三根电极端部经常不在一个平面内而需剁齐电极头部

表6-4　三相交流 LF 主要电气参数

参　数	单　位	计　算　式	备　注
操作阻抗	Ω	$Z_{op} = \sqrt{(r + R_{arc})^2 + X_{op}^2}$	每相
电弧电流	A	$I = \dfrac{U}{\sqrt{3}Z_{op}}$	每相
表观功率	V·A	$S = \sqrt{3}IU = 3I^2 Z_{op}$	三相总和
无功功率	Var	$S = 3I^2 X_{op}$	三相总和
有功功率	W	$P = \sqrt{S^2 - Q^2}$	三相总和
电损功率	W	$P_r = 3I^2 r$	三相总和
电弧功率	W	$P_{arc} = P - P_r$	三相总和
电弧电压	V	$U_{arc} = P_{arc}/3I$	每相
电效率	%	$\eta = P_{arc}/P$	三相总和
功率因数		$\cos\varphi = P/S$	三相总和

表6-5　LF 电气参数

特殊工作点	空　载	短　路	有功功率最大	电弧功率最大
R_{arc}/Ω	$R_{arc} = \infty$	$R_{arc} = 0$	$R_{arc} + r = X$	$R_{arc1} = Z$
I/kA	$I = 0$	$I_{arc} = \dfrac{U_\varphi}{\sqrt{3}Z}$	$I_2 = \dfrac{\sqrt{2}U_\varphi}{2X}$	$I_1 = \dfrac{U_\varphi}{\sqrt{2Z(r+z)}}$
P/W	$P = 0$	$P = P_r$	$I_2 = \dfrac{3U_\varphi^2}{2X}$	—
P_{arc}/W	$P_{arc} = 0$	$P_{arc} = 0$	—	—
$\cos\varphi$	$\cos\varphi \to 1$	$\cos\varphi = 0$	$\cos\varphi = 0.707$	$\cos\varphi > 0.707$
η	$\eta \to 1$	$\eta = 0$	—	—

注：r、X、Z 分别为 LF 炉供电线路的相电压、相电抗和相阻抗，其中 $Z = \sqrt{r^2 + X^2}$；U_φ 为相电压，$U_\varphi = U/\sqrt{3}$。

A 电极

LF炉是利用电极在钢液或渣层中起弧，将电能转化成热能，从而加热钢水。电极的作用是导通电流、产生电弧。LF炉工况特点及对导电电极的要求如下：

（1）LF炉是利用电极在钢液或渣层中起弧，将电能转化成热能，从而加热钢水。一般电弧区温度可达3000~6000℃，钢水温度高于1500℃。电有交、直流之分，弧有长短之别，为此不仅要求电极高温下有良好的导电能力，还应在多变的条件下高效、低耗的运行。

（2）电极柱上接电源的二次母线，下端起弧直通钢水，其最高电流由电源决定，截面电流密度除受集肤效应和邻近效应的影响外，纵向还受截面不均和机械连接中电阻多变的影响。电极必须能承受强大的温度梯度造成的径向、轴向和切向热应力的破坏。

（3）电阻率越低，使用时电极消耗及电耗越少；为此要求接长电极时，电极的接头处要求吹灰，保证2根电极连接处清洁无杂物，减少灰尘在接头处聚集，引起电阻的增加，造成局部电阻过大，在该处起弧，增加电耗，甚至造成电极折断。

（4）高温下，电极必须有一定的强度，在外力作用下尽量少折断。

（5）高温下，电极表面不剥落，避免影响精炼钢水的质量。

石墨电极的特点：熔点高、导电性好、强度高；冶炼过程中氧化生成CO、CO_2气体，不会污染钢水；制造工艺可以调整其密度，能够将抗热震性调到最佳；价格低，易加工，是理想的冶金工业用材料。虽然石墨的升华温度3800℃比使用中电弧的中心温度低得多，在当前LF炉作业的情况下，不仅电极的升华不可避免，表面温度达600℃以上时，氧化也不可避免；加上电极生产时受原料、各工序工艺、设备、操作多变的影响，产品性能很难达到均质、全优结构的指标要求；加之使用中要经受不断变化外力的作用，就会增加消耗。多年来，石墨电极在制造和使用及相关人员的共同努力下，产品质量不断提高，使用功率、电效率、热效率不断提高，致使炼钢生产率不断提高，LF炉的吨钢石墨电极的消耗在0.2~0.5kg，占炼钢成本的0.5%~2%。

石墨电极虽不能满足LF炉炼钢对电极的全部要求，但至今为止仍是LF炉炼钢不可替代的耐高温导电材料。了解石墨电极的性能、消耗机理、质量影响因素和降耗办法，对低碳经济十分必要。

电极的主要性能指标见表6-6。

表6-6 精炼炉电极的主要性能指标

序 号	项 目	本体参数	接头参数	备 注
1	电流容量/kA	48~50		
2	灰分/%	≤0.2		
3	真密度/g·cm^{-3}	2.20~2.25		
4	体积密度/g·cm^{-3}	1.65~1.75	1.75~1.80	
5	气孔率/%	20~30		
6	弯曲强度/MPa	10~15	20~24	
7	杨氏模量/GPa	9~13	13~18	
8	比电阻/MΩ·m	4.5~5.5	4.0~5.0	

序 号	项 目	本体参数	接头参数	备 注
9	热膨胀系数 CET/$10^{-6} \times ℃^{-1}$	≤1.4	≤1.5	100~600℃
10	固定碳/%	99.8		
11	标称直径/mm	457	241.3	
12	直径公差/mm	±2		
13	长度/mm	≥1800	304.8	
14	长度公差/mm	+75，−100		
15	电流密度/A·cm^{-2}	≥28		

✎ 练习题

1. 水冷电缆冷却水软管不能采用钢丝编制内衬的胶管，否则会导致大电流分流对地发生事故。（　　）√

2. 为保证一定强度，水冷电缆冷却水软管应采用钢丝编制内衬的胶管。（　　）×

3. LF炉电极调节的作用是在精炼加热过程中，使电弧功率保持在数值范围内，其波动幅度应尽可能小。（　　）√

4. LF炉电极升降装置的升降速度一般为（　　）。D
   A. 10mm/min　　　　B. 100mm/min　　　　C. 10mm/s　　　　D. 100mm/s

5. LF炉分三电极交流钢包炉和直流钢包炉。（　　）√

6. LF炉更换电极操作时，该相电极臂应（　　）。A
   A. 下降至低位　　　　B. 提升至高位　　　　C. 任何位置均可

7. LF炉更换电极操作时，水冷包盖应（　　）。A
   A. 下降至低位　　　　B. 提升至高位　　　　C. 任何位置均可

8. LF炉加热电弧的长度与电弧电压有很大关系，可用经验公式表示。（　　）√

9. （多选）LF炉加热升温操作过程中，可通过（　　）等措施防止断电极。ABCD
   A. 选择合适的底吹气强度，防止流量过大
   B. 选择合理加热档位，防止三相极不平衡
   C. 按规程进行电极接续
   D. 合理配渣，保证好的渣况

10. （多选）LF炉更换电极操作，下列说法正确的是（　　）。BCD
    A. 不必断开LF炉高压开关
    B. 包盖降至低位
    C. 电极臂要下降至低位
    D. 指挥天车将备用电极装入电极夹持器，调节电极长度，位置合适后关闭夹持器

11. LF炉所用电弧加热系统，由三根石墨电极与钢液间产生的电弧作为热源。（　　）√

12. LF炉冶炼过程中，当三根电极中任意两根电极臂以下长度差超过（　　）mm时，需要进行滑电极操作。C

A. 100　　　　　　B. 200　　　　　　C. 300　　　　　　D. 400

13. LF 炉冶炼过程中，导电横臂的水平抖动可能造成电极折断，造成导电横臂水平抖动的原因是（　　）。C

　　A. 电极连接状况达不到标准　　　　　B. 电极质量差

　　C. 两相间电磁力大　　　　　　　　　D. 底吹流量选择不合理

14. （多选）LF 炉升温过程中，降低石墨电极端部消耗的措施包括（　　）。ACD

　　A. 低的电流密度　　　　　　　　　　B. 较低电弧电压，即较短的弧长

　　C. 降低渣面氧化性　　　　　　　　　D. 合理的吹氩工艺

15. （多选）LF 炉用石墨电极应具有以下（　　）特性。ACD

　　A. 高强度　　　　B. 高热膨胀率　　　C. 高热导率　　　D. 抗氧化性

16. 电极连接完后，使用（　　）mm 塞尺检查电极端面缝隙，若不能塞进为合格。B

　　A. 0.01　　　　　B. 0.02　　　　　　C. 0.05　　　　　　D. 0.10

17. 电极自动控制是（　　）。A

　　A. 将偏差电信号转换为液压输出　　　B. 将液压输出转换为偏差电信号

　　C. 将偏差电信号转换为电流控制

18. 电极自动控制是将微弱的偏差电信号转化为较大功率的液压输出，推动电极上下运动，从而使电弧功率保持在数值范围内。（　　）√

19. 更换、下滑电极操作时，应确认 LF 炉高压开关断开。（　　）√

20. 关于三相交流 LF 炉功率的描述，下列说法正确的是（　　）。D

　　A. 有功功率是有功功率和无功功率之和

　　B. 表观功率是电损功率和电弧功率之和

　　C. 功率因数是有功功率和无功功率的比值

　　D. 功率因数是有功功率和的表观功率比值

21. 三相交流 LF 炉的电效率定义为变压器输出的有功功率中转变为电弧功率的比值。（　　）√

22. 三相交流 LF 炉的铭牌电压是指（　　）。A

　　A. 二次侧电压　　　B. 相电压　　　　C. 电弧电压

23. 三相交流 LF 炉的铭牌电压是指二次侧电压，它与（　　）相等。B

　　A. 相电压　　　　　B. 线电压　　　　C. 电弧电压

24. 三相交流 LF 炉电弧功率最大时，下列表达正确的是（　　）。A

　　A. >0.707　　　　B. <0.707　　　　C. =0.707

25. 三相交流 LF 炉有功功率为电损功率和电弧功率之和。（　　）√

26. 三相交流 LF 炉有功功率最大时，功率因数最大。（　　）×

27. 三相交流 LF 炉有功功率最大时，下列表达正确的是（　　）。C

　　A. >0.707　　　　B. <0.707　　　　C. =0.707

28. 三相交流 LF 炉有功功率最大时，下列说法正确的是（　　）。A

　　A. 有功功率与无功功率相等　　　　　B. 功率因数最大

　　C. 相阻抗与相电抗相等　　　　　　　D. >0.707

29. （多选）关于三相交流 LF 炉电气特性曲线上的几个特殊的工作点，下列说法正确的是

（　）。ABC

A. 空载状态，LF炉处于断路，无电弧，电弧电流为零

B. 短路状态，电极与熔池钢水接触而短路，电弧电阻、电压、功率均为零

C. 有功功率最大状态下，变压器初级的有功功率与无功功率相等

30.（多选）关于三相交流LF炉的热效率决定了LF炉的加热速度，下列选项中正确的是（　）。ABCD

A. LF炉的电效率是变压器输出的有功功率中转变为电弧功率的比值

B. LF炉总的热效率是滞留在钢液中的热能占变压器输出的有功功率的比例

C. 电弧传热效率为进入渣钢熔池中的电弧热量占电弧功率的比例，其大小主要取决于电弧在渣中的埋弧状态

D. 电效率和电弧传热效率之间往往是相互矛盾的

31.（多选）下列关于LF炉加热时的电弧功率损失，说法正确的是（　）。AC

A. 电弧通过辐射和对流对外散热，显露于钢液面上的电弧长度是造成弧功率损失的主要原因

B. 短弧操作，即增大弧压，降低弧流，可减少电弧功率损失

C. 渣厚要和弧长配合

D. 采用泡沫渣技术，可达到大幅度提高渣厚的效果，同时可使用长电弧操作，提高了功率因数

+·+

B　电极消耗的原理

电极消耗分为底部端面消耗和侧面消耗两部分，如图6-6所示。

电极端面消耗的主要原因是电极在电弧高温下氧化和热应力条件下产生的应力剥落。在大电流的条件下，电弧剧烈的向外偏移，造成电极垂直方向上受电弧偏移力的影响，造成底部受力剥落；在单相电极送电的时候，单相电极的电流密度过大，也会造成端部应力不平衡导致端面剥落，见图6-7。

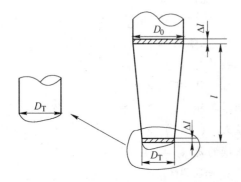

图6-6　电极端部消耗和电极形状

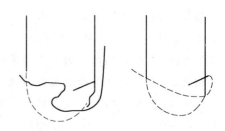

图6-7　电极端面的剥落

在有合适的泡沫化的炉渣时，电极端头和炉渣中的氧化物反应，生成一氧化碳气体被侵蚀；在侧面的电极部分，在受热条件下，和炉气中的氧气反应造成侧面的氧化，如图6-8所示。

由于大电流通过三根电极，三相交流电之间存在着自感和互感，会造成三根电极之间

功率不平衡，并且在电极之间产生横向应力，造成导电臂发生摆动，严重时会造成电极折断。可通过合理布置三根电极的位置，强化电极升降立柱，避免使用大电流长期加热加以弥补。

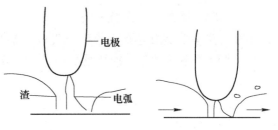

图6-8 电极被顶渣侵蚀的示意图

C 电极臂

电极臂又称为导电横臂，其主要作用是支撑电极和输送电能。电极臂是箱形结构件组成铜（或铝）钢臂，外层铜（铝）板导电，内层钢板支撑结构件，钢板铜（铝）板爆炸焊接成为复合板，达到减少集肤效应、减小阻抗、提高热效率的目的，内部通水冷却以提高刚度。

电极臂前端电极夹钳是由铸造电解铜和机械接触表面组成，夹紧电极使用，也要通水冷却。夹紧带是水冷型并通过轴到电极臂里的一个单作用液压缸连接，液压缸有一套杯状弹簧，能够提供夹紧力，在电极夹紧装置释放时液压缸用于压缩杯状弹簧，通过这种方式，能保证在液压力不够时的夹紧力。

典型电极臂参数：直径 $\phi500(457)$ mm；电极行程 5400(3200)mm；电极节圆直径 $\phi900(800)$ mm；电极最大提升速度 150(100～150)mm/s；电极臂旋转角度61.6°。

—·—+—·—+—·—+—·—+—·—+—·—+—·—+—·—+—·—+—·—+—·—+—·—+—·—+—·—+—·—+

练习题

1. LF炉加热时，电极处于蝶形弹簧作用下的夹紧状态，单作用液压缸处于不工作状态。（   ）√

2. LF炉加热时，电极蝶形弹簧处于放松状态，单作用液压缸处于工作状态。（   ）×

3. （多选）下列选项中，（   ）性质是对电极夹头材质有利的。BC
   A. 导热性差   B. 电阻温度系数低   C. 耐急冷急热   D. 耐磨性差

4. （多选）电极夹头的材质应考虑以下（   ）因素。ABCD
   A. 导热性好   B. 电阻率高   C. 电阻温度系数低   D. 耐磨性好

5. 下列选项中，可做电极夹头的最好材质为（   ）。C
   A. 黄铜   B. 青铜   C. 铬青铜   D. 钨铼

6. 下列材质中，可做电极夹头的最好材质为（   ）。B
   A. 黄铜   B. 紫铜   C. 铬青铜   D. 钨铼

7. LF炉升温过程中，电弧内部高温会使石墨电极端部的碳发生升华。（   ）√

—·—+—·—+—·—+—·—+—·—+—·—+—·—+—·—+—·—+—·—+—·—+—·—+—·—+—·—+—·—+

D 水冷电缆

水冷电缆在二次系统和电极臂之间，把电极臂连接至变压器二次短网系统，给电极臂提供电能。水冷电缆由包有绝缘管的铜线组成，可通水冷却，每根电缆用铜作导电接头将变压器及电极臂连接在一起，电极臂上的电缆终端由特殊的旋转接头组成以减少电缆扭曲并延长寿命。电缆外面由耐磨橡胶套保护以提高使用寿命。

E   电极升降及调节系统

电极升降运动是由电极调节系统通过控制电极立柱升降借助于手动或自动加以实现的。电极调节系统主要包括液压系统和微分电液比例调节阀以及 PLC 控制系统。控制原理如图 6-9 所示。

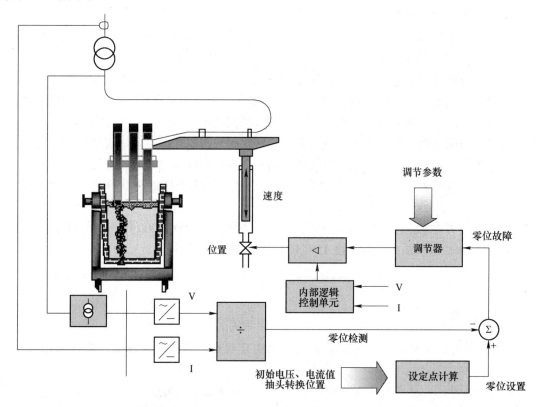

图 6-9   电极控制原理图

电极调节系统中，电极控制回路基于阻抗控制，利用电流与电压反馈信号，使电极电压与电流保持在恒定比例。电极位置随电极电压与电流值的不同进行调整。例如阻抗发生错误，在此情况下调整回路关闭。电极电流指 LF 炉变压器的一次侧电流，检测信号与变压器设定的相应电极电流实际抽头特性相配合。电极电压指二次侧的变压数值，检测系统测量电极与变压器中心点的电压数。电极控制系统的输出设定基于液压比例阀的位置，并与一定的电极速度相配合。液压设备经过优化设计，系统能快速响应，并满足下列要求：高密度功率输入、石墨电极提升的影响最小、钢包耐衬的损耗最小。由于电极臂、母排及电缆等造成相阻抗不同而引起相失衡，系统可以对其进行补偿。系统设有电极保护功能即电极在电流过载情况下自动提升。

6.2.2.7   变压器

由于钢包炉加热所需电功率远低于电弧炉熔化期，且二次电压也较低。LF 炉选择加热变压器容量时可近似按式（6-21）计算：

$$P = 0.435V^{0.683} \tag{6-21}$$

式中 P——变压器额定容量，MVA；

V——钢包炉容量，t。

LF 炉用变压器次级电压通常也设计制作有若干级次，但因加热电流稳定，加热所需功率不必很大变化，所以选定某一级电压后，一般不作变动，故变压器设计不必采用有载调压，设备可以更简单可靠。

从 LF 炉的工作条件来说，要比电弧炉好一些，因为 LF 没有熔化过程，而且 LF 大部分加热时间都是在埋弧下进行。熔化的都是渣料和合金固体料，因此应选用较高的二次电压。LF 的加热速度一般要达到 3 ~ 5℃/min。

LF 炉精炼期，钢水已进入还原期，往往对钢水成分要求较严格。又由于采用低电压，大电流埋弧加热法，有增碳的危险性。为了防止增碳，电极调节系统要采用反应良好，灵敏度高的自动调节系统。LF 炉的电极升降速度一般为 2 ~ 3m/min。

典型变压器参数：额定功率 44MVA，一次电压/频率 35kV/50Hz，二次电压 366 ~ 486V，共 13 级，功率因数 0.8，二次电流 54kA，电弧长度 70 ~ 110mm，正常情况下钢水升温速率大于 4℃/min。

温升在 4 ~ 5 ℃/min 范围内，图 6-10 为钢包炉温升图。

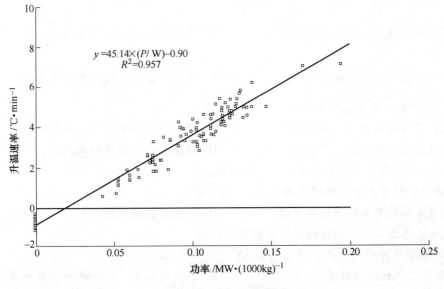

图 6-10　钢包炉温升图

6.2.2.8　二次短网

二次短网的作用是连接变压器和电极臂，二次电路连接变压器和水冷电缆及电极臂，二次系统是母线型，以达到减少由于三相带来的电抗不对称，通过一个柔性铜片与变压器相连提供一个补偿电压。二次电路组成是三角闭合电路，由水冷铜管、绝缘材料、冷却水管和软管、开放式框架与接线墙、柔性铜连接、用于水冷电缆的非磁性螺栓等组成。

练习题

1.（多选）LF 钢包精炼炉的二次回路由（　　）构成。ABC

　　A. 二次短网　　　　　　B. 导电横臂　　　　　C. 电极　　　　D. 电极立柱

2. （多选）LF 钢包精炼炉二次回路的设计，应考虑以下（　　）因素。ABCD

　　A. 二次短网、导电横臂、电极构成的二次回路设计应力求低阻抗

　　B. 二次短网、导电横臂、电极构成的二次回路设计应力求三相平衡

　　C. 加热时导电横臂抖动是由于交变的大电流通过二次回路时，相与相之间的电磁力所引起的

　　D. 为减少二次回路中铜排螺栓连接处的接触电阻，要求铜的接触连接母线接触处的平均单位压力不得低于 9.8MPa

3. LF 炉设计的二次回路阻抗值越低，则（　　）。A

　　A. 有利于减少有功功率损耗　　　　　　B. 不利于提高输入炉内的电弧功率

　　C. 不利于降低耐火材料侵蚀指数

4. 关于 LF 炉长弧操作说法正确的是（　　）。A

　　A. 长弧操作即高电压、低电流　　　　　B. 长弧操作即低电压、低电流

　　C. 长弧操作即低电压、高电流　　　　　D. 长弧操作会降低功率因数

5. 关于 LF 炉电极极心圆直径，下列说法正确的是（　　）。B

　　A. 等于任意两电极之间的间距　　　　　B. 等于任意两电极间距的 $\frac{2}{\sqrt{3}}$ 倍

　　C. 等于任意两电极间距的 $\frac{\sqrt{3}}{2}$ 倍　　　D. 等于任意两电极间距的 2 倍

6. 关于 LF 炉短弧操作说法正确的是（　　）。C

　　A. 短弧操作即高电压、低电流　　　　　B. 短弧操作即低电压、低电流

　　C. 短弧操作即低电压、高电流　　　　　D. 短弧操作可提高功率因数

7. 电极极心圆直径等于任意两电极之间的间距。（　　）×

8. 加热时导电横臂水平抖动的原因是（　　）。C

　　A. 立柱导向轮与立柱接触有间隙　　　　B. 立柱的抗扭刚度不足

　　C. 大电流通过回路时相与相间的电磁力引起的

9. 减少导电横臂抖动的措施是（　　）。A

　　A. 增加立柱的抗扭刚度　　　　　　　　B. 采用高电压、低电流的长弧操作

　　C. 增大导电横臂两相间的距离

10. 三相交流 LF 炉的二次侧电压调节，可通过（　　）实现。A

　　A. 有载调压开关　　B. 高压断路器　　C. 电流互感器

11. 三相交流 LF 炉通过（　　）可实现对二次侧的频繁断电操作。B

　　A. 有载调压开关　　B. 高压断路器　　C. 电流互感器

12. 与普通电力变压器相比，电弧炉专用变压器二次电压低而电流大。（　　）√

13. （多选）与普通电力变压器相比，电弧炉专用变压器有（　　）特点。ABCD

　　A. 有较大的过负荷能力　　　　　　　　B. 有较大的变压比

　　C. 二次电压低而电流大　　　　　　　　D. 二次电压设计成多级可调形式

14. （多选）下滑电极操作，正确的为（　　）。BCD

　　A. 不必断开 LF 炉高压开关　　　　　　B. 包盖降至低位

　　C. 电极臂要下降至低位　　　　　　　　D. 指挥天车下降电极至合适位置

15.（多选）对于 LF 炉连接电极操作，下列说法正确的是（　　）。ABCD

　　A. 连接前使用压缩空气对电极端面、电极孔进行清理吹扫

　　B. 检查专用吊具和电极，确保专用吊具和电极完好无损

　　C. 用专用工具旋紧电极，用力适中确保电极接头不被损坏

　　D. 电极连接完后，用 0.02mm 塞尺检查电极断面缝隙

16.（多选）对于电弧炉专用变压器，二次侧电压设计较低会导致（　　）。ABD

　　A. 功率因数较低　　　B. 电效率较低　　　　　C. 电弧较长　　　D. 电弧较短

17.（多选）关于 LF 钢包精炼炉加热过程的二次回路，下列说法正确的是（　　）。ABD

　　A. 二次短网、导电横臂、电极构成二次回路

　　B. 二次回路的阻抗值低，有利于提高输入炉内的电弧功率

　　C. 二次回路的阻抗值低，会增加有功功率损耗

　　D. 二次回路设计应力求三相平衡

18.（多选）关于 LF 炉电极极心圆，下列说法正确的是（　　）。ABCD

　　A. 三根电极端的中心在钢液面上的分布圆叫电极极心圆

　　B. 采用小的电极极心圆，扩大电极与包壁的距离，可使耐火材料实效侵蚀指数减小

　　C. 追求小的极心圆主要目的在于减少耐火材料侵蚀

　　D. 电极极心圆直径等于任意两电极之间的 $\dfrac{2}{\sqrt{3}}$ 倍

19.（多选）关于 LF 炉电极极心圆，下列说法正确的是（　　）。ABC

　　A. 三根电极端的中心在钢液面上的分布圆称为电极极心圆

　　B. 采用小的电极极心圆，扩大电极与包壁的距离，可使耐火材料实效侵蚀指数减小

　　C. 追求小的极心圆主要目的在于减少耐火材料侵蚀

　　D. 电极极心圆直径等于任意两电极之间的间距

20.（多选）关于 LF 炉电极升降装置的要求，描述正确的是（　　）。ABC

　　A. 电极位置的调节要求控制在毫米级内

　　B. 电极升降装置的启动、制动要快，过渡时间要短

　　C. 系统的惯性应越小越好

　　D. 系统的惯性应越大越好

21.（多选）关于 LF 炉电极升降装置的要求，描述正确的是（　　）。ABC

　　A. 电极位置的调节要求控制在毫米级内

　　B. 电极升降装置的启动、制动要快，过渡时间要短，系统的惯性应越小越好

　　C. 电极自动控制是将微弱的偏差电信号转化为较大功率的液压输出，推动电极上下运动

　　D. 若加热时导电横臂水平抖动，是由于立柱导轮有间隙，应进行检修

22.（多选）关于 LF 炉加热时导电横臂的水平抖动，下列说法正确的是（　　）。ABCD

　　A. 水平抖动是由于交变的大电流通过二次回路时相与相之间的电磁力引起的

　　B. 电流越大，抖动越严重

　　C. 会导致电极折断

D. 增加立柱的抗扭刚度可有效防止抖动

23. （多选）关于 LF 炉埋弧操作，说法正确的是（   ）。BCD

    A. 短弧操作是高电压，低电流   B. 短弧操作是低电压，高电流

    C. 长弧操作是高电压、低电流   D. 长弧操作可提高功率因数

24. （多选）关于低电压、大电流的短弧供电制度操作，说法正确的是（   ）。BC

    A. 增加了对炉衬的辐射，减小了对熔池的辐射

    B. 增加了对熔池的辐射，减小了对炉衬的辐射

    C. 功率因数低，电极消耗高

    D. 功率因数高，电极消耗低

25. （多选）减少导电横臂抖动的措施包括（   ）。ACD

    A. 增加立柱的抗扭刚度

    B. 增加导电横臂的抗扭刚度

    C. 增大回路三相设计间距

    D. 加强日常检修确保立柱导轮与立柱紧密接触

6.3 LF 炉精炼工艺

6.3.1 LF 工艺流程

    LF 的工艺制度与操作因各钢厂及钢种的不同而多种多样。LF 一般工艺流程如图 6-11 所示。

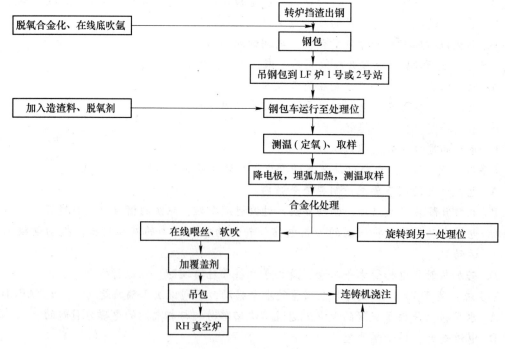

图 6-11 LF 炉工艺流程

6.3.2 LF炉精炼对炼钢的要求

炼钢钢包及钢水条件好坏对LF炉工艺有较大影响，影响精炼时间、增加消耗。为了保证白渣精炼"快白稳"，对挡渣效果要求更严，同时更重视还原气氛下的回磷控制，转炉最好采用红外监测下渣控制系统挡渣出钢，电炉炼钢采用偏心炉底出钢，如图6-12所示。

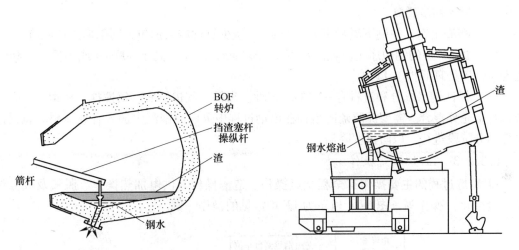

图6-12 炼钢挡渣出钢示意图

LF炉精炼要达到较好的精炼效果，对精炼前工序（炼钢）提出了要求。

6.3.2.1 钢包

LF炉钢包有以下要求：

（1）检查透气砖的透气性，保证钢包底吹效果。

（2）清理钢包，保证钢包的安全。

（3）钢包烘烤达到900~1200℃，保证钢包温降正常。

钢包预热温度为500℃与钢包预热温度为900℃的钢包钢水温降相差约50℃，前20min钢水温度几乎直线下降，35min后包壁蓄热基本达到饱和。钢水进LF炉用小功率加热一段时间后，钢水温度不升甚至下降，就是因为包衬蓄热量大于电极供给热的缘故，所以钢包的烘烤得好坏对LF炉操作非常重要。不同钢包包壁温度下时间与钢水温降关系如图6-13所示。

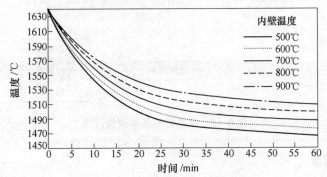

图6-13 钢包包壁温度与钢水温降关系

6.3.2.2　钢水条件

（1）保证 LF 炉到站钢水温度合适。根据不同钢种、加入渣量和合金量确定出钢温度。出钢温度应当在液相线温度基础上加上渣料、合金料的加入引起的温降，再根据炉容的大小适当增加一定的温度，以备运输过程的温降。

（2）根据转炉最后一个钢样的结果，确定钢包内加入合金及脱氧剂，以便进行初步合金化并使钢水初步脱氧。

（3）挡渣出钢，控制下渣量不大于 5kg/t。减少氧化渣入钢包，利于形成还原渣。

（4）进 LF 炉的钢包净空应控制在 400～700mm，净空不高于 300mm 或不低于 800mm的钢包，需处理后再上 LF 炉。

（5）保证钢水成分和渣料有一定的均匀性。出钢过程进行底吹氩搅拌，使钢水、合成渣、合金充分混合。需要深脱硫的钢种在出钢过程中可以向钢流中加入合成渣料。氩气流量控制分阶段进行，以防过度降温。

6.3.2.3　LF 炉精炼操作

LF 精炼过程的主要操作有全程吹氩操作、造渣操作、供电加热操作、脱氧及成分调整（合金化）操作等，图 6-14 所示为 LF 炉常见的操作一例。

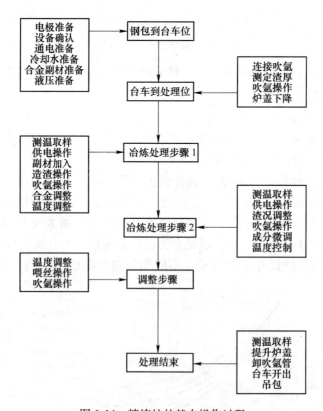

图 6-14　精炼炉的基本操作过程

6.3.3　LF 工艺制度

LF 炉的工艺制度包括供电制度、温度制度、吹氩制度、造渣制度和成分控制等。

6.3.3.1　供电制度

A　供电操作

LF 炉是采用低电压，大电流埋弧加热的精炼方法，供电操作升温速率一般在 3～5℃/min。

供电操作是为满足精炼过程不同阶段温度控制的需要，而温度是满足 LF 炉冶炼热力学条件的保证，LF 炉的温度控制对于后道工序的影响深远。准确的温度控制，对于降本增效，提高钢种的质量效果显著。

一般来讲，大多数的钢包炉在控制钢包的温度变化过程时，都要引入耐火材料的烧损指数，这是施威伯（W. E. Schwabe）提出的，以此来描述由于电弧辐射引起炉壁耐火材料损坏的外部条件，用 R_E 表示，单位是 $MW \cdot V/m^2$，见式（6-22）：

$$R_E = \frac{P_{arc} U_{arc}}{d^2} = \frac{I U_{arc}^2}{d^2} \tag{6-22}$$

式中　P_{arc}——单相电弧功率，MW；

U——电弧电压，V；

d——电极侧部到包衬壁的最短距离，m。

冶炼过程中电弧不埋弧暴露时，R_E 应该加以限制，研究认为，LF 钢包炉的耐火材料的烧损指数安全值在 $300～350MW \cdot V/m^2$ 或者 $30～35kW \cdot V/cm^2$。有人观察到 LF 炉调试阶段，由于供电制度不合理，钢包送电 30min 左右，钢包包壁出现发红的情况。

由焦耳-楞次定律，推导出的 LF 炉电弧功率（P_{arc}）和钢水升温速度（$v_升$）之间的关系如下：

$$v_升 = P_{arc} \frac{\eta_H}{60cG} \tag{6-23}$$

式中　P_{arc}——三相电弧功率，kW；

η_H——LF 炉本体热效率，$\eta_H = 0.4～0.45$；

c——钢水的比热容，取 $0.13kW \cdot h/(t \cdot ℃)$；

G——钢水的处理量，t。

钢包炉的供电制度，选择的电流、电压的原则主要有：

（1）为了控制耐火材料的烧损指数，防止耐火材料炉衬受到电弧的过度损坏，电弧应该尽量的短，电压要合理，选择合适厚度的炉渣进行埋弧操作。

（2）LF 炉精炼过程中，电极接触钢液容易造成钢液增碳，为了防止增碳，电弧电压应该高于 70V。

（3）长弧供电，采用泡沫渣操作，经济效益明显，意义重大。泡沫渣的厚度以大于电弧的长度为宜。实际操作中，钢包炉前期因为钢液和炉渣中间的氧含量较高，造泡沫渣的操作比较容易，随着脱氧的深入，泡沫渣的操作难度就会增加，所以精炼炉前期应该以较大的功率升温，温度达到目标以后进行保温操作。

（4）保温档操作，即采用较低的电压和功率，使得钢液的升温速度等于钢包的散热速度，钢液温度基本保持在一个稳定的范围。

根据热效率，输入电功率，钢水量，就可以简单推测出钢液的温度范围，以及不同功率送电档位的时间。表6-7是三座钢包炉的能量平衡表（普钢渣系）。

表6-7 三座钢包的能量平衡 （%）

钢 包 型 号	70t	120t	300t
输入能量	100	100	100
钢液升温能量所占比例	34.5	29.8	44
冷却水散失能量比例	22.2	15	13.88
电阻散失能量比例	16	16.7	18.2
烟气损失能量比例	6.1	5.2	8.6
炉体蓄热散失能量比例	8.55	11	8.4
炉渣内能的变化（炉渣熔化热）所占比例	2.3	7.1	4.8
其他散失	10.35	15.2	2.12

B 供电制度的控制要求

精炼期间的供电情况对于包衬寿命及精炼电耗有极大的影响。整个精炼期间根据不同阶段加热的供电要求：

初期　　　　低电压中电流
升温　　　　高电压大电流
保温　　　　低电压小电流
降温　　　　停电吹氩

钢包精炼炉有不同的供电档位：快速提温档——高电压大电流、慢速提温档——低电压中电流、保温档——低电压小电流。应根据需要选用适当的档位，以确保适当的升温速度：

（1）钢包到达精炼炉后，首先进行化渣提温操作。化渣时应采用低电压、中电流供电，以避免电弧对钢包寿命的影响。

（2）炉渣化好后应适当采用长弧操作，以进行快速提温，尽快将温度提升到目标要求温度。但整个提温精炼期间应尽可能以中档送电。送电的同时应根据实际情况适当补加渣料，以确保做到埋弧冶炼，从而减少包衬的侵蚀和钢液的吸气。

（3）如果钢水等待时间较长，钢液表面的炉渣已经结壳，为了确保顺利起弧，在进行送电操作之前应当首先将电极下的渣面打开，以确保电极可以接触到钢水顺利起弧。

（4）如果炉渣并未结壳，但还是起弧困难，可以向炉渣面上撒少量的炭粉或铝粒等，以达到顺利起弧的目的。

（5）如果有两包钢水在精炼炉进行精炼处理，则在送电时应注意，尽量以大功率送电，确保两包钢水温度都不至于太低而影响操作。

（6）如果精炼钢水中碳含量控制比较严，为了避免C成分出格，送电操作应尽量避免使用保温档，用大功率、长弧供电操作，以减少电极增碳。

（7）在钢包炉进行还原操作时，为确保适当的白渣保持时间，应尽量采用低档送电，以保持白渣，达到脱氧、去硫的精炼目的。

C 典型供电操作

典型变压器采用13级电压、6级电流曲线控制，最高升温速率达4.6℃/min，其电压、升温速率对照情况见表6-8。

表6-8 电压、升温速率对照

抽头	电压/V	曲 线	升温速率/℃·min⁻¹	电弧功率/MW
13	366	6	2.4	16.4
12	380	6	3.0	19.2
11	386	6	3.2	20.0
10	394	6	3.4	20.8
9	401	6	3.5	21.6
8	410	6	3.7	22.5
7	418	6	3.9	23.6
6	435	6	4.4	25.8
5	444	6	4.6	26.9
4	455	6	—	—
3	464	6	—	—
2	476	6	—	—
1	486	6	—	—

电弧升温速率参考见表6-9。

表6-9 抽头、曲线对应升温速率关系 （℃/min）

抽 头	曲 线			
	C6	C5	C4	C3
T13	2.74	2.77	2.78	2.76
T11	3.05	3.09	3.09	3.07
T8	3.71	3.76	3.77	3.74
T7	3.93	3.96	3.95	
T6	4.38	4.38		

精炼过程不同阶段抽头曲线要求为:

(1) 初期破壳,起弧化渣:采用11/4,11/5,11/6抽头曲线,保证短弧,中等电压,其中11/4化渣较快,但增氮比11/5,11/6多。

(2) 化渣升温:采用8/4的抽头曲线升温速度约为4.2℃/min,升温较稳定。

(3) 合金化及温度命中阶段:采用7/4的抽头,升温速率可达4.95℃/min,是可使用的最大功率,电耗和电极消耗也较低,但弧长较长,需要一定渣厚。特殊情况时可使用6/6抽头曲线进行升温,但须注意对耐火材料侵蚀严重,电耗高,电极消耗增加,使用6/6抽头曲线升温每次不得大于5min。

(4) 除初期起弧化渣外,全处理过程均须用埋弧操作,严禁用高电压裸弧强制调温,以免损害包衬,测温取样时须停电并抬起电极。

✏ 练 习 题

(多选) 影响 LF 炉加热升温效果的因素有 (　　　)。ABCD

A. 总渣量合适，埋弧效果好，加热效果越好

B. 变压器功率和加热档位的合理选择

C. 渣流动性好时，有利于改善升温效果

D. 钢包预热不充分，会影响加热升温效果

6.3.3.2 温度制度

LF 精炼炉对于处理的钢水温度有着一定的要求。钢水到站温度在冶炼钢种的液相线温度以上45℃左右最好，这样对于精炼炉的送电化渣脱硫、脱氧合金化、泡沫渣埋弧、保护炉衬、增加缓冲时间都有利。

LF 炉精炼进站、出站温度的确定见 6.3.2.2 节内容。

影响温度控制的主要因素是：

（1）钢包的烘烤控制。转炉出钢钢水的温降决定于出钢时间和加入合金、渣料量。包壁散热对钢水温度基本没有影响，但包壁蓄热，特别是距包壁内表面40mm 以内区域的包衬蓄热对出钢温降影响较大，即钢包内壁温度对出钢温降有明显影响。出钢过程中加入的合金量及其种类以及包内残余冷钢渣量都对出钢温降有明显的影响，图6-15是出钢时间、钢包残余冷钢对钢包温度的影响。

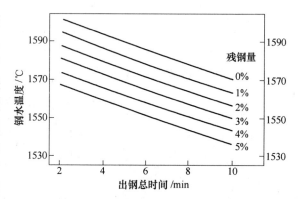

图6-15　出钢结束钢包内钢水温降值随出钢
时间和残余冷钢量的变化规律

（2）加入合金渣料对于温度的影响。加入合金和渣料以后，由于大部分的合金熔化需要吸收热量，所以加入合金的量对于温度控制很关键。这需要计算出合金加入对于温度的影响（表6-10）。表6-11是一座140t 钢包炉加合金对于温度的影响。

表 6-10　钢液中加入1%元素时对钢液温度的影响　　　　　（℃）

钢液温度	1570	1620
硅铁45	+0.5	+8.8
硅铁75	+16.5	
钛铁25	+1.0	
钒铁40	-9.1	
锰铁75	-13.2	-10
铬铁60	-15.3	-12.5
钼铁	-12.1	
硅锰20，70	-6.7	-0.6
硅锰17，70	-7.8	-2.3

表6-11 140t钢包每加100kg合金引起的温降

材 料	温降值/℃	材 料	温降值/℃
高碳Fe-Mn	-1.1 ~ -1.9	C粉	-4.4
低碳Fe-Mn	-0.8 ~ -1.5	渣料	-1.1
高碳Fe-Cr	-1.55 ~ -1.9	Fe-Mo	-0.8
低碳Fe-Cr	-1.5	Fe-Nb	-0.88
Fe-Si	+0.44	Fe-Ti	-0.74
Al	+1.33	Fe-Ni	-0.88

注：+表示升温；-表示降温。

（3）LF加热初期应注意的问题是合理的低电压、中电流操作。如果吹氩正常，炉渣渣料已经加入，此时就可以进行送电埋弧加热了。在加热的初期，炉渣并未熔化好，加热速度应该慢一些，可以采用低功率供电。熔化后，电极逐渐插入渣中，此时，由于电极与钢水中氧的作用、包底吹入气体的作用、炉中加入的CaC_2与钢水中氧反应的作用，炉渣就会发泡，渣层厚度就会增加。这时就可以以高电压、大电流、较大的功率供电，加热速度可以达到3~5℃/min。加热的最终温度取决于后续工艺的要求。

温度控制是钢包精炼的一项重要的操作内容，其对保证连铸顺利连浇是至关重要的，温度控制的原则如下：

（1）应严格控制出钢温度，确保钢包炉精炼的整个过程升温控制在50~80℃。

（2）对于服役中期且出钢前烘烤良好的钢包，当使用中档供电时，钢水的升温速度大致为1.5~4.5℃。

（3）对于不同钢种的钢水，钢包炉的出钢温度具体见分钢种工艺指导卡。在冬季和新钢包时，出钢温度可提高10℃。出钢温度必须控制在规定要求的±5℃范围之内，严禁出高温钢。

（4）冶炼结束后，发现钢水温度超过规定的范围，应进行温度调整。如果温度偏低，应重新送电提温直至达到规定的范围；如果温度偏高且偏差在+10℃以内，可以通过底吹搅拌降温，但应注意搅拌强度不得过大，以免钢水二次氧化或卷渣，以渣面微微隆起而且钢水不外露为宜，两个透气塞的底吹气体流量（标态）均控制在40~80L/min，此时钢包中钢水的降温速度约为0.5℃/min。

（5）如果在喂线前进行测温，应当考虑喂线操作会造成约2~10℃的钢水温降。

（6）如果钢包炉冶炼用的钢包是冷钢包、新钢包或结有包底的钢包，则精炼时间必须大于60min，以确保钢包内钢水温度均匀、包内结的冷钢熔化，从而避免连铸浇注过程中钢水温降过大。

6.3.3.3 吹氩制度

钢包炉的冶炼是建立在吹氩搅拌正常的基础上，LF精炼期间搅拌的目的是：均匀钢水成分和温度，加快传热和传质，强化钢渣反应，加快夹杂物的去除。根据LF炉精炼工艺不同阶段选择不同的搅拌功率，搅拌功率的计算参见4.3.2.1节。

具体数据如下：

工艺过程	搅拌功率选择/$W \cdot t^{-1}$
加热升温	100
加合金之后，测温取样前的混匀	150~200
脱硫及钢渣反应	300~500
脱氧及去夹杂，弱搅拌	30~50

均匀成分和温度等操作不需要很大的搅拌功率和吹氩流量，但是像脱硫反应这样的操作，应该使用较大的搅拌功率，将炉渣和钢水剧烈的混冲，以增加钢渣接触界面，加快脱硫反应速度。对于脱氧反应来说，过去一般认为加大搅拌功率可以加快脱氧。但是现在在脱氧操作中多采用弱搅拌——将搅拌功率控制在 30~50W/t。在 LF 的加热阶段不应使用大的搅拌功率。功率较大会引起电弧的不稳定。搅拌功率一般控制在 30~50W/t。加热结束后，从脱硫角度应当使用大的搅拌功率。对深脱硫工艺，搅拌功率应当控制在 300~500W/t。脱硫过程完成之后，应当采用弱搅拌，使夹杂物逐渐去除。加热后的搅拌过程会引起温降。不同容量的炉子、加入的合金料量不同、炉子的烘烤程度不同，温降会不同。炉子越大，温度降低的速度越慢。

LF 精炼结束，当脱硫、脱氧操作完成之后、精炼结束之前要进行合金成分微调。成分微调结束之后搅拌约 3~5min，对于特殊钢种，有的要进行终脱氧，进行喂线处理。喂线可能喂入合金线以调整成分，喂入铝线以调整终铝量，喂入硅钙包芯线或纯钙线对夹杂物进行变性处理。要达到对夹杂物进行变性处理的目的，必须使钢水深脱氧，而炉渣深脱氧，钢中的硫也必须充分低，对于需要进行真空处理的钢种，合金成分微调应该在真空状态下进行。喂线应该在真空处理后进行。这时候的吹氩一般控制在软吹，即小流量的吹氩。

LF 炉吹氩原则是：

（1）预吹氩采用大流量，保证渣壳熔化，钢水成分均匀，吹氩时间为 3~5min。

（2）造渣加热过程采用中小流量，保证电弧平稳，无雷鸣声。

（3）深脱硫过程采用大流量强搅拌。

（4）软吹时要保证渣面涌动不露钢液面、渣面微动为宜。

钢厂典型分阶段吹氩控制流量见表 6-12。

表 6-12 钢厂典型分阶段吹氩控制流量

阶 段	预吹氩	造渣升温	喷吹脱硫	调合金	软 吹
流量(标态)/$L \cdot min^{-1}$	300~500	200~400	400~700	300~500	50~100

在实际生产中，如果气体搅拌启动后，发现钢水没有搅拌运动或搅拌运动不足，可增加气体流量，如果发现气体流量增加不明显或搅拌运动仍然不足，则可判定底吹透气塞堵塞。如果遇到钢包底吹效果不好时，可用高压氩气吹堵，要求最多用 3 次，每次小于 1min。也可采用事故顶枪吹堵，流量（标态）800~1000L/min。如果进行该操作后透气塞仍然不能打开，则必须进行倒包操作。

练习题

1. （多选）对 LF 炉各时期吹氩强度的说法，正确的是（　　）。BCD
   A. 化渣阶段强吹　　　　　　B. 加热阶段采用低吹气强度
   C. 调成分采用强吹　　　　　D. 脱硫阶段采用强吹

2. （多选）关于 LF 炉钢包吹氩条件下去除夹杂物的原理，说法正确的是（　　）。ACD
   A. 钢包底吹氩条件下钢液中夹杂物的去除主要依靠气泡的浮选作用
   B. 钢包吹氩条件下，主要依靠夹杂物的自由上浮来实现夹杂物的有效去除
   C. 夹杂物颗粒被气泡捕获过程中，夹杂物颗粒与气泡的碰撞和黏附起核心作用
   D. 小气泡比大气泡更有利于捕获夹杂物

3. （多选）LF 炉精炼中期阶段，即取到站样至取过程样时间段的主要任务为（　　）。ABC
   A. 在保证初样准确的前提下，调整成分，力争各项成分基本合格
   B. 微调渣量、渣系，保持白渣精炼，促使夹杂物上浮
   C. 保持所需的精炼温度
   D. 对钢液进行终脱氧及夹杂物变形处理

4. LF 炉钢水精炼结束样的取样时间应为（　　）。B
   A. 软吹前　　B. 软吹 4min 后　　C. 软吹结束前 4min 内　　D. 软吹结束后

6.3.3.4 造渣制度

A LF 精炼渣的功能组成

LF 精炼渣的基本功能为深脱硫，深脱氧、起泡埋弧，上浮非金属夹杂，净化钢液，改变夹杂物的形态，防止钢液二次氧化和保温。

LF 精炼渣根据其功能分为基础渣、脱硫剂、发泡剂和助熔剂。渣的熔点一般控制在 1300~1450℃，渣 1500℃的黏度一般控制在 0.25~0.6Pa·s。

LF 精炼渣的基础渣一般多选用 $CaO\text{-}SiO_2\text{-}Al_2O_3$ 系三元相图的低熔点位置的渣系。基础渣最重要的作用是控制渣碱度，而渣的碱度对精炼过程脱氧、脱硫均有较大的影响。

精炼渣的主要成分和作用见表 6-13。

表 6-13 精炼渣的主要成分和作用

渣组分名称	作　用
CaO	调节渣碱度，脱硫剂
SiO_2	调节渣碱度和黏度
Al_2O_3	调整 $CaO\text{-}SiO_2\text{-}Al_2O_3$ 三元系渣处于低熔点位置
$CaCO_3$	脱硫剂、发泡剂
$MgCO_3$	发泡剂，分解后产生氧化镁对包衬起保护作用
$BaCO_3$	发泡剂，脱硫剂，并可抑制钢液回磷

渣组分名称	作 用
Na_2CO_3	发泡剂，脱硫剂，助熔
K_2CO_3	发泡剂，脱硫剂，助熔
Al 粒	强脱氧剂，且优先与 CaO 脱硫产生的氧反应，提高了脱硫效果
Fe-Si	脱氧剂，净化钢液
RE	脱氧剂，脱硫剂，脱硫生成高熔点稀土硫化物几乎不回硫，并能提高粉剂重度
CaC_2	脱氧剂，脱硫剂，其脱氧产物使熔渣前期发泡
SiC	脱氧剂，其脱氧产物使熔渣前期发泡
C	脱氧剂，其脱氧产物使熔渣前期发泡
Ca-Si	脱氧剂，使钢中 Al_2O_3 夹杂变性为低熔点铝酸盐夹杂浮出
CaF_2	助熔，调整渣的黏度

精炼渣系组成分析如下：

（1）CaO：CaO 是炼钢生产中造渣、脱磷、脱硫等必不可少的成分，其来源广泛，是精炼渣系的主组元。为了保证脱硫效果，要求精炼渣系中含有较高的自由 CaO 量。从脱硫角度要求，其含量为 50%~70%；从扩散脱氧角度看，增加 CaO 的含量有利于降低 SiO_2 活度，渣中的氧势随 CaO/SiO_2 的增大而降低；CaO 可降低 CaO-Al_2O_3 渣系的表面张力，并形成 $2CaO \cdot SiO_2$ 高熔点化合物，适当增加 CaO 含量，有利于泡沫渣的形成。考虑到以上三个方面，确定精炼渣中 CaO 量为 50%~60%。

（2）Al_2O_3：Al_2O_3 主要来源于原料和脱氧产物，其对脱氧效果的影响有两个方面，一方面随着 Al_2O_3 含量的增加，炉渣黏度降低，促进渣—钢反应，有利于脱硫；另一方面 Al_2O_3 含量增加会降低 CaO 的活度，抑制脱硫的进行。当 Al_2O_3 含量为 15%~25% 时，随着 Al_2O_3 含量的增加，大大提高脱硫能力。在 CaO-SiO_2-Al_2O_3-MgO 渣系中，Al_2O_3 在 15%~35% 时，随着 Al_2O_3 含量的增加，渣黏度也提高，有利于泡沫渣保护良好的状态。有关资料认为，精炼脱硫渣中，Al_2O_3 的最佳含量范围是 20%~25%。

（3）SiO_2：SiO_2 主要来源于原料和脱氧产物，主要起助熔剂的作用，SiO_2 含量增加对脱氧、脱硫不利。SiO_2 属于表面活性物质，它的增加有利于提高渣膜的弹性和强度，并使精炼渣密度降低、黏度增加、表面张力降低、促进精炼渣发泡，有利于减少钢中点状夹杂物。因此，确定 SiO_2 含量为 10%~20%。

（4）CaF_2：CaF_2 可显著降低精炼渣黏度，改善炉渣流动性，增加传质。增加 CaF_2 含量，能降低炉渣表面张力，有利于炉渣发泡。但 CaF_2 含量过高不仅不利于化渣，而且对包衬侵蚀也较快。因此在与 CaO 量匹配的基础上控制 CaF_2 的加入量为 5%。

（5）其他组元：炉渣的氧化性取决于渣中 FeO 及 MnO 的含量。渣中 FeO + MnO 含量对脱硫效果有较大的影响，其含量大于 1% 时，脱硫效率将明显下降。FeO 的活度受熔渣成分变化的影响较大。渣组成不同，FeO 和 MnO 影响脱硫的性质有所区别，为达到较高的脱硫效率，应严格限制渣中（FeO）+（MnO）含量低于 1%。此外，$CaCO_3$ 脱硫剂、发泡剂；$MgCO_3$、$BaCO_3$、Na_2CO_3 脱硫剂、发泡剂、助熔剂；Al 粒强脱氧剂；Fe-Si 脱氧剂；RE 脱氧剂、脱硫剂；CaC_2、SiC、C 脱氧剂及发泡剂。

在炉外精炼过程中，在不同阶段调节不同炉渣成分，可以达到脱硫、脱氧甚至控氮的目的，可以吸收钢中的夹杂物，可以控制夹杂物的形态。还可以形成泡沫渣（或者称为埋弧渣）淹没电弧，提高热效率，减少耐火材料侵蚀。因此，在炉外精炼工艺中要特别重视造渣。

B 精炼炉熔渣的泡沫化

LF 炉用 3 根电极加热，加热时电极插入渣中进行埋弧操作。为使电极能稳定埋在渣中，需调整基础渣以达到良好的发泡性能，使炉渣能发泡和保持较长的埋弧时间。所以精炼渣不仅要有优良的物理化学性质，而且应有良好的发泡性能，以进行埋弧精炼，减少高温电弧对炉衬耐火材料和炉盖的辐射所引起的热损失。

但是在精炼条件下，由于钢水已经进行了深度不同的脱氧操作，钢中的碳和氧含量都较低，不会产生大量的气体，要形成泡沫渣有一定的困难。一般认为，在精炼渣的条件下，熔渣泡沫化性能取决于熔渣的表面张力和黏度，同时与发泡剂的产气效果密切相关。首先造大部分精炼渣作为基础渣，然后再加入一定数量的发泡剂，如碳酸盐、碳化物（SiC）、炭粉等，可使炉渣发泡。基础渣发泡性能的好坏，对整个埋弧渣操作过程非常重要。

C LF 典型渣

（1）埋弧渣。要达到埋弧的目的，就要有较大厚度的渣层。但是精炼过程中又不允许过大的渣量，因此就要使炉渣发泡，以增加渣层厚度。使炉渣发泡，从原理上讲有两种方法，即还原渣法和氧化渣法。在炉外精炼工艺中，除了冶炼不锈钢外，精炼过程都需要脱氧和脱硫，因此最好是采用还原性泡沫渣法。

采用还原性泡沫渣法不但可以达到埋弧的目的，而且可以同时脱硫。目前造还原泡沫渣的基本办法是在渣料中加入一定量的石灰石，使之在高温下分解生成二氧化碳气泡，并在渣中加入一定量的泡沫控制剂，如 $CaCl_2$ 等来降低气泡的溢出速度。但是还原泡沫渣的工艺目前仍然不够成熟。

LF 造氧化性泡沫渣的基本办法是控制渣中（FeO）的活度。在高碱性渣的条件下，如果控制渣中 a_{FeO} 偏低，可以向钢水中加入一定量的氧化铁皮或者铁矿石；如果偏高，可以向炉中加入铝粒或铝块。

（2）脱硫渣。日本某厂通过炉外精炼的有关操作可将钢中硫降到 0.0002% 的水平。脱硫要保证炉渣的高碱度、强还原性，即渣中自由 CaO 含量要高；渣中（FeO）+（MnO）要充分低，一般小于 1% 是十分必要的。从热力学角度讲，温度高利于脱硫反应，且较高的温度可以造成更好的动力学条件而加快脱硫反应。

要使钢水脱硫，首先必须使钢水充分脱氧。要保证钢中 $a_{[O]} \leqslant 0.0002\% \sim 0.0004\%$（其实 $a_{[O]}$ 如此低，$f_{[O]} = 1$，$a_{[O]} = [O]$）。经常使用的脱硫合成渣组成是：（CaO）=45%～50%，（CaF_2）=10%～20%，（Al_2O_3）=5%～15%，（SiO_2）=0～5%。过多的（SiO_2）会降低炉渣的脱硫能力，但是它却可以降低炉渣的熔点，使炉渣尽快参加反应，起到对脱硫有利的作用，（SiO_2）不超过 5% 就不会对脱硫造成不利影响。

钢包到达 LF 工位后，根据脱硫要求加入适量 CaO-Al_2O_3 合成渣，并对钢包渣进行脱氧，使渣中的（FeO）+（MnO）< 1%。在 LF 处理过程中，要控制底吹氩流量。对于深脱硫

钢，为了强化渣钢界面的脱硫反应，宜采用较强的搅拌方式。

（3）脱氧渣。LF 精炼过程一方面要用脱氧剂最大限度地降低钢液中的溶解氧，在降低溶解氧的同时，进一步减少渣中不稳定氧化物$(FeO) + (MnO)$的含量；另一方面要采取措施使脱氧产物上浮去除。

用强脱氧元素铝脱氧，钢中的酸溶铝达到$0.03\% \sim 0.05\%$时，钢液脱氧完全，这时钢中的溶解氧几乎都转变成Al_2O_3，钢液脱氧的实质是钢中氧化物去除问题。

因此，衡量精炼渣的脱氧性能的优劣也应该从两个方面来理解，首先精炼渣的存在应该增强硅铁、铝等脱氧元素的脱氧能力，另外精炼渣的理化性质应该有利于吸收脱氧产物。实践证明，脱氧产物的活度降低能大大改善脱氧元素的脱氧能力。对于铝镇静钢所用精炼渣，降低Al_2O_3的活度有重要的意义。当合成渣中的 CaO 含量较高，Al_2O_3的活度较低时，精炼合成渣有较好的促进脱氧效果。

从$CaO\text{-}Al_2O_3$渣系的相图可知，合成渣较低的熔点可以保证熔渣具有良好的高温流动性，$CaO\text{-}SiO_2\text{-}Al_2O_3$系渣中$SiO_2$的出现有利于精炼渣熔点的降低。适当增加渣中 CaO 的含量能更显著地降低Al_2O_3的活度。这些因素都有利于渣对钢水中非金属夹杂物（主要是Al_2O_3）的吸收。

铝（硅）镇静钢中存在的夹杂物主要是Al_2O_3型，因此需要将渣成分控制在易于去除Al_2O_3夹杂物的范围。渣对Al_2O_3的吸附能力可以通过降低Al_2O_3活度、降低渣熔点以改进Al_2O_3的传质系数来实现。

在$CaO\text{-}SiO_2\text{-}Al_2O_3$三元渣系相图中，渣成分接近 CaO 饱和区域，$Al_2O_3$的活度变小，可以获得较好的热力学条件，但由于熔点较高，吸附夹杂效果受影响，在渣处于低熔点区域时，吸附夹杂物能力增强，但热力学平衡条件恶化。其解决办法是渣成分控制在 CaO 饱和区，但向低熔点区靠近。具体的措施是控制渣中Al_2O_3含量，使$(CaO)/(Al_2O_3)$控制在$1.7 \sim 1.8$之间。生产低氧钢的主要工艺措施有：

（1）尽可能脱除渣中(FeO)、(MnO)，使顶渣保持良好的还原性。

（2）使渣碱度控制在较高程度，阻止渣中SiO_2还原。

（3）采用$CaO\text{-}Al_2O_3$合成渣系，并将炉渣成分调整到易于去除Al_2O_3夹杂物的范围。

（4）合适的搅拌制度。在 LF 处理低氧钢过程中，为防止炉渣卷入和钢水裸露，一般采用较弱的搅拌强度。

D 白渣的概念

渣的碱度、氧化性和流动性直接与钢液的脱硫脱氧有关，高碱度、强还原性和强流动性有利于脱硫脱氧。所谓的白渣是指炉渣二元碱度（CaO/SiO_2）大于 1.5，渣中$(FeO) + (MnO) < 1.0\%$，炉渣在粘渣棒上呈现白色的炉渣。需要说明的是，渣碱度不够，炉渣很难变成白渣。

黑渣是指渣中$(FeO) + (MnO) > 2.0\%$，炉渣呈现黑色，叫氧化黑渣。

灰渣或者黄渣是指渣中$(FeO) + (MnO)$介于$1\% \sim 2\%$的炉渣。

精炼炉白渣的主要成分为硅酸二钙，在温度低于 400℃左右，发生晶型转变伴有体积变化，即粉化现象。白渣中主要成分$2CaO \cdot SiO_2$的多晶型转变相图见图 6-16。

判断精炼炉冶炼白渣的基本特征是：电极孔和炉盖缝隙处冒出明显浓重的白色烟气，炉渣发泡性能良好，粘渣棒粘渣以后，粘渣棒上面裹有均匀的一层白渣，冷却以后先是碎

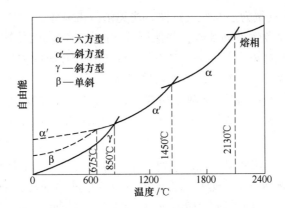

图6-16 2CaO·SiO₂的晶型转变相图

裂，搁置一段时间以后会粉化。

精炼炉冶炼过程中，白渣形成以后，随着时间延长，扩散脱氧的进行，钢液中氧传入渣中，会导致白渣变黄或者淡黄，甚至变黑渣。所以白渣形成以后，需要根据脱氧的进程，添加扩散脱氧剂，保持白渣。

典型白渣成分见表6-14。

表6-14 典型白渣成分 （%）

白渣成分	硅镇静钢 [Si]≥0.30%	硅镇静钢 [Si]<0.30%	硅镇静钢 [C]≥0.5%	铝镇静钢 [Al]≥0.01%
SiO₂	20~25	8~15	35~40	<10
CaO	50~52	55~60	40~45	55~60
MgO	8~10	<10	5	6~8
Al₂O₃	5~7	<8	5	25~30
FeO	<0.5	<0.5	<0.5	<0.5
MnO + Cr₂O₃	<0.5	<0.5	<0.5	<0.5
CaF₂	7	7	0	1
S	0.3~1.5	0.3~1.5	0.3~1.5	0.3~2.0
R	3	3	1.0~1.5	4

结合以上分析，LF炉白渣精炼工艺要点如下：

（1）出钢挡渣，控制下渣量不高于5kg/t。

（2）钢包渣改质，控制包渣 $R \geq 2.5$，渣中(FeO) + (MnO)≤3.0%。

（3）白渣精炼，一般采用 CaO-SiO₂-Al₂O₃ 系炉渣，控制包渣 $R \geq 3$，渣中(FeO) + (MnO)≤1.0%（表6-15），保持熔渣良好的流动性和较高的渣温，保证脱硫、脱氧效果。

表6-15 铝镇静钢和硅镇静钢目标渣系成分 （%）

项 目	CaO	SiO₂	Al₂O₃	MgO	(FeO) + (MnO)
铝镇静钢	55~65	5~10	20~30	4~5	<0.5
硅镇静钢	50~60	15~20	15~25	7~10	<1

（4）控制 LF 炉内气氛为还原性气氛性，避免炉渣再氧化。

（5）适当搅拌，避免钢液面裸露，并保证熔池内具有较高的传质速度。

总之，LF 炉造渣要求快、白、稳。"快"就是要在较短时间内造出白渣，处理周期一定，白渣形成越早，精炼时间越长，精炼效果就越好；"白"就是要求（FeO）降到1.0%以下，形成强还原性炉渣；"稳"有两方面含义，一是炉与炉之间渣子的性质要稳，不能时好时坏，二是同一炉次的白渣造好后要保持渣中(FeO)≤1.0%，提高精炼效果。

E　造渣操作的要求

钢包炉造渣对钢水精炼效果和提高包衬使用寿命很关键，造渣操作的要求如下：

（1）造渣材料主要为石灰、萤石、火砖砂以及造白渣用的还原剂（如 SiC、电石、硅铁粉或铝粉等），其加入比例为石灰:萤石 = (6~8):1，出钢时向钢包中加入约占出钢钢水量0.5%~0.8%的石灰及相应的萤石。在精炼开始后可根据情况适当补加石灰及萤石，但石灰加入总量应控制在钢水量的0.8%~1.0%，并且精炼渣量一般为钢液重量的1.5%~2.0%。渣层厚度应在70~100mm。以确保良好的精炼效果。

（2）根据钢水中 S 含量及成品 S 的要求，可适当调整渣量，加入的渣料熔清、合金熔化均匀以后开始加入渣料，分批加入石灰及预熔型合成渣。第一批加入石灰、预熔渣，处理过程再追加1~2批石灰，一般等上批料熔化后再加入下一批。

（3）造渣期间，要随时观察渣的流动性，太稠则加入预熔渣，太稀则加入石灰进行调整。

（4）造还原渣（白渣）操作：对于冶炼合金含量比较高或对气体、夹杂控制比较严的钢种，为提高合金元素吸收率或达到良好的去气去夹杂目的，要求进行白渣操作。具体操作方法是：钢包炉初期渣形成之后，观察炉渣的颜色和流动性，向钢包内炉渣表面上撒还原剂（如 SiC、硅铁粉、电石或铝粉等）进行炉渣脱氧，使渣中（FeO）含量降至0.8%~1%以下，并且颜色由黄色变为白色。还原剂（SiC、硅铁粉、电石、铝粉）的加入原则是少量多批次，操作期间应注意观察，白渣形成并稳定之后就可以关闭炉门并适当降低送电功率以保持白渣。

（5）通电中采用复合脱氧剂进行炉渣脱氧，采用少量多批的方法，加在电极附近的渣面上，避免投入钢水裸露面或电弧下。要求全程渣面脱氧、保持白渣。LF 全程复合脱氧剂加入量控制在一定范围内。

（6）对于铝镇静钢，通电6~8min 左右加入铝铁或者铝锰铁。

（7）加渣料及复合脱氧剂过程中，吹氩流量控制在中、小流量，造渣和通电中避免使用高压旁通操作。

（8）对于还原剂选择，一般原则是：对于碳素结构钢、低合金钢等质量要求不高的钢种，可以使用 SiC 或电石；对于高合金钢、弹簧钢等质量要求比较严的钢种，应使用硅铁粉、铝粉或电石造还原渣，以提高钢水的纯净度。使用 SiC 或电石时应当特别注意，当炉渣氧化性较强时，加 SiC 的速度应当尽量缓慢，以免炉渣剧烈反应，突然大量发泡溢出钢包，造成设备损坏或伤及操作人员。

（9）在白渣操作过程中，如果出现冒黑烟的情况，要及时采取措施（如打开炉门等）破坏电石渣。

（10）在整个精炼期间应密切注意精炼渣的情况，根据情况随时补加渣料，以确保良好的精炼效果。如果炉渣返干、结块，可以适当补加部分萤石；如果炉渣过稀，可适当补加石灰。白渣形成之后应尽量少开启炉门，以保持良好的炉内还原气氛。此时可以通过电弧噪声判断炉内渣况。

练习题

1. 钢包炉热点区耐火材料损耗的原因不包括（　　）。C

    A. 电弧辐射　　　　　　B. 炉渣侵蚀　　　　　　C. 泡沫渣操作　　　　　　D. 钢液冲刷

2. 下列渣系中，（　　）对包衬侵蚀比较严重。B

    A. CaO-SiO_2基渣系　　　　B. CaO-CaF_2基渣系　　　C. CaO-Al_2O_3基渣系

3. （多选）下列（　　）措施可减少钢包炉热点区耐火材料损耗。ACD

    A. 采用较小的电极极心圆

    B. 采用较大的电极极心圆

    C. 在渣线附近采用耐火度高、抗渣性强的耐火砖，并定期修补钢包

    D. 采用泡沫渣埋弧操作

4. （多选）下列（　　）措施可有效降低钢包炉耐火材料的实效侵蚀指数。ABD

    A. 采用小的电极极心圆　　　　　　　　B. 采用泡沫渣长弧操作

    C. 采用短弧操作　　　　　　　　　　　D. 采用泡沫渣操作

5. （多选）造成钢包炉热点区耐火材料损耗的原因包括（　　）。ABCD

    A. 强大的电弧辐射造成耐火材料过热　　　B. 炉渣侵蚀造成熔损和剥落

    C. 热点区温度急变　　　　　　　　　　　D. 钢液冲刷

6. 精炼钢水过程中，钢液面上的渣厚对过程温降有影响。（　　）√

7. 冷镦钢SWRCH22A钢种在LF炉处理过程中，溢渣严重，可在渣面加入（　　），待液面平静后再正常处理。B

    A. 电石　　　　　　　B. 铝粒　　　　　　　C. 硅铁粉

8. 以LF炉造白渣后所取（　　）成分作为LF炉微调成分的依据。B

    A. 到站样　　　　　　B. 过程样　　　　　　C. 结束样　　　　　　D. 成品样

9. （多选）预熔型精炼渣的特点是（　　）。ABC

    A. 炉渣纯净度高，化学成分均匀、物相稳定、熔点低，成渣速度快，可大幅度缩短精炼时间，提高钢水洁净度

    B. 不含氟或少含氟，减少炉衬侵蚀

    C. 结构致密、不吸水，便于储存，不粉化，不挥发

    D. 生产成本较低

10. （多选）LF炉终渣呈白色，是由于渣中（　　）含量低。BC

    A. CaO　　　　　　　B. FeO　　　　　　　C. MnO　　　　　　　D. Al_2O_3

11. （多选）CaO-Al_2O_3精炼渣系的特点是（　　）。BCD

    A. 渣系对炉衬侵蚀严重，包衬寿命显著降低

B. 具有较强的脱硫能力和较低的熔化温度

C. 具有较强的吸收 Al_2O_3 夹杂的能力

D. 该渣系有利于包衬寿命的提高

12. （多选）LF 炉造渣过程中，常用的化渣剂包括（　　　）。BC

　　A. 白灰　　　　　　B. 铝矾土　　　　　　C. 萤石　　　　　　D. 合成渣

F　典型造渣操作

对于 210t LF 炉，加造渣料操作：初渣熔化后，根据脱硫和埋弧需要分 2～3 批加入造渣剂 800～2000kg，根据渣况加入铝矾土（200～500kg）或萤石（100～300kg），保证白渣具有良好流动性。

操作工根据渣况，少量多批从加料口向渣面加入 Si-Fe 粉、电石、铝粒进行造白渣操作，造渣完毕渣中应使 $(FeO) + (MnO) \leq 1\%$，并保持到加热位处理结束。

精炼过程随时调整除尘阀开度，保证微正压操作。

分批加渣料：初渣熔化后，根据脱硫和埋弧需要分 2～3 批加入造渣剂 800～2000kg，根据渣况加入铝矾土或萤石，保证白渣具有良好流动性。

根据渣况，少量多批从加料口向渣面加入 Fe-Si 粉、电石、铝粒进行造白渣操作，造渣完毕渣中应使 $(FeO) + (MnO) \leq 1\%$，并保持到加热位处理结束。

精炼过程渣钢成分变化如图 6-17 所示。

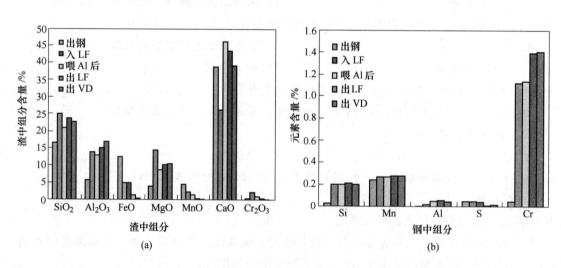

图 6-17　精炼过程渣钢成分变化

(a) 不同阶段渣中组分的变化；(b) 不同阶段钢中各元素含量的变化

6.3.3.5　成分控制

LF 炉成分的控制对于炼钢有一定的要求，主要如下：

（1）冶炼结束出钢过程中严格禁止下渣，以防止成分波动范围大、脱氧困难等现象的发生，增加冶炼成本，影响生产周期。

（2）LF 第一次取样的成分，即到站成分，应符合表 6-16 标准。

表 6-16 钢水进站成分规格

钢种目标成分元素	到站成分	
	上 限	下 限
C≤0.10%	目标成分下限	目标成分下限 −0.04%
0.10% < C≤0.25%	目标成分下限	目标成分下限 −0.05%
C>0.25%	目标成分下限	目标成分下限 −0.010%
Si	目标成分下限 −0.02%	目标成分下限 −0.15%
Mn	目标成分下限	目标成分下限 −0.20%
Al	≤目标成分上限 +0.02%	目标成分下限

LF 炉成分的控制一般分为粗调和微调,粗调一次,微调 1~3 次。粗调就是钢水到站以后,炉渣熔清化好,合金熔化均匀;吹氩搅拌至少在 3min 后,测温,钢水温度在液相线温度以上 45℃取样;精炼炉测温取样分析以后,根据钢水中的成分,对于主要元素进行粗调,将它们的成分范围控制在比成分下限低 0.05% 左右。取样器如图 6-18 所示。

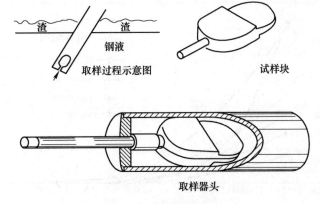

图 6-18 取样器示意图

在还原渣形成后加入合金进行微调,合金吸收率高,易于命中目标,这时候将化学成分分为 1~3 次调整好。由于这类调整成分范围较小,所以叫做微调。取样的试样要求快速插入钢水深大于 300mm 左右,位置靠近吹氩搅拌区,保持 3~5s 左右后迅速提起取样棒,拉出钢液面,确认试样无渣无气孔无冒涨。取样符合操作规范,具有代表性要做到:

(1) 添加合金、还原剂后不能马上取样。

(2) 渣况不好出现灰色、褐色、棕黄色,要等渣转白再取样,不然会出现取样无代表性。

(3) 温度过低会出现取样无代表性,不宜取样。

各种合金加入量的计算参见第 2 章。

合金加入的基本原则如下:

(1) 合金元素加入钢包炉内,加入量要合适,保证熔化迅速,成分均匀,吸收率高。

(2) 合金元素和氧的亲和力比氧和铁的亲和力小时,这些合金可在转炉出钢期完全加入，如 Ni、Cu、W、Mo。

（3）某些合金元素和氧的亲和力比氧和铁的亲和力大时，这些合金可部分在炼钢出钢期加入，少量在精炼期加入，如 Cr、Mn、V、Si。

（4）某些合金元素和氧的亲和力比氧和铁的亲和力大得多时，这些合金元素必须在脱氧良好的情况下加入，如 Ti、B、Ca。

（5）常用合金元素和氧的亲和力的顺序由弱到强的顺序如下：

Ag、Cu、Ni、Co、W、Mo、Fe、Nb、Cr、Mn、V、Si、Ti、B、Zr、Al、Mg、Ca

不同元素的脱氧能力如图 6-19 所示。

不同碱度下硅的脱氧能力如图 6-20 所示。

LF 炉精炼合金元素的吸收率见表 6-17。

一些特殊合金的成分见表 6-18。

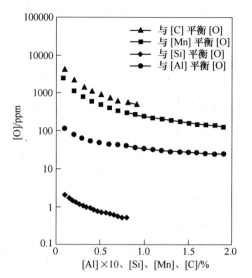

图 6-19 不同元素的脱氧能力

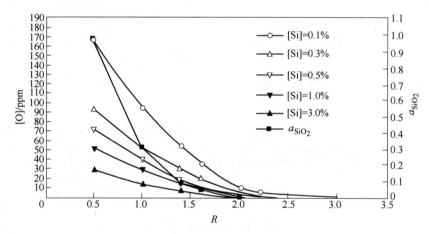

图 6-20 不同碱度下硅的脱氧能力

表 6-17 不同合金元素的吸收率 （%）

合金名称	吸收率	合金名称	吸收率
高碳锰铁	98~100	钼 铁	100
低碳锰铁	98~100	镍 铁	100
高碳铬铁	95~100	铌 铁	100
低碳铬铁	95~100	钨 铁	100
硅 铁	65~95	钛 铁	40~70
增碳剂	90~95	铝	40~75

表 6-18　特殊合金的成分

名称	牌号	化学成分/%							粒度 /mm	筛下物 /%
		主要成分	C	Mn	Si	P	S	其他		
钼铁	Fe-Mo60S10	Mo≥60	≤0.15		≤2.0	≤0.05	≤0.10	Cu≤0.5	10~50	≤5
硼铁	Fe-B20-A	B 18.0~20.0	≤0.35		≤4.0	≤0.05	≤0.01	Al≤0.5	10~50	≤5
钒铁	Fe-V50-A	V≥50.0	≤0.40	≤0.5	≤2.0	≤0.07	≤0.04	Al≤0.5	10~50	≤5
钛铁	LCFe-Ti70	Ti 68.0~72.0	≤0.30	≤2.5	≤0.5	≤0.04	≤0.03	Cu≤0.4	10~50	≤5
铌铁	BXFe-Nb	Nb+Ta≥63.0	≤0.15		≤2.0	≤0.12	≤0.10	Ta≤0.4	10~40	≤5
钨铁	Fe-W80-C	W 75.0~85.0	≤0.40	≤0.50	≤0.70	≤0.05	≤0.08	Pb≤0.05	≤10	
镍铁	Fe-Ni	Ni 45±1.0				≤0.03	≤0.03	Cu≤3.0	10~50	≤3
磷铁	Fe-P24	P 23.0~26.0	≤1.0	≤2.0	≤3.0			≤0.5	10~50	≤5
氮锰合金	Mn-N	Mn 75.0~80.0	≤0.5		≤3.5	≤0.3	≤0.02	N 4.0~6.0	10~50	≤5
硫铁	Fe-S	S≥22.0	≤0.03	≤0.08		≤0.03		Fe 余量	10~50	≤3

LF 成分控制精度可达到表 6-19 所示的水平。

表 6-19　LF 成分控制精度

成分	C	Si	Mn	Cr	Mo	Ni	$[Al]_s$
精度控制/%	±0.01	±0.02	±0.02	±0.01	±0.01	±0.01	±0.009

钢水成分控制应注意的问题有：

（1）在补加合金前，必须准确掌握钢水量及各种合金成分，合金加入量的计算必须要经过复核，以保证准确无误。要能准确识别各类常用合金，防止误用。称量合金要准确，并经过复核才能加入钢包内。精炼钢包内合金熔化的条件较差，因此不宜加入块度较大的合金，一般控制在 10~30mm。

（2）合金加入钢包内时，注意勿碰击电极，必要时应停止加热。

（3）为了确保较稳定的合金元素吸收率，加合金前钢包中的渣应脱氧良好，渣呈白色为好；加完全部合金到开始软吹必须有足够的时间，使合金充分熔化；加入合金数量较多必须考虑合金熔化吸热造成的钢液温度下降，并进行补热。

（4）合金成分控制：待取样分析结果出来后，根据分析结果调整成分。在补加合金时必须考虑合金中其他元素对钢液成分的影响。如加入高碳锰铁和高碳铬铁时要考虑带入的 $[C]$ 量，使用高铝（$[Al]>1.2\%$）硅铁或硅铁加入量较大时要考虑钢水中铝含量的升高，喂 Ca-Si 时要考虑增加 $[Si]$ 量，喂 Ti 线或加 Fe-Ti 时也要考虑增加 $[Si]$ 量。

（5）碳含量控制：考虑到从钢包炉出钢至连铸浇注成成品的过程中，有 0.01%~0.03% 的过程增碳，因此原则上钢包炉应将出钢时的碳含量控制在规格中、下限。增碳操作时应适当增大底吹搅拌强度，以确保炭粉的溶解吸收。严禁将电极插入钢水中进行增碳。如果冶炼时间比较长，在进行增碳操作时还应注意石墨电极、还原剂（如SiC、电石等）等的增碳作用。

（6）S含量控制：脱硫是钢包精炼的一项重要的任务。脱硫的一个重要手段是造白渣，同时提高炉渣的碱度（$R = [(CaO) + (MgO)]/SiO_2 = 3 \sim 4$ 左右）。如果钢水中S含量太高，可以考虑增大渣量（石灰总加入量大于钢水量的1.0%）、提高萤石的配入量（石灰:萤石 = $(4 \sim 5):1$）以及加强搅拌强度（搅拌气体流量高出正常20%~30%）。

（7）为了稳定连铸的浇注工艺以及钢材的性能，在同一个中间包连浇期间，应尽量控制使各炉次间的化学成分保持稳定一致。

经LF炉造渣处理后渣成分的变化见图6-21。

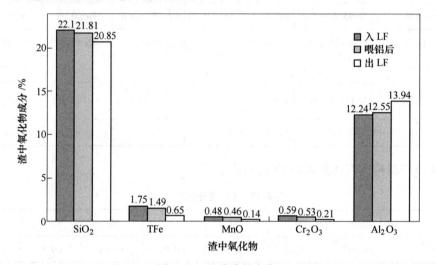

图6-21　渣成分的变化

经LF炉造渣处理后不同碳含量下钢水氧活度的变化如图6-22所示。

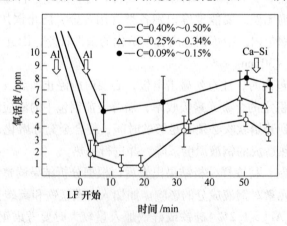

图6-22　不同碳含量下钢水氧活度的变化

出LF精炼站时溶解氧对钢液全氧的影响如图6-23所示。

钢水氧活度和渣中全氧的关系如图6-24所示。

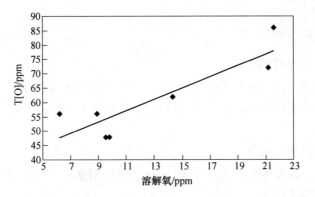

图 6-23　溶解氧对钢液全氧的影响

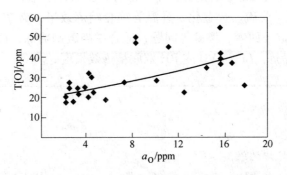

图 6-24　钢水氧活度和渣中全氧的关系

练习题

1. （多选）LF 炉生产中、高碳钢时，有利于钢液碳成分控制的因素包括（　　）。BD
   A. 电极和含碳钢包耐火材料的侵蚀导致钢液增碳
   B. 炉渣流动性好，碱度高
   C. 炉渣氧化性强
   D. 底吹氩搅拌充分

2. （多选）LF 炉生产中、高碳钢时，影响钢液碳成分控制的因素包括（　　）。ABCD
   A. 电极增碳
   B. 含碳钢包耐火材料的侵蚀导致钢液增碳
   C. 炉渣氧化性强影响增碳剂的碳收得率
   D. 氩气搅拌强度不够，钢液成分不均匀

3. LF 炉精炼生产高铝钢过程中，有时会发生回 Mn、回 Si 的现象。（　　）√

4. LF 炉精炼过程发生回 Mn、Si 的现象，是因为 Mn、Si 与氧的亲和力较高。（　　）×

5. 电极消耗和含碳钢包耐火材料被侵蚀均会导致钢液增碳。（　　）√

6.3.3.6　测温取样定氢定氧标准

测温取样定氢定氧内容见《炼钢生产知识》6.2 节。

6.3.4　LF 炉的工艺控制

6.3.4.1　LF 炉的时间管理

LF 炉单炉目标在站时间（座包至吊包）：50 ~ 60min；连浇 LF 炉处理周期为 38 ~ 42min，平均处理时间为 40min。异常情况下，保钢水成分、温度、弱吹符合要求，小于此时间可组织连浇。

6.3.4.2　LF 炉精炼效果

钢水成分精确，温度均匀，夹杂物充分上浮净化钢水，并很好地协调炼钢和连铸生产，使得多炉连浇得以顺行。

LF 炉精炼功能全面，五大要素除了真空都有，要素配置合理、投资低、设备简单；工艺灵活可达到脱氧、脱硫、合金化、升温等综合精炼效果，夹杂少、温度成分稳定均匀；但存在增碳、增硅、回磷、增氮等问题，适合中高碳钢冶炼，低碳钢慎用 LF 炉，超低碳钢不适合入 LF 精炼。LF 与 VD 或 RH 双联精炼效果更好。

练习题

1. （　　）是钢包精炼炉的缩写。C
　　A. RH　　　　　　B. VD　　　　　　C. LF　　　　　　D. CAS

2. LF 炉采用 Fe-Si 粉、电石、铝粒进行渣面脱氧，结束白渣成分要求（　　）。D
　　A. $TFe + (Al_2O_3) < 1\%$　　　　　　B. $(SiO_2) + (MnO) < 1\%$
　　C. $TFe + (SiO_2) < 1\%$　　　　　　D. $TFe + (MnO) < 1\%$

3. LF 炉的精炼手段与吹氩站比，最突出的进步是（　　）。D
　　A. 底吹氩搅拌　　B. 在线喂线　　C. 制造还原性气氛　　D. 造渣升温

4. LF 炉电弧加热和吹氧升温都具有的优点是（　　）。A
　　A. 升温快　　　　B. 钢水污染小　　C. 包衬熔损　　　　D. 吸气

5. LF 炉电弧加热的升温速度控制精度高，保证了精炼结束温度的精准控制。（　　）√

6. （多选）LF 钢包精炼炉的功能包括（　　）。ABCD
　　A. 炉内还原气氛　　B. 惰性气体搅拌　　C. 埋弧加热　　　　D. 白渣精炼

7. （多选）LF 炉的主要任务是（　　）。ABD
　　A. 调整钢水成分，使其达到标准或协议要求
　　B. 调整钢液温度，满足连铸连浇工艺需要
　　C. 去除钢水中的 [N]、[H] 等气体
　　D. 脱氧、脱硫、去夹杂，满足产品质量要求

8. （多选）LF 炉电弧加热的特点是（　　）。ABCD
　　A. 升温快　　　　B. 钢水污染小　　C. 包衬熔损　　　　D. 吸气

9. （多选）LF 炉生产低碳低硅高锰钢种时，产生中后期钢液回锰原因可能是（　　）。ABC
　　A. 部分合金被未熔化的熔渣包裹住
　　B. 出钢后脱氧不充分，前期锰收得率低

C. LF 炉精炼操作使钢液和熔渣中氧含量大幅度降低

D. 加入渣料、合金中含锰量高

10. （多选）LF 炉生产中、高碳钢时，有利于钢液碳成分控制的因素包括（　　　）。BD

A. 电极和含碳钢包耐火材料的侵蚀导致钢液增碳

B. 炉渣流动性好，碱度高

C. 炉渣氧化性强

D. 底吹氩搅拌充分

11. LF 炉精炼时，下列（　　　）元素不会出现异常增长的现象。C

A. Si　　　　　　　　B. Mn　　　　　　　　C. Al

6.4　事故处理

6.4.1　成分异常

在精炼过程中通过取样发现钢水成分同预测成分（合金配加成分）比较有较大差异，有必要重新取样进行验证。对照工艺卡检查执行情况，及时发现问题，寻找原因。可按以下几个方面检查，以下是易产生成分异常的主要原因：

（1）钢水量是否有误；

（2）前期合金加入是否有误；

（3）搅拌系统工作是否正常；

（4）是否有设备漏水情况，电极是否有增碳现象；

（5）取样是否有代表性；

（6）炉渣是否还原良好，上工序氧化渣是否带入过多；

（7）温度是否过低；

（8）已加入合金是否熔化均匀；

（9）发送样是否有误；

（10）分析试样是否符合要求；

（11）是否采用全新未烘烤良好的钢包；

（12）合金元素成分是否正确无误；

（13）合金配加量计算是否正确；

（14）料仓及输送系统是否工作正常。

根据重取样分析结果与工艺执行情况的分析，采取相应措施。如合金元素（C、Si、Mn、Cr、Ni 等）低于下限要求，补加合金至成分中下限；如合金元素（C、Si、Mn、Cr、P、Ni 等）确认高于上限，则作转炉回炉钢处理或改钢号、改相应标准；如有害元素 S 超标，必须进一步采取增加渣量、加强钢液搅拌、加强渣脱氧，进行脱硫操作。

6.4.1.1　成分异常产生的原因分析

（1）取样无代表性。取样位置、方式不符合要求，如靠近渣面的试样易受炉渣影响出现成分波动；合金未全部熔化造成成分偏析；搅拌效果差，造成钢水成分不均匀，同时钢渣反应差影响脱硫的正常进行。

（2）合金料未加入。由于合金加料系统故障，应加入合金料部分留在料仓内或撒落在钢包外。也有人为因素造成漏加、计算错误等。

（3）操作工艺执行不规范。还原精炼渣未达到脱氧良好的要求，渣量不足，在转炉工序氧化渣带入过多时尤其要注意；加热过程电极插入钢液增碳；钢水量不准，称量系统故障以及对造成损失的钢水估计不足；钢液温度不符合要求，尤其是温度低造成化学成分均匀性差。

6.4.1.2 常见典型成分异常情况

A 碳成分异常

炼钢生产过程中，钢液中 [C] 的异常情况是最常见的。

造成 [C] 的异常的原因有：

（1）初炼炉钢液出钢过程增碳，因炭粉密度较钢液、炉渣轻，如果操作不当部分炭粉将浮在渣面，而未进入钢液，同时吹氩搅拌不充分，造成 [C] 偏低。在增碳量较大的钢种中易发生。

（2）炭粉中固定碳含量不稳定，引起增碳量误差。

（3）加热电极熔损，引起增碳。特别是当炉渣较稀薄时，加热操作中电极容易与钢液接触造成增碳。炉渣结块不导电，电极下降插入钢液造成增碳。

（4）炉渣脱氧不良，含碳脱氧剂（电石）使用过量造成增碳。

（5）取样无代表性。

（6）含碳质耐火材料的钢包内衬烘烤不符合要求，造成在精炼过程中剥落进入钢液增碳。

防止措施有：

（1）炭粉加入时要直接与钢液接触，尽量避免通过炉渣再进入钢液。必要时可用喂线机喂炭粉包芯线增碳。

（2）炭粉中固定碳含量要定期检验，并在实际操作中进行验证。

（3）加热操作时做到严禁电极与钢液接触。

（4）造好还原精炼渣，保证碳的吸收率。

（5）增碳操作结束要经充分搅拌后取样。

[C] 成分异常处理方法：[C] 成分高于上限要求时，可考虑改钢号（如45钢改50钢），兑钢水，真空强制脱碳处理，无法处理只能回转炉。[C] 成分低于上限要求时，可用炭粉或喂炭粉包芯线增碳至要求成分中下限。

B LF炉精炼过程的回锰

造成锰成分异常的原因有：

（1）部分合金被未熔化的熔渣包裹住。出钢过程所加造渣材料，可能将部分合金包裹住，到LF炉中后期熔渣化透后，这部分合金重新进入钢液。

（2）出钢后脱氧不充分，前期锰吸收率低，通过LF炉精炼，钢液和熔渣中氧含量大幅度降低，熔渣中的（MnO）与钢中的 [Mn] 将重新进行平衡，使得钢液中 [Mn] 增加。

（3）锰合金未完全溶解。合金量大，前期温度低，锰合金未能溶解进入钢液中，当通过LF炉加热，中后期钢液温度上升到一定程度时，锰合金完全溶解，从而造成回锰。

防止措施有：

（1）炼钢出钢过程保证出钢时间，采用挡渣出钢减少下渣量，出钢过程采用钢包底吹，保证锰铁加入后全部融化。

（2）炼钢控制好终点温度和终点氧含量，杜绝钢水过氧化，提高锰吸收率。

（3）当遇到 LF 炉到站钢水渣量大、氧化性强、温度低或处理合金量大的钢种时，LF 炉加热造渣后，再取样，以此样为到站成分进行成分调整。

C   LF 炉精炼过程的回磷

LF 炉精炼过程回磷主要是因为在 LF 造白渣处理过程中，由于强烈的还原性气氛，渣中的（P_2O_5）被还原而进入钢液，所以必须降低入 LF 渣中的（P_2O_5）。渣中的（P_2O_5）主要是转炉下渣所带来的。转炉终点炉渣中的（P_2O_5）较高，如出钢带入钢包内的炉渣过多，由于钢包内钢水的对流作用及造还原渣，转炉下渣带入的（P_2O_5）会被还原而进入钢液中，造成钢水回磷。

因此，有效地控制出钢下渣量、降低转炉渣中的（P_2O_5）含量、降低转炉终点钢水中的 P 含量是控制钢中 P 含量的重点。采用挡渣球、机械挡渣塞、气动挡渣及电磁感应传感器法挡渣等可减少转炉下渣量。

D   LF 炉钢液吸氮

a   LF 炉钢液吸氮的原因

研究和实践都证明，钢液中的硫和氧对钢液的吸氮有明显的影响。研究结果为，钢液在[O] > 0.02% ~ 0.03% 时，钢中的表面活性元素多聚集于液—气界面，可以阻碍钢液吸氮。硫的作用和氧的作用类似。LF 炉处理的钢液，大多数为脱氧钢，转炉出钢以后，钢中的氧含量较低，硫也较低，故 LF 炉的操作过程，是钢液吸氮的一个重要的原因。LF 增氮的主要原因是电弧区增氮、钢液与大气的接触、原材料中带入的氮。

LF 精炼过程主要是电弧区增氮。在电极加热时，电弧作用钢液上时，弧区的温度在 3000℃ 以上，LF 炉极心圆区的钢液直接接受电弧的热辐射，这部分钢液较其他部位的钢液温度高，而当钢液温度超过 2600℃ 时，即使是钢液的氧含量和硫含量较高，但是在此高温范围内，氧、硫对钢液表面的活性作用消失，钢液容易吸氮。这时氮气在钢液中的溶解反应为：

$$\frac{1}{2}N_2(g) = [N]$$

$$K = \frac{a_{[N]}}{\sqrt{P_{N_2}}} = \frac{[N]f_N}{\sqrt{P_{N_2}}} \Rightarrow [N] = \frac{K}{f_N}\sqrt{P_{N_2}} \tag{6-24}$$

式中 a_N——钢液中 [N] 的活度；

   P_{N_2}—— [N] 的平衡分压，kPa；

   f_N—— [N] 的活度系数。

当氮分压一定时，钢液中氮的溶解度与氮溶解反应常数及其活度系数有关。当温度升高时，K 值增大，钢液中氮的溶解度也增加，故电弧区增氮严重。

不同 S 含量下，加热时间与氮含量的关系如图 6-25 所示。

加热时间与增氮量的关系如图 6-26 所示。

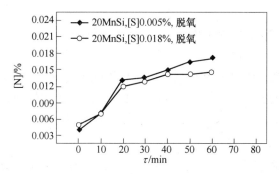

图 6-25　不同 S 含量下，加热时间与氮含量的关系

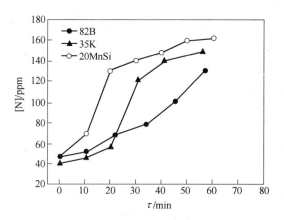

图 6-26　加热时间与增氮量的变化

不同加热档位与增氮量的关系如图 6-27 所示。

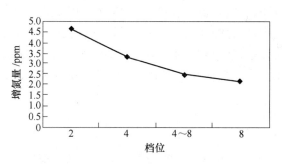

图 6-27　不同加热档位与增氮量的关系

炭粉及各种铁合金中氮含量如图 6-28 所示。

增碳量与增氮量的关系如图 6-29 所示。

b　LF 防止钢液吸氮的常规手段

（1）为防止弧区钢液面裸露，减少因电弧区钢液的增氮，送电精炼过程中必须要造好泡沫渣。

（2）LF 在没有送电加热精炼时，由于钢液脱氧、脱硫良好，由于氧、硫的表面活性作用而阻碍钢液吸氮的作用基本消失，只要钢液面裸露就有可能吸氮，在精炼过程中要控

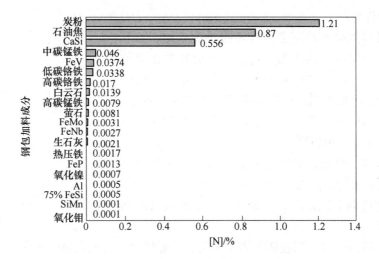

图 6-28 炭粉及各种铁合金中氮含量

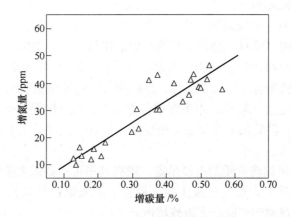

图 6-29 增碳量与增氮量的关系

制好吹氩搅拌功率,避免钢液面裸露。

(3) LF 过程增碳时,焦炭特别是沥青焦中氮含量高,要尽量避免用其增碳。

(4) 喂硅钙线时,硅钙线中含有一定的氮,也可能会引起钢液的增氮。原因是喂线过程中的钢液沸腾激烈造成的钢液的裸露吸氮,包芯线在制作过程中粉剂之间的空隙较大,存在空气,高速喂线将这些空气也带入钢液内部,造成吸氮。

6.4.2 LF 炉设备事故

6.4.2.1 电极折断

电极折断是一种破坏力较大的事故。电极折断以后进入钢水,造成钢液的增碳导致碳成分出格,并且断电极以后,折断的电极需要从钢包内捞出来,劳动强度大,安全隐患多,生产也会中断。断电极一般分为以下的几种类型:

(1) 电极和 LF 炉炉盖绝缘电极孔套砖的间隙过小,造成电极下降过程中摩擦套砖蹭断电极,或者电极受到震动和绝缘套砖相撞碰断电极。

(2) 冶炼过程中意外的事故撞断电极。如天车吊物从 LF 上空通过撞击电极、松放电极时出现误操作等。

（3）电极间的接头拧不紧，存在很小的缝隙，相互连接的两根电极局部过热变细，送电加热时在电磁力的作用下，或者电流产生的电磁力使得电缆摆动，电极臂的系统不平衡，电极受到震动造成折断，如图6-30所示。

（4）钢包内吹氩的流量较大，剧烈运动的钢液对电极造成冲击，导致电极折断。

（5）钢包表面结渣，导电性不好，送电时电极捣在渣面上，造成电极折断。

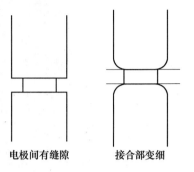

电极间有缝隙　　　接合部变细

图6-30　电极连接处变细造成
电极高位断裂的示意图

（6）送电过程中，起弧的电流过大，造成电极瞬间受力过大折断。

（7）钢包到位以后，钢包法兰边不平衡，下降炉盖时造成电极孔蹭断电极。

（8）包盖升降的几个力臂不平衡，造成升降炉盖时的电极折断。

发生电极折断的处理如下：

（1）冶炼过程中发生电极折断，应立即停止供电操作，将隔离开关断开，将控制台切换为炉前操作台。处理事故时，操作工只能在炉前控制台进行操作。

（2）如果折断的电极较短，在钢包盖以下或浮在钢液面上，为减少增碳，应立即将电极臂和钢包盖提起，将钢包车开出精炼位，然后用天车将断电极夹出。

（3）如果折断的电极比较长，端头在钢包盖以上，应立即提升电极和钢包盖，然后用钢丝绳将断电极绑住，然后用天车将断电极提起。提升时应注意，不要损坏电极横臂或其他设备。

（4）如果用天车可以将折断的电极吊走，则将其吊走；如果无法完全吊出，则应将电极提升到钢包车可以开出为止（电极头高于钢包上沿或钢包吊耳），立即将钢包车开出。然后将折断的电极放在钢包车或车下事故坑内。

（5）电极折断后，如果电极掉入钢包内，应取样分析C含量，以避免C成分出格。

6.4.2.2　钢包精炼炉水冷件漏水

钢包精炼炉水冷件漏水的危害有：

（1）影响钢的质量。水冷件漏水后，漏出的水进入熔池遇热蒸发为水气，就会增加水气的分压。炉气中水蒸气的分压越大，钢液中氢含量就越高。钢中氢含量高是造成钢材白点等冶金缺陷的主要原因，影响还原和精炼气氛。水冷件漏水会恶化脱氧效果，影响精炼的气氛，无法造好精炼还原渣，导致浇注时冒涨或产生钢坯的皮下气泡。

（2）对安全生产构成严重威胁。水冷件漏水后漏出的水如果被钢液或炉渣覆盖，则在高温下会迅速被蒸发为气体，其体积急剧膨胀而产生爆炸，对人身安全和设备安全构成极大的威胁。

漏水的主要征兆有：

（1）烟气里阵发性地出现黄绿色；

（2）渣面上会出现小斑点或者发黑的小颗粒；

（3）还原渣难以造白，渣色变化极大。

精炼过程中发生水冷件漏水采取的措施是处理过程中如钢包进水，立即停电，关氩气，关水，在确认包内无水后，方可开钢包车。

练习题

1. LF 炉精炼过程中发生炉盖漏水的情况，若钢包进水，须首先关闭炉盖进水截门，等包内的水蒸发干再动车。（　　）√

2. LF 炉精炼过程中发生炉盖漏水的情况，应立即将包盖、电极抬起，将钢包车开出加热位。（　　）×

3. LF 炉精炼，在炉盖漏水的情况下（　　）。C

   A. 可进行精炼操作　　　B. 可在监护下进行精炼操作　　　C. 严禁进行精炼操作

4. 钢包到站溢渣，说明钢水氧化性比较强，可在渣面加入适量 Fe-Si 粉、铝粒。（　　）√

5. 钢包到站溢渣，说明钢水氧化性比较强，转炉出钢下渣量偏大。（　　）√

6. 精炼处理过程中如发现钢包漏钢，应（　　）。A

   A. 立即停止钢水处理　　B. 氩气设置为软吹流量　　　C. 在处理位对钢包进行处理

7. 精炼到站钢水氧化性强与转炉终点控制和下渣控制有关。（　　）√

8. 精炼到站钢水氧化性强主要是由于钢种脱氧制度不合理。（　　）×

9. 精炼过程中如发现钢包大翻，应（　　）。A

   A. 立即停止钢水处理　　B. 氩气设置为软吹流量　　　C. 可监护处理钢水

10. 高碳钢 SWRH82B 钢种在 LF 炉处理过程中，溢渣严重，可在渣面加入（　　），待液面平静后再正常处理。C

    A. 电石　　　　　　　B. 碳化硅　　　　　　　C. 硅铁粉

11. （多选）精炼钢水到站氧化性强，可采取的措施是（　　）。ABCD

    A. 测渣厚确定渣量

    B. 渣面加适量铝粒脱氧

    C. 先定氧，根据定氧值喂铝线脱氧

    D. 若定不出氧值，可先喂入少量铝线脱氧，再进行定氧

12. （多选）精炼钢水到站氧化性强，原因可能是（　　）。ABC

    A. 转炉终点 C 过低　　　　　　　　B. 转炉脱氧剂加入量不足

    C. 出钢下渣量大　　　　　　　　　D. 转炉终点 C 偏高

13. （多选）对于 LF 炉盖漏水的情况，操作正确的为（　　）。ABC

    A. 立即停止电极供电　　　　　　　B. 提起电极并抬起包盖

    C. 停止底吹氩　　　　　　　　　　D. 可保持较低强度吹氩

14. （多选）LF 炉处理钢水过程中，发生钢包溢渣，进行（　　）操作。AB

    A. 加入适量的硅铁粉、铝粒，待液面平静后再进行正常操作

    B. 减小氩气流量，打开观察门进行观察

    C. 继续进行大流量底吹搅拌

    D. 拔断底吹氩管

15. （多选）LF 炉处理钢水过程中，发生钢包溢渣，其原因可能为（　　）。ABC

A. 钢渣氧化性强   B. 渣中裹有未熔化的炭粉

C. 底吹流量过大   D. 渣面有未熔化的大块合金

16. （多选）LF 炉处理过程中，发生炉盖漏水，采取的操作正确的为（   ）。AD

A. 停止电极供电   B. 继续供电加热

C. 立即将钢包开出加热位   D. 关闭炉盖进水总截门

17. LF 炉冶炼过程中发生电极折断，不必将包内电极捞出。（   ）×

18. LF 炉冶炼过程中发生电极折断，应立即停止供电、停止吹氩。（   ）√

6.4.3 LF 常见事故案例分析

6.4.3.1 成品钛元素超标

某 100t 钢包炉，钢包吊到精炼位，由于硫高且钢水过氧化，渣子特稀因此补加了 200kg 石灰，取钢包第二个试样时炉前工反映渣子稀，又补加 150kg 石灰，成分传来硫 0.051% 又补加 200kg 石灰送电，取钢包样，硫 0.037%。结束前加 70kg 钛铁喂线，钢包车开出结束样 [Ti] = 0.007%，低于 0.018% 的要求。

A 事故原因

（1）精炼工未考虑到炉渣量大且过氧化对钛的吸收率影响是事故的主要原因。

（2）钛铁的加入方式不正确是事故的间接原因。

B 预防措施

（1）计算钛铁加入量时充分考虑到炉渣的流动性、氧化性、加入量、温度、合金的颗粒度、钢水的重量和氧化性等影响钛合金吸收率的各种因素。

（2）钛铁应从炉门吹氩上方加入。

（3）冶炼时精心操作，保证炉渣具有良好的流动性和还原性。

6.4.3.2 锰元素超标

210t LF 炉处理钢种 X60，板坯连浇，使用 29 号离线包，加入 400kg 包底渣，净空 300mm、渣厚 80mm，10:07 到站，到站温度 1576℃，过程加热 4 次，共计 16min，11:00 开始喂硅钙线，11:10 结束样回 [Mn] = 1.5041%，发备样，11:13 软吹结束，11:17 备样回 [Mn] = 1.5248% 超判定（判定 [Mn] = 1.30%～1.50%），因精炼结束超判定，板坯断浇。表 6-20 和表 6-21 是钢水和渣成分变化。

表 6-20 过程成分变化   （%）

样 别	时 刻	C	Si	Mn	P	S	$[Al]_t$	$[Al]_s$	Ti
到站	10:11:13	0.0676	0.0709	1.327	0.0131	0.0054	0.0121	0.0087	0.0011
过程 1	10:26:36	0.074	0.1213	1.4394	0.0139	0.0051	0.0357	0.0323	0.0014
过程 2	10:39:32	0.0906	0.1493	1.4802	0.0138	0.0046	0.0333	0.0302	0.0015
结束	11:07:04	0.0873	0.1982	1.5041	0.0135	0.0054	0.0289	0.0269	0.0117
结束（备）	11:14:31	0.0948	0.2226	1.5248	0.0146	0.0045	0.0342	0.0321	0.0123

表 6-21　LF 炉过程渣成分　　　　　　　　　　　　　　　　（%）

成分	CaO	SiO$_2$	MgO	TFe	Al$_2$O$_3$	MnO	S	TiO$_2$	R
到站	29.9479	13.6333	8.1049	1.6319	25.3074	8.4307	0.0001	0.6075	2.1967
结束	47.2812	11.9035	11.5704	0.3497	22.8635	0.3221	0.058	0.5649	3.972

A　事故原因

（1）本炉炼钢报钢包 400kg 渣不准确，实际包内粘渣约 2.315t。且此钢包上炉 RH 冶炼超低碳高锰钢种，炉渣中含（MnO）＝25.788%，在 LF 炉精炼过程回锰约增[Mn]＝0.152%，从 LF 炉过程成分变化看，此炉到站[Mn]＝1.327%，主控工调中碳 Fe-Mn 152kg，理论增锰[Mn]＝1.380%，而实际过程回来[Mn]＝1.439%，之后未进行调锰操作，[Mn] 连续增加分别为 1.480%、1.504%、1.525%，超出判定范围 1.30%~1.50%。发生回锰反应（MnO）＝[Mn]＋[O]，炉渣还原增 Mn，随着造渣过程进行，LF 炉顶渣加铝脱氧，渣中 Mn 被逐步还原，造成 LF 炉过程增 Mn 异常。

（2）炼钢工序考虑顶渣对精炼过程可能造成影响，事先通知 LF 炉岗位，精炼岗位因不知钢渣成分和实际重量未采取相应措施，仍按正常炉次处理，进行粗调 Mn 操作，也是造成结束 Mn 高另一原因。

B　预防措施

（1）为稳定精炼工序生产，炼钢工序按要求进行翻渣和清渣操作，钢渣要清理干净，避免钢包留渣。

（2）如遇钢包异常等情况炼钢要及时通知精炼岗位，LF 炉操作按异常情况处理，在造渣结束后按过程样进行成分调整。

6.4.3.3　碳元素超标

210t LF 炉处理管线钢，计划板坯连浇，此炉 LF 炉 11:41 到站，22 号包过点 30min，到站温度 1570℃，过程共加热 3 次，总加热时间 20min，12:24 处理结束，结束温度 1625℃，LF 结束碳高异常，检查发现 B、C 两相两个电极头掉入包内，造成 LF 结束成分碳高回炉。

A　事故原因

（1）处理过程根据到站成分调整炭粉 26kg，理论增碳 0.012%，理论结束碳应该为[C]＝0.037%，过程成分回来后碳增长异常，随后发结束样[C]＝0.062% 仍异常，遂查找原因，后抬起电极后发现 B、C 相电极头部掉落钢包内（图 6-31）。

（2）LF 炉精炼工在处理钢水过程中对电极检查不到位，对于电极连接处电极头掉落的可能性考虑不周，特别是管线钢对于碳成分要求范围较窄的品种，没有给予足够重视也是造成回炉的原因之一。

B　预防措施

（1）LF 炉精炼工加强冶炼过程对于电极的关注情况，提高过程异常情况的敏感性。对于 LF 炉冶炼过程的中电极头连接处加热造渣时适当减少炭粉加入量，采取结束喂碳线的方法。

（2）LF 炉岗位加强联系确认，发现异常情况及时汇报，联系相关岗位进行捞电极

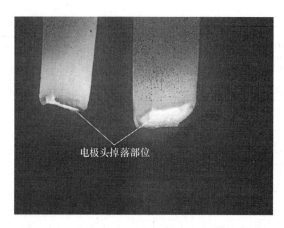

图6-31 电极头掉落部位图

处理。

6.4.3.4 电极折断事故

某班组在接班时，刚好是检修后开机第一炉，当天车工将钢包吊到1号钢包车位已吹氩时，炉前工在试着开动钢包车时，发现变频无法启动，于是错误地判断是变频器故障，而忽视了钢包炉盖还处于下限位，属于连锁限制。结果在未请开炉工确认的情况下，自己也未进一步观察确认，主观地打开钢包车旁路，手动将钢包车向加热位开动，而在这一过程中也没有注意到包盖所处的位置，从而导致钢包车撞向包盖，折断三根电极的责任性断电极事故。

A 事故原因

（1）精炼工在发现设备异常而自己又没有通知炼钢工和维护人员，违章操作是事故的主要原因。

（2）精炼工忽略了连锁条件在整个生产中对设备和安全的关键作用，自己对设备不完全了解，缺乏对综合故障的分析能力是事故的间接原因。

（3）操作工在冶炼过程中麻痹大意，精神不够集中，在进行手动操作时，没有时刻关注包盖所处的位置情况和钢包车的行进情况也是事故的间接原因。

（4）检修后对设备的检查与确认没有做到位也是事故的间接原因。

B 预防措施

（1）钢包车的旁路开关只允许在检修时使用，正常生产时不允许使用旁路开钢包车，钢包车变频开不动时应及时通知电钳工检查设备，确认故障原因，避免类似事故再次发生。

（2）加强对冶炼前设备即时状况的检查力度与确认力度。

6.4.3.5 钢包漏钢

某厂白班冶炼，由于连铸机故障，延误开机4h，调度协调说马上可以开机，精炼工在了解了钢包炉龄以后，认为低档送电保温，不会出事，结果在冶炼3h以后，造成钢包包底穿钢。

A 事故原因

该钢包接近34炉炉役，包底耐火材料损失严重、冶炼时间长是事故的主要原因。

B 预防措施

（1）包龄较长的钢包不能够做开机第一炉。

（2）炉衬不好的钢包，冶炼时间长超过 2h 要倒包操作。

（3）及时的加强沟通和钢包的维护。

6.4.3.6 断电极

某厂 LF 炉由于精炼炉机械故障，造成钢水等待精炼冶炼的时间过长，超过了 90min，钢包表面结渣，精炼工未能处理，在精炼炉具备冶炼条件以后钢包车开进加热位置，送电冶炼时，由于渣壳凝固导电性差，造成 2 根电极送电时折断，处理 50min，处理结束后，将钢包车开出钢包加热位，进行包面渣壳的吹氧处理，渣壳在电极极心圆附近出现熔化以后开进送电，正常冶炼。

A 事故原因

炉渣结壳以后，炉渣没有导电能力，炼钢工强行送电是造成事故的主要原因。

B 预防措施

炉渣结壳以后，必须做烧氧处理或者破坏渣壳的操作处理以后才能够冶炼，送电时必须仔细小心。

学习重点与难点

学习重点：初级工学习重点是掌握 LF 炉精炼工艺参数、设备检查要求；中级工学习重点是用化渣原理指导化渣操作；高级工学习重点是能够根据生产实际确定工艺参数，处理各种生产事故。

学习难点：供电参数、化渣控制、白渣精炼、工艺参数确定。

思考与分析

1. 什么叫 LF 炉，LF 炉工艺的主要优点有哪些？

2. LF 炉主体设备包括哪些部分？

3. LF 炉工艺流程是怎样的？

4. LF 炉有哪些精炼功能？

5. LF 炉脱氧和脱硫的原理是什么？

6. LF 炉白渣精炼工艺的要点是什么？

7. LF 炉精炼要求钢包净空是多少？

7 RH

    RH 的工作原理形成的第一个专利是 1931 年由 E. Williams 提出的，第二个专利则是 1957 年由阿尔贝德公司提出的。1956 年由联邦德国鲁尔钢铁公司和海拉斯公司共同开发 RH，成为一项真空冶金的实用处理技术，故以两公司名的首字母命名为 RH 真空脱气法，简称 RH 法。

    1959 年由上述两公司共同设计的世界上第一台工业生产用 RH 真空脱气设备，在德国蒂森公司恒尼西钢厂投产，如图 7-1 所示，该设备一直运行到 1976 年才由新一代 RH 真空精炼设备取代。1963 年第二台 RH 装置在新日铁公司投产，此后它强大的精炼功能被全世界普遍认可，设备台数不断增长。1965 年这种设备正式进入我国。

    经过 30 多年的发展，RH 真空循环处理钢水的冶金功能，从早期以脱氢为主要目的发展到具有 10 种以上的冶金功能。由于冶金功能强大，精炼过程时间短，适合与转炉冶炼、板坯连铸的生产周期相配合，近年来得到世界大多数板材生产厂的广泛应用。

    RH 精炼装置真空室底部安装有两个插入管，一个称为上升管，另一个称为下降管，如图 7-2 所示。在脱气处理时，让插入管浸入到钢水中一定深度（一般为 300~500mm）。此时，由于真空室被抽成真空（残余气压通常小于 67Pa），钢水因大气压的作用被吸入到真空室内，然后向上升管内通入一定压力和流量的氩气，上升管内因气—液流体体积密度变小而使钢水向上流动进入真空室，这样就破坏了原先的静态平衡，真空室钢液面氩气泡逸出，钢水密度增大，从下降管向下运动流入钢包，由此连续反复，使钢水产生了循环流动，即钢水依次进入真空室又流回钢包，真空冶金就可以在钢水这样的循环流动中连续进行下去。

    RH 的优缺点包括：

    （1）处理钢水量大，加上吹氧深脱碳效果好，加上喷粉可以脱磷硫，该处理气体可以脱至极限。

    （2）设备投资高、占地面积大、处理成本高。

    RH 适宜生产低碳钢、超低碳钢，以及气体夹杂含量要求极严钢种。

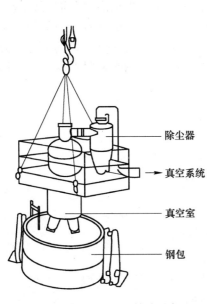

图 7-1 第一台 RH 精炼设备

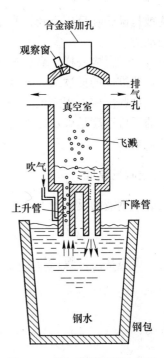

图 7-2 真空循环过程示意图

7.1 RH 精炼原理

真空是指气体分子的密度在给定的空间内，低于该地区大气压的状态。

真空条件下，残存气体的压强（生产中常称为压力，即气压）称为真空度，这是衡量真空状态下的气体的稀薄程度的物理量。残余气体压力越低，真空度越高。衡量真空度的单位有标准大气压（atm）、毫米汞柱（mmHg）、托（Torr）、帕斯卡（Pa）、工程大气压巴（bar），它们之间的换算关系见表 7-1。真空冶炼常用 bar 或 mbar 衡量，国际单位制推荐用 Pa 或 kPa 作单位。

表 7-1 真空度单位的换算关系

压强单位	Pa	mmHg	atm	bar
1Pa	1	7.50062×10^{-3}	9.86923×10^{-6}	10^{-5}
1mmHg/1Torr	133.33	1	1.31679×10^{-3}	133.33×10^{-5}
1atm	101325	760	1	1.01325
1bar	10^{5}	750.062	0.986923	1

练习题

一个标准大气压等于 101.325kPa。（　　）√

对于脱氢反应、脱氮反应、脱碳反应和真空脱氧，由于压力的降低，原有的气体反应化学平衡被打破，在反应重新达到平衡之前这个动力一直推动反应进行，从而形成了反应的基础推动力。

像所有化学反应一样，真空处理下的反应通常不能达到平衡态。我们可以用化学反应方程式尽可能准确的描述某一处理工艺，例如脱氢、脱氮、脱碳和真空脱氧等，从而估计处理时间。这些反应方程式可能来自于理论研究或实验，也可以是二者的结合。处理过程各反应式的反应速度是确定处理时间的依据，具体反应速度及影响因素参见《炼钢生产基础》相关内容。

7.1.1 真空脱气原理

氢气溶于钢液的反应如下：

$$\frac{1}{2}\{H_2\} \Longrightarrow [H]$$

其化学反应平衡常数只与温度有关：

$$K_H = \frac{w_{[H]}}{\sqrt{p_{H_2}}}$$

可推出：

$$w_{[H]} = K_H \sqrt{p_{H_2}} \tag{7-1}$$

同理，$\frac{1}{2}\{N_2\} = [N]$，可推出：

$$w_{[N]} = K_N \sqrt{p_{N_2}} \tag{7-2}$$

钢液中氢和氮的含量与该气体在气相中的分压的平方根成正比，这叫平方根定律或叫西华德定律。这是脱氢、脱氮化学反应平衡常数决定的。

1600℃下，$K_H = 0.0025$，$K_N = 0.045$，按照平方根定律可以算出，当氢分压为 1bar，1600℃条件下，溶于纯铁中的氢为 25ppm［H］。同样条件下氮的浓度为 450ppm［N］。当分压为 1mbar 时，氢和氮在纯铁中的浓度分别为 0.78ppm［H］和 14ppm［N］。

图 7-3 为 1600℃时，不同分压下氢和氮在纯铁中的浓度。

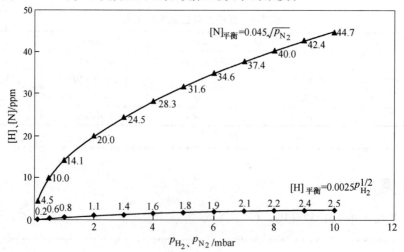

图 7-3 1600℃条件下［N］和［H］的平衡分压

例1 1600℃，$K_H = 0.0025$，$K_N = 0.04$，求与 2ppm H 及 30ppm N 平衡的气相分压力。

解：

$$p_{H_2} = \left(\frac{[H]}{K_H}\right)^2 = \left(\frac{0.0002}{0.0025}\right)^2 = 0.0064\,atm = 648\,Pa$$

$$p_{N_2} = \left(\frac{[N]}{K_N}\right)^2 = \left(\frac{0.0030}{0.04}\right)^2 = 0.0056\,atm = 570\,Pa$$

答： 1600℃，与 2ppm H 及 30ppm N 平衡的气相分压力分别为 648Pa 和 570Pa。

计算结果表明，从热力学角度并不需要很高的真空度即可达到去气效果，但动力学却要求更高真空度，这是由于真空下去除钢液中溶解的气体按以下机理进行：

（1）钢液中形成微小的气泡核心（均质形核），前提条件是 $p_{气泡} > (p_{真空} + \rho_{渣}gh_{渣} + \rho_{钢}gh_{钢})$。

（2）气泡向反应界面聚集。

（3）气体通过上升的搅拌气泡去除。

（4）气体在弥散液滴中聚集，前提条件是 $p_{气泡} > p_{真空}$。

上述环节中扩散速度限制着脱气速度，这些环节中哪些是限制性环节，取决于不同厂的工艺设备条件。

7.1.1.1 脱氢

钢在凝固时由于氢溶解度的突然降低排出分子状态的氢。氢在固态钢中压力的增加超过钢的强度时，会在钢的内部产生裂纹，称为"氢脆"。

氢对不同钢种有不同影响，主要危害是：降低钢的延伸性能、产生白点（细小的氢气泡）、发纹（气泡破裂）和氢脆（发纹扩展到整个结构件）。

为减少白点和提高钢材性能，特别是提高冲击韧性，将钢中氢脱至 1.5ppm 以下是非常重要的。氢含量对产品氢脆有很大影响，特别是对大钢锭、厚板和板坯质量影响更大。对 Mn、Cr 含量高的钢种、海上钻井平台和管线钢等钢种，脱氢工作也非常重要。

钢水吸氢原因是加入的渣料和合金潮湿，耐火材料、熔池表面或出钢过程钢液与潮湿的大气环境相接触。

由于氢、氮溶解在钢液中是吸热反应，所以随着钢水温度的升高，氢、氮的溶解度增加，如图 7-4 所示。

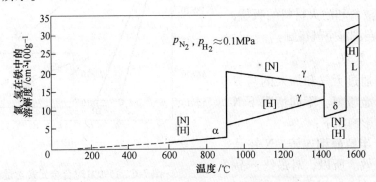

图 7-4　氢、氮在不同温度下钢中的溶解度

按照平方根定律，钢液氢含量取决于钢液温度和真空室的最终压力。实际生产中受原

始氢含量、反应表面积、钢水量、钢液脱氧情况、大气、熔渣、合金和耐火材料中的氢含量等热力学因素影响；而抽真空速度、上升气体流量、深处理情况下脱氢的有效时间、顶渣量等动力学因素，会使实际氢含量比理论氢含量高。

氢原子在钢液中以单原子形式存在，与铁原子相比，氢原子直径很小，扩散容易，加上大多数的现代化脱气设备真空室压力可以达到0.7mbar以下，因此，在真空处理后，氢的浓度可以降到很低，不同压力下氢的溶解度如图7-5所示。

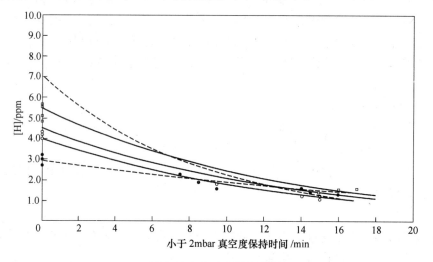

图 7-5　300t RH 脱氢实例

与铁形成共熔的元素（Al、Si）或晶间析出的元素（B）降低氢的溶解度，C、Si、P 和 S 也有同样的趋势。而氢的溶解度比铁高的元素（Cr、Nu）和可以形成氢化物的元素（Nb）可以提高氢的溶解度，如图7-6所示。

为了使钢中氢保持较低浓度，在钢液处理和连铸过程中必须采取措施，以减少钢液从渣料和耐火材料的吸氢，并且避免钢液与潮湿空气接触。

7.1.1.2　脱氮

钢水主要通过大气和加入的与 N 结合紧密的合金吸氮。不同情况下 N 对钢材性能的影响如下：

（1）对于半镇静钢连铸，N 在晶间析出导致时效。所以，对最终产品要求 N 含量在 40ppm 以下。

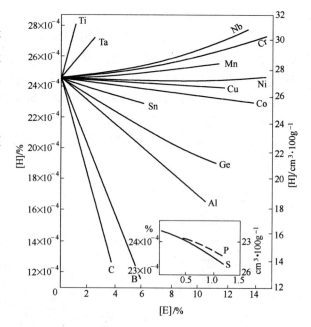

图 7-6　1590℃时合金元素含量与氢的溶解度的关系

（2）对于铝镇静深冲钢种，N 以 AlN 的形式存在。在轧钢过程中，均化和细晶组织形成，会使高强度结构钢的各向异性增加。

N 对钢强度的影响特别是伸长率有益，具体影响如下：

（1）对于结构钢，特别是添加 Al、Nb 和 V 作为细化晶粒元素的微合金化钢种，相对于半镇静连铸钢种，N 的含量允许适当升高。

（2）对于奥氏体不锈钢，N 可以代替部分的 Ni 元素，提高奥氏体率。N 还可以起到细化晶粒的作用，从而提高钢材的高温屈服和抗拉强度。

（3）N 在钢中的溶解与氢相同。钢液中的 N 含量同样可以用平方根定律计算。合金元素在 1600℃ 时对氮的溶解度的影响如图 7-7 所示。

由图 7-7 可以看出，V、Nb、Cr、Ta 特别是 Ti 等元素提高 N 的溶解度。相反，C 和 Si 可以降低 N 的溶解度。

与脱氢反应相似，从热力学角度说脱氮效果取决于温度和真空度，但是与脱氢不同的是，真空下氮的去除速度很慢。其原因是：

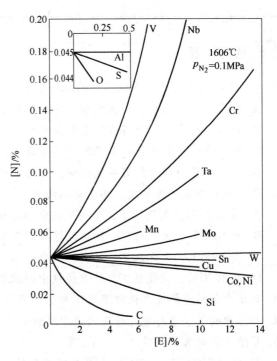

图 7-7　合金元素在 1600℃ 时对氮的
溶解度的影响

（1）氮在钢中以氮化物形式存在，发生脱氮反应需先使氮化物分解。

（2）钢中的脱氮反应界面会受到氧和硫的很大影响，这些元素是表面活性元素，会降低氮在反应界面的传质。

（3）氮原子是氢原子原子量的 14 倍，且氮原子体积更大，钢液中氮的扩散系数很低，氮向空气中的传质速度相当于氢的 1/6。

（4）合金元素也会影响氮的传质速度。

脱氮反应受以下参数的影响：原始氮含量、原始硫含量、原始碳含量、合金含量及种类、钢和渣的氧化性、减压速度、真空室最终压力、脱气持续时间、钢水温度、钢水量和表面积之间的关系、顶渣量、真空室和上升管的几何尺寸、上升管的位置和数量、上升气体流量。

RH 处理之前的转炉出钢和脱氧操作对钢液原始氮含量有很大影响。使用氮气底吹和后吹都会增加钢水氮含量。出钢过程中钢液与空气接触会增加氮含量，特别是在脱氧后的钢水在出钢过程中增氮更严重。对于超低碳钢，特别是 IF 钢需要氮含量很低。需要使用特殊的复吹工艺降低出钢前的钢水氮含量。

为了防止转炉增氮，出钢过程中加入白云石，白云石在溶解过程中分解出 CO_2，上升的 CO_2 气流可以保护钢流防止增氮。

在脱气处理后的脱氧和脱碳过程中，可以脱除氮。

如果出钢后钢水氮含量小于 20ppm，在钢水处理过程中将不会脱氮，并且还有轻微的增氮。

✎ **练 习 题**

1. （多选）以下关于氮在钢水中的溶解度的描述中，正确的是（   ）。ABD

    A. 钢水中氮含量与它们在气相中分压力的平方根成正比

    B. 钢水中的氮含量随钢水温度升高而增大

    C. 钢水中的氮含量随钢水温度升高而减小

    D. 一些元素与钢中氮形成氮化物，会对氮的去除造成不利影响

2. 关于钢水中氮的溶解度，描述正确的是（   ）。A

    A. 在 1600℃，大气压下，N 在纯铁中的溶解度为 450ppm

    B. 在 1600℃，大气压下，N 在纯铁中的溶解度为 14ppm

    C. 在 1600℃，大气压下，N 在纯铁中的溶解度为 550ppm

    D. 在 1600℃，大气压下，N 在纯铁中的溶解度为 10ppm

3. 钢水中氮的溶解度在任何温度下都是相同的。（   ）×

4. 钢水中的氮含量与氮气分压的平方根成正比。（   ）√

5. 炉渣中氮的溶解度将（   ）。A

    A. 随（FeO）和（SiO$_2$）含量升高而降低　　B. 随（FeO）和（SiO$_2$）含量升高而增加

    C. 与（FeO）和（SiO$_2$）含量无关　　　　　D. 以上均不对

6. 以下关于表面活性元素 [S] 对钢水吸氮的影响描述中，正确的是（   ）。A

    A. 钢水中的 [S] 越低，钢水与空气接触越易发生吸氮

    B. 钢水中的 [S] 越高，钢水与空气接触越易发生吸氮

    C. 钢水中的 [S] 含量高低与钢水易不易于吸氮无关

    D. 以上均不对

7. RH 真空精炼过程中脱氮是比较困难的。（   ）√

8. 氮在钢铁材料中产生的主要缺陷是（   ）。B

    A. 白点　　　　　　B. 时效硬化　　　　　C. 塑性变形　　　　　D. 麻点

9. RH 脱氮处理模式属于轻处理模式。（   ）×

10. RH 脱氮过程中的基本操作原则是（   ）。A

    A. 高真空度、大循环流量　　　　　　　　B. 低真空度、小循环流量

    C. 高真空度、小循环流量　　　　　　　　D. 低真空度、大循环流量

11. 氢和氮在钢液中的溶解度都符合（   ）定律。A

    A. 平方根　　　　　B. 立方根　　　　　C. 幂函数　　　　　D. 双曲线

12. 在 1600℃，在大气压下，H 在纯铁中的溶解度为 25ppm。（   ）√

13. 以下关于氢和氮在钢水中的溶解度与温度的关系中，描述正确的是（   ）。A

    A. 氢和氮在钢水中的溶解过程吸热，故溶解度随着温度的升高而增加

    B. 氢和氮在钢水中的溶解过程放热，故溶解度随着温度的升高而增加

    C. 氢和氮在钢水中的溶解过程吸热，故溶解度随着温度的升高而降低

    D. 氢和氮在钢水中的溶解过程放热，故溶解度随着温度的升高而降低

14. （多选）以下关于 RH 脱氢过程描述正确的是（　　）。ABC
    A. 真空度越高，脱氢效果越好　　　　　　　　B. 提升气体流量增加，有利于脱氢
    C. 高真空度保持时间越长，越有利于脱氢　　　D. 压力越高，脱氢效果越好

15. RH 脱氢过程的真空度越高越好。（　　）√

16. RH 脱氢属于本处理模式。（　　）√

17. 钢水和大气中的水蒸气接触会导致钢水增氢。（　　）√

18. （多选）以下元素中，能与钢水中的氮结合形成氮化物的是（　　）。ABCD
    A. Ti　　　　　　　　B. V　　　　　　　　C. Al　　　　　　　　D. B

19. （多选）以下元素中，会降低钢水中氮元素活度的是（　　）。BC
    A. Si　　　　　　　　B. V　　　　　　　　C. Cr　　　　　　　　D. C

20. （多选）以下元素中，会降低钢水中氢元素活度的是（　　）。ABCD
    A. Ti　　　　　　　　B. V　　　　　　　　C. Cr　　　　　　　　D. Ni

21. （多选）以下关于控制炉渣来避免或减少增氢的描述正确的是（　　）。AC
    A. 减少钢包中的渣量　　　　　　　　　　　　B. 提高炉渣碱度
    C. 降低炉渣中 Al_2O_3 含量　　　　　　　　　D. 提高炉渣中 Al_2O_3 含量

22. （多选）RH 真空精炼过程中防止增氮的措施有（　　）。ABCD
    A. 避免大量补加合金和增碳　　　　　　　　　B. 控制提升气体流量
    C. 控制真空度　　　　　　　　　　　　　　　D. 避免发生泄漏

23. （多选）以下关于 RH 真空精炼结束后喂 Ca-Si 线对钢水增氮的描述正确的是
    （　　）。ABCD
    A. 在 RH 真空精炼结束后喂 Ca-Si 线会导致钢水增氮
    B. 喂线过程中钢水增氮主要是由于 Ca 气化形成 Ca 气泡将钢液面吹开，造成裸露的钢
       液从空气中吸氮而产生的
    C. 喂线时，如果渣层较厚，Ca-Si 线穿过渣层进入钢液，而不把钢液面吹开，就有可
       能避免裸露钢液吸氮
    D. Ca-Si 本身有一定的氮含量，会导致钢液增氮

24. （多选）以下措施中，能避免或减少钢水增氢的是（　　）。ABC
    A. 强化真空室的密封　　　　　　　　　　　　B. 加热干燥合金
    C. 控制炉渣成分　　　　　　　　　　　　　　D. 增加钢包中的炉渣量

25. （多选）RH 真空处理过程中有利于脱氮的因素是（　　）。ABC
    A. 提高真空度　　　　　　　　　　　　　　　B. 增加提升气体流量
    C. 延长真空处理时间　　　　　　　　　　　　D. 减少真空度

26. （多选）以下措施中，有利于真空脱气的措施是（　　）。ABCD
    A. 使用干燥的原材料和耐火材料
    B. 降低与钢液接触的气相中气体的分压
    C. 在脱气过程中增加钢液的比表面积
    D. 适当地延长脱气时间

27. RH 真空处理过程中增氮的主要因素为（　　）。D
    A. 真空室漏气　　　　B. 驱动气体不纯　　　C. 调 Fe-Ti 过程中　　　D. 以上均对

28. RH 进行真空脱气后的钢水中氢含量一般（   ）。B

    A. 低于平衡值   B. 高于平衡值   C. 等于平衡值   D. 以上均不对

29. RH 真空处理过程的脱氮率主要取决于真空度。（   ）√

30. 真空脱气后的钢水，和空气接触不会发生增氮。（   ）×

31. 在大气压下，钢水吸氮的机理为液相传质控制。（   ）√

32. 在钢包精炼和夹杂物形态控制中使用的 CaO-Al$_2$O$_3$ 系比 CaO-SiO$_2$ 系的水蒸气溶解度（   ）。A

    A. 高   B. 低   C. 相同   D. 以上均不对

33. 以下关于表面活性元素对脱氮的影响正确的是（   ）。A

    A. 尽可能降低真空处理时钢水中的 [S] 及 [O] 含量有利于脱氮

    B. 尽可能增加真空处理时钢水中的 [S] 及 [O] 含量有利于脱氮

    C. 钢水中的 [S] 及 [O] 含量高低与脱氮效率无关

    D. 降低钢水脱气处理前的碳含量有利于脱氮

34. 氧化性炉渣中的氮含量为（   ）。A

    A. 0.001% ~ 0.003%   B. 0.03 ~ 0.08%   C. 0.08% ~ 0.12%   D. >0.12%

35. 任何真空钢包脱气设备均能将钢水中的 H 含量脱至 1.5ppm 以下。（   ）√

7.1.2 真空脱氧脱碳原理

7.1.2.1 真空脱碳、脱氧热力学

钢液真空脱碳和真空脱氧反应式都是：

$$[C] + [O] = \{CO\}$$

根据反应平衡常数：

$$K = \frac{p_{CO}}{[C][O]} \qquad (7-3)$$

CO 气体分压的降低可以促进脱碳、脱氧反应的进行。

1600℃时，$K \approx 400$，代入式 (7-3) 得：

$$[C][O] = 0.0025 p_{CO} \qquad (7-4)$$

不同 CO 分压下，钢液中的碳和氧含量如图 7-8 所示。可见，随着 CO 分压的降低，碳氧浓度乘积降低，也就是真空改善了脱碳、脱氧条件。需要注意的是，在实际生产中因钢渣、耐火材料和处理时间不够等动力学条件，达不到图 7-8 中所示的数值。

在真空条件下，碳氧反应平衡向产生 CO 的方向移动，碳的脱氧能力比常压条件增加很多。如图 7-9 所示，在 1bar 常压下碳的脱氧能力不大，但是在真空条件下，降低一氧化

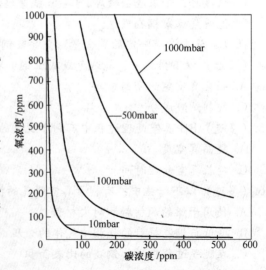

图 7-8　不同 CO 分压下 C-O 平衡曲线

碳分压极大地提高了脱氧能力，在 0.1bar 碳的脱氧能力大大超过硅的脱氧能力，而在 0.01bar 时碳的脱氧能力大大超过铝的脱氧能力。所以碳是真空下最理想的脱氧剂。用碳进行脱氧的优点是：

（1）它的脱氧产物是 CO 气体不会残留在钢液中形成夹杂，不会玷污钢液。

（2）上浮的 CO 气泡对钢液起到良好的搅拌作用。

（3）且随着气泡在钢液中的上浮，有利于去除钢液中的气体和非金属夹杂物。

（4）此外，C-O 反应是个微放热反应，在脱氧过程中对钢水有一定的保温作用。

例 2 计算真空条件下，钢液脱除 1g 氧需要消耗多少克碳？

解：设脱除 1g 氧需要消耗 xg 碳，

根据碳氧反应式：

$$[C] \quad + \quad [O] \quad === \quad \{CO\}$$
$$12 \qquad\qquad 16$$
$$x \qquad\qquad\quad 1$$

显然：

$$\frac{12}{16} = \frac{x}{1}$$

$$x = \frac{3}{4} = 0.75g$$

答：脱除 1g 氧需要 0.75g 碳。

可见，随着 RH 压力的降低：

$$\Delta[C] = \frac{3}{4}\Delta[O] \tag{7-5}$$

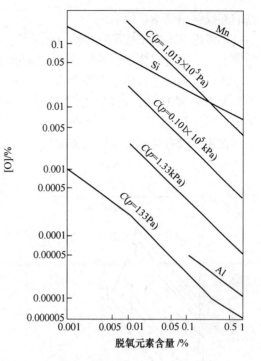

图 7-9 碳的脱氧能力与外压的关系

✏️ **练 习 题**

理论上，RH 真空脱碳过程中的降碳量和降氧量之间的比例为（ ）。A

A. $\Delta C:\Delta O = 3:4$ B. $\Delta C:\Delta O = 4:3$ C. $\Delta C:\Delta O = 3:5$ D. $\Delta C:\Delta O = 5:4$

如果钢中氧含量足够高，RH 真空处理将会发生脱碳反应，这适用于钢中碳含量为 400ppm 或更低的情况。图 7-10 给出了在实际生产中 RH 处理的测量值。

在碳氧浓度积图中标出了脱碳反应开始和结束时的碳氧浓度。图 7-10 中给出了 CO 分压在 1bar（常压下）和 50mbar（真空条件下）时的两条曲线，可以看出，开始和结束两点的连线斜率基本相同。

不考虑 RH 处理过程中的动力学条件，反应开始时的位置不管在哪里都可以达到较低的碳含量，不过需要反应的氧含量差别很大。

为了低碳和低氧两方面综合考虑，反应的开始位置应按图 7-10 标出的窗口控制，碳含量大约为 300ppm，转炉通常比较容易达到。这种操作要求少用铝脱氧，所以产生的三氧化二铝夹杂少。

在脱氧没有达到要求时，需要在真空处理前进行修正。图 7-11 给出了三条修正曲线。

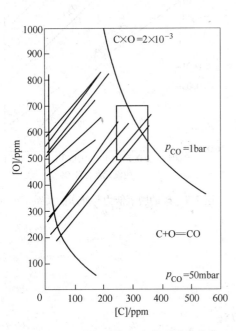 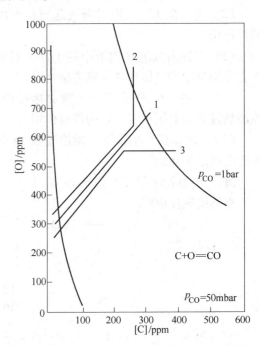

图 7-10　碳氧浓度积中的脱碳曲线　　　　图 7-11　开始处理碳氧含量不同时的脱碳曲线

$([C][O] = 2.5 \times 10^{-3})$　　　　　　　　　　$([C][O] = 2.5 \times 10^{-3})$

图 7-11 中：

曲线 1：理想状态下的脱碳曲线。

曲线 2：脱碳前氧含量过高。这要求用碳或铝进行脱氧。如果在处理过程中加入碳，会产生大量的 CO 气体，使钢液在真空室沸腾；如果碳的加入量超过 0.01%，甚至在钢包中也会产生沸腾现象，脱碳时间延长。为缩短处理时间，处理开始前用适量铝脱氧是有益的。

曲线 3：如果开始处理前碳含量很高时，需要用顶枪进行吹氧。也有使用铁矿石和氧化铁皮来缩短脱碳时间的。

7.1.2.2　脱碳、脱氧过程动力学

为了在最短时间内使碳含量达到要求，了解脱碳反应速度及其影响因素，可确定处理过程中什么时候碳含量达到要求，什么时候加入脱氧剂。

碳氧反应分为三个步骤：

(1) C 和 O 由熔池向反应的钢渣界面传质；

（2）在反应界面形成 CO 气泡；

（3）已经形成的 CO 向气泡中扩散。

在平静的钢水中，反应速度取决于形成 CO 气泡的环节，但是 RH 精炼过程吹入的氩气泡、真空室中的所有钢液自由表面和耐火材料表面的气孔都可以代替 CO 气泡，所以反应速度取决于扩散环节。

实际上，在真空状态下，即是在压力低于 133.322×10^{-5}Pa 下保持较长时间，残氧量也难以降到 506.6236×10^{-5}Pa 的平衡值。碳的脱氧能力达不到理论计算的数值，这是因为脱碳反应过程还受到其他因素的影响。

真空中碳与氧的热力学平衡关系，仅在气—液界面上才是有效的。在该界面上，脱氧产物可以从液相进入气相，此时反应的平衡受气相中 CO 分压即真空度的控制。

在熔池内部，由于生成 CO 气泡要克服气相压力 p_0、熔池静压力 $\rho g H$ 和毛细管压力 $\frac{2\sigma}{r}$，所以 CO 气泡内的压力必然大大超过金属液面上气相中 CO 的分压：

$$p_{CO} = p_0 + \rho g H + \frac{2\sigma}{r} \tag{7-6}$$

如设钢液的表面张力 $\sigma = 1500$N/m，气泡半径 $r = 5 \times 10^{-5}$m，则产生 CO 气泡需克服毛细管压力为：

$$\frac{2\sigma}{r} = \frac{1500 \times 2}{5 \times 10^{-5}} = 6 \times 10^7 \text{N/m}^2 = 60\text{MPa}$$

仅此一项就超过了 60MPa；而且气泡越小，所承受的压力就越大。至于 $\rho g H$ 一项，每 100mm 的钢液深度就要增加 666.51Pa 的静压力。

当 CO 气泡所承受的毛细管压力和熔池静压力远大于气相中的压力时，真空度的提高已经不能再提高碳的脱氧能力。

在向熔池中吹入惰性气体或者在炉衬的粗糙表面上形成 CO 气泡时，由于减小了毛细管压力，有利于真空脱氧反应的进行。

吹入钢液中的惰性气体形成许多小气泡，其中的 p_{CO} 极低，钢液中的碳和氧可以在气泡表面化合生成 CO 并进入气泡，直到气泡中的 p_{CO} 达到与钢液中碳与氧相平衡的数值为止。

在耐火材料表面上形成 CO 气泡，从气泡种核以缝隙或孔洞为起点，逐渐鼓起，直到长为半球以前，与碳和氧相平衡的分压 p_{CO} 必须大于附着在壁上的气泡内的压力，气泡才能继续长大直到分离出去。

当钢液深度一定时，[C][O] 越低，即 CO 的平衡压力 $p_{CO平}$ 越小，所要求的 r 值就越大。在脱氧过程中，由于 [C][O] 越来越小，所要求的 r 值越来越大，有越来越多的空隙不能再起到胚芽的作用。因此，随着 m 值的减小，能产生 CO 气泡的深度 H 越来越小，开始时可能猛烈沸腾，在底部和全部壁上都能产生气泡，随后只能在壁上产生，再往后只能在壁的上部产生，直到沸腾全部停止。

由于耐火材料表面缝隙情况时常变化，钢液对耐火材料润湿情况也不固定，钢液的表面张力又和钢液的温度和成分有关，因此开始沸腾和终止沸腾的 m 值变化范围很广。

由于钢液深度造成的静压力和气泡所承受的毛细管压力远大于真空室的低压，因此熔池中实际氧含量远高于平衡氧含量。

在 CO 气泡和钢液面上，C-O 反应进行得很快，因此整个 C-O 反应的限制性环节是钢液中碳和氧向液—气相界面的扩散速度。碳在钢液中的扩散速度比氧大 8 倍，碳含量一般大于氧含量，因此氧的扩散速度是真空下脱氧反应的限制性环节。

计算结果表明，相对静止状态下 210t 的钢包（脱气深度 150cm，钢液表面积 20000cm^2）进行钢液处理，经过约 26min 的真空脱氧，残氧率仍高达 70%。可见在钢液平静的条件下，碳脱氧的速度并不快。

加速碳脱氧速度的有效措施是加强对钢液的搅拌，真空处理时采用电磁搅拌，尤其是吹氩搅拌，不仅可以加速氧的传质，还能增加钢液与气体的接触面积。

如果反应界面有其他扩散反应，脱碳速度会降低。通过实际生产过程中废气成分检验，可以看出不同脱碳工艺过程与脱碳速度有很大关系。

RH 轻处理碳含量大约 500ppm 时脱碳开始，100ppm 时脱碳结束。某钢厂 RH 设备脱碳速度最大可以达到 60 ~ 70ppm/min，在从抽气开始到破真空的 20min 里，脱碳过程 1/3 时（约 5 ~ 10min）脱碳速度最快，这一时刻有足够的钢水充入真空室（真空室压力由 150mbar 降至 10mbar 时）。真空室下部大量形成的 CO 控制脱碳进程的这一步。由于钢水静压力降低和 CO 量的增加，CO 气泡上升至熔池表面，脱碳速度随之升高。熔池上涨，形成气泡和钢水的混合物。

在脱碳炉次处理过程中，降压速率增大可以改善脱碳的热力学条件和动力学条件。缩短时间，所以真空泵的设备参数对脱碳时间有巨大影响。

7.1.2.3　实际真空碳脱氧控制

碳脱氧的作用是减少钢中固态或液态夹杂物。在真空碳脱氧条件下，钢中溶解氧转变为气态。图 7-12 中的阴影部分显示的是在实际真空碳脱氧可以达到的氧含量值。由于钢渣和真空室壁向钢中传氧，实际值稍高于理论值。这里的氧含量指的是用氧活度仪测量的氧活度。真空碳脱氧除了可以使钢材力学性能更好外，还有减少局部成分偏析的作用。

为了使生产更经济，对于低碳板坯品种使用一种特殊的真空处理工艺，即轻处理工艺。轻处理工艺将真空室压力控制在 70 ~ 150mbar，进行脱氧和脱碳。这样处理的目的是降低钢中的氧活度和将碳脱至 0.010% ~ 0.025%。

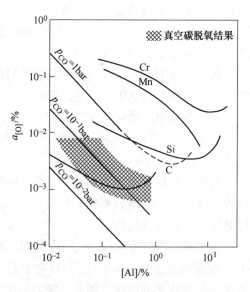

图 7-12　真空碳脱氧后的氧含量

这种处理工艺可以适当提高转炉出钢碳含量，从而保护炉衬，而且可以降低钢中氧化物夹杂含量。另外，与生产相同碳含量的钢水相比，Mn 的吸收率可以提高，从而节约合金。

图 7-13 是 1600℃时碳氧平衡关系。圆点指轻处理开始和结束时的条件。在处理过程

中，钢中的 C、O 含量向箭头方向沿平行线变化。

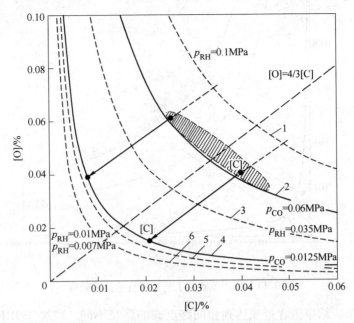

图 7-13　1600 ℃时碳氧平衡时 CO 分压

由图 7-13 可知，当 p_{CO} 约在 0.06～0.065MPa 时，环境压力为 1000mbar 时的平衡被打破，轻处理过程开始。曲线 2 是在 1600℃，p_{CO} 为 0.06MPa 时的平衡状态。曲线 1 为 0.1MPa 时的[C]-[O]平衡状态。

当真空室压力为 350mbar 时钢水进入真空室，立即开始脱碳。

通常轻处理时的压力为 100mbar，此时 p_{CO} 为 0.0125mbar（曲线 4）。为了适合不同钢种的要求，轻处理时的压力可以达到 70mbar。

在图 7-13 的实例中，出钢时碳大于 0.04%，经压力为 100mbar 真空处理，p_{CO} 可以达到约 0.00125mbar。碳含量在 5～6min 后可以达到 0.013%，脱碳速度取决于真空室的设计条件和真空泵的抽气能力。根据碳氧平衡关系，氧从 400ppm 降至 200ppm。由于处理结束时氧活度降低，真空处理后脱氧可以节约一部分铝（约 0.9～0.6kg/t）。此外，真空处理比不脱气处理更适宜处理 Al-Si 镇静钢的板坯品种。

A　自然脱碳

对于一些深冲钢，处理结束碳含量要求 15ppm 的钢种，这类钢种以"自我"或"自然"脱碳为基础。这种脱碳工艺，根据初始碳和结束碳含量不同，处理时间一般为 10～20min。

这些钢种出钢碳为 0.025%～0.040%，不加合金。出钢后用石灰造碱性渣覆盖钢液面。

通过真空处理，通常需要这些钢种碳含量低于 0.005%。为达到处理要求，处理过程中氧含量需要稍高于碳氧平衡时的化学计算值。当出钢氧含量过高时需要加入铝或碳将碳氧平衡关系调整合适，如图 7-14 所示。使用不同的预脱氧方式，原始碳含量可能稍有增加（使用碳脱氧），也有可能不变（使用铝脱氧）。

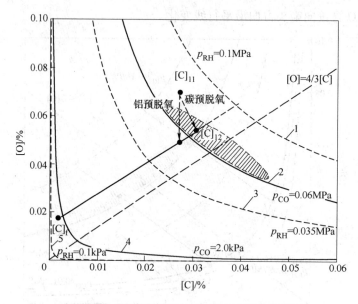

图 7-14 使用预脱氧工艺进行自然脱碳处理

RH 脱碳效果、结束碳含量或达到相同终点碳的路径不同，取决于 RH 处理开始时的碳含量、RH 处理开始时的氧含量、真空泵的抽气能力、抽气运行方式和速度、真空室和上升管几何尺寸、吹气管的位置和数量、整个脱碳过程中的吹气量，在吹氧时，脱碳还会受到吹氧量、氧气流速度、吹氧过程中吹氧开始时间和氧枪高度影响。

RH 自然脱碳反应在碳高、氧高、真空度高时有利，处理过程需注意防止喷溅：

（1）初始碳 0.03% ~ 0.05%，初始氧 0.055% ~ 0.075%。

（2）最终碳低于 0.002%，最终氧低于 0.03%（未加铝）。

（3）不建议加碳脱氧，这会使精炼时间延长，造成喷溅和耐火材料侵蚀。

RH 自然脱碳处理要点包括：

（1）抽真空至深真空状态，脱氧后真空度可以保持深真空，也可以按设定点 1kPa 控制。

（2）脱碳结束判定条件：废气中 CO 含量不高于 3%，如脱碳时间达到 18min 时 CO 含量仍大于 3%，可加铝脱氧，结束脱碳。

（3）脱碳期间循环氩气流量应按要求及时进行调整。

（4）温度及成分（Ti 除外）力争在脱氧前调整，脱氧后废钢加入量应小于 300kg，将因加入合金导致的增碳量减少至最低。

（5）加铝脱氧后至少循环 2min 方可调 Ti，调整完成分和废钢后，确保循环时间不小于 4min。

B 强制脱碳

在 RH-TOP 处理工艺中可以采用轻处理和深脱碳工艺，所以可以生产低碳和超低碳钢种。与传统 RH 工艺相比，出钢时碳含量可以适当升高，在这种情况下钢中的氧活度低，真空下自然脱碳反应不足以达到要求，需要通过顶枪向钢水中吹氧。

RH-TOP 系统可以通过氧枪向钢水中吹入气态氧强制脱碳。为了保证真空室中有足够的钢水，吹氧操作需要在压力为 150mbar 或更低时进行。与传统的 RH 工艺相比，由于过剩的氧气吹入钢水，脱碳速度会增加。强制脱碳时钢液内部发生如下化学反应：$[C]+[O]=\{CO\}$，该反应是微弱放热反应，另一个反应 $[C]+1/2\{O_2\}=\{CO\}$ 是放热反应。强制脱碳条件下碳成分变化如图 7-15 所示。

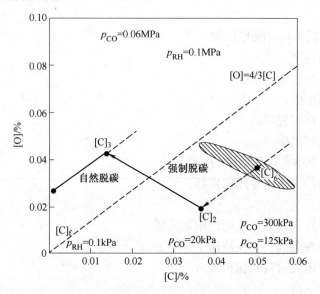

图 7-15　强制脱碳条件下碳成分变化

碳过高，氧过低，需用强制脱碳，实际脱碳地点在气泡表面、金属液面和悬空液滴表面。可采用加强搅拌、缩小液滴、钢水液面少渣、提高真空度、适当高温，加快脱碳速度：

（1）钢中氧含量满足不了钢种要求脱碳的氧量时，进行强制吹氧脱碳。

（2）吹氧脱碳应在真空度不大于 1.5kPa 时进行。

（3）提升氩气流量（标态）为 1500L/min。

（4）每吹氧（标态）100m³/h 可使钢中自由氧量增加 600~700ppm。

（5）氧枪吹氧时，枪位距真空室底部设定为 5800mm，流量（标态）设定为 2000~2300m³/h。

强制脱碳处理要点如下：

（1）处理前检查测温定氧设备，必须能正确定温度、氧活度。处理前检查排气系统（1B 泵开出时间不多于 4min，最高真空度不大于 0.10kPa）。浸渍管孔径正常，环流气状况良好。

（2）处理前对排气、加料、取样、浸渍管等设备加以确认。

（3）使用无碳钢包，同时包口、包底严禁有残钢、残渣。安排两炉低碳铝镇静钢进行真空室洗，确认真空室和热弯管内的冷钢状态，必要时进行冷钢清除。

（4）吹氧方式根据具体情况选用合适的顶枪模式。

（5）必须认真判定温度和自由氧的变化，如确认温度偏高需加入冷却废钢时，则必须在脱碳前期加入，防止后期加入或脱氧后加入造成增碳。加铝脱氧环流 2min 后再添加其他合金以及不多于 800kg 的冷却剂。

（6）在脱碳前期可加入中碳锰铁，但必须控制钢中 [Mn]≤0.20%。不足部分在加铝完全脱氧后由金属锰（电解锰）调整。磷、硫等元素在处理前或脱碳前期加入。加铝调整成分时，需考虑 Fe-Ti 中铝含量。

（7）强制脱碳应在脱碳前期进行，避免脱碳结束后的顶枪升温。

（8）脱碳结束后加铝脱氧到脱气终了时间保证在 10min 以上，要求纯脱气时间不少于 5min。

超低碳钢真空脱碳后增碳原因如下：

（1）真空室粘冷钢。

（2）废钢、合金、渣料增碳。

（3）耐火材料增碳。

（4）非低碳取样器假增碳。

（5）喷粉脱硫剂增碳。

防止超低碳钢真空脱碳后增碳的措施如下：

（1）真空室清洁，使用专用取样器。

（2）采用低碳合金。

（3）注意温度控制，减少后期废钢加入量。

（4）使用低碳覆盖剂，并在液面平静时加入。

（5）使用无碳耐火材料和保护渣。

（6）连铸减少下渣。

在轻处理工艺过程中，推荐在真空状态下使用氧枪将碳吹到 0.05%。这时的氧活度将会保持基本相同的水平，吹氧后再进行轻处理将碳脱至 0.015% ~ 0.025%。轻处理和强制脱碳处理一样在较高压力范围下进行，不用进行蒸汽喷射。

对超低碳钢种，在碳含量在 0.03% 以上时，同样可以采用吹氧降碳工艺。然后可以使用真空泵的全部能力，进行脱碳操作。

+·+

✎ 练 习 题

1.（多选）自然脱碳过程中的脱碳速率主要与（　　）有关。ABC

　A. 真空压降控制模式　　　　　　B. 提升气体流量控制模式

　C. 钢水到站 C、O 含量　　　　　D. 浸渍管工作状态

2.（多选）自然脱碳过程中抑制喷溅的措施主要有（　　）。ABC

　A. 当 RH 钢水到站碳含量接近于要求的上限时，控制真空泵的启动速度

　B. 脱碳初期提升气体流量控制不宜过大

　C. 控制真空泵的启动速度，当真空度达到下一级泵启动要求时，而且废气流量呈下降趋势时，才可以启动下一级泵

　D. 脱碳初期提升气体流量控制在大流量

3.（多选）以下关于 RH 深脱碳处理模式的操作中，描述正确的是（　　）。ABD

　A. 脱碳过程提升气体流量按低—高—高模式进行控制

　B. 采用快速进行深真空的真空度控制模式进行处理

C. 强制脱碳时增加提升氩气流量

D. 调完合金后采用较大的提升氩气流量

4. (多选) 下面关于强制脱碳的描述正确的是 ( )。ABC

A. 强制脱碳是针对未脱氧钢水而言的

B. 强制脱碳是指当钢水中氧含量满足不了钢种要求脱碳的氧量，自然脱碳量不足以将其降到目标值以下时，利用顶枪装置在正常合金化之前，向钢水中吹氧，利用 C-O 反应，达到强行降碳的目的

C. 采用强制脱碳时一般钢水中的碳含量不低于 400ppm

D. 强制脱碳模式和二次燃烧模式是相同的

5. (多选) 下面关于自然脱碳的描述正确的是 ( )。ABCD

A. 自然脱碳是针对未脱氧钢水而言的

B. 自然脱碳就是利用钢水中自身的溶解氧与钢水中的碳之间发生 C-O 反应，达到降低钢水中碳的目的

C. 采用自然脱碳时一般钢水中的碳含量不大于 350ppm

D. 采用自然脱碳时一般钢水中的氧活度一般位于 400~600ppm

6. (多选) 下面关于自然脱碳的最佳到站碳、氧含量的描述正确的是 ( )。AB

A. 自然脱碳的到站最佳碳含量范围在 250~350ppm

B. 自然脱碳的到站最佳氧含量范围在 500~700ppm

C. 自然脱碳的到站最佳碳含量范围在 150~250ppm

D. 自然脱碳的到站最佳氧含量范围在 350~550ppm

7. 自然脱碳处理模式适用的钢种为超低碳 IF 钢。( ) √

8. 强制脱碳吹氧和二次燃烧吹氧的目的是一样的。( ) ×

9. 强制脱碳吹氧量的理论计算原理为( )。A

A. 强制脱碳吹氧量(m^3) = (终点预留氧活度 − 到站氧活度 − 脱碳反应消耗的氧活度) × 钢水重量 × 22.4/(32 × 氧气利用率)

B. 强制脱碳吹氧量(m^3) = (到站氧活度 − 脱碳反应消耗的氧活度) × 钢水重量 × 22.4/(32 × 氧气利用率)

C. 强制脱碳吹氧量(m^3) = (终点预留氧活度 − 到站氧活度 − 脱碳反应消耗的氧活度) × 钢水重量/氧气利用率

D. 强制脱碳吹氧量(m^3) = (终点预留氧活度 − 到站氧活度 − 脱碳反应消耗的氧活度) × 钢水重量 × 22.4/(32 × 氧气利用率)

10. 采用强制脱碳模式进行处理钢水时，整个真空脱碳过程提升氩气流量采用恒定流量进行控制是最佳的。( ) ×

11. 采用自然脱碳处理模式时可以采用预抽真空模式以缩短真空处理周期。( ) √

12. RH 自然脱碳的到站碳、氧含量存在一个最佳范围。( ) √

13. RH 自然脱碳过程中提升气体流量控制的模式为 ( )。B

A. 高—低—高　　B. 低—高—高　　C. 高—高—高　　D. 高—低—低

14. RH 自然脱碳过程中最佳的到站碳、氧含量的确定原则为 ( )。A

A. 脱碳结束时获得低的终点碳和终点氧含量

B. 脱碳结束时获得低的终点碳含量

C. 脱碳时获得低的终点氧含量

D. 脱碳过程的脱碳速率最大

15. RH 真空精炼处理模式中的深脱碳处理模式分为自然脱碳和强制脱碳两种模式。
( )√

16. RH 真空处理过程中选择强制脱碳的理论依据为 ( )。A

A. (到站[C]-目标[C])×4/3 + 预留氧活度值≥到站氧活度时

B. (到站[C]-目标[C])×4/3 + 预留氧活度值≤到站氧活度时

C. 到站[C]≥400ppm 时

D. 到站氧活度≤400ppm 时

17. RH 真空脱碳能使钢水中的碳含量降低到 15ppm 以下。( )√

7.1.2.4 真空下脱碳保铬原理

铬氧化反应式是:

$$2[Cr] + 3[O] \Longrightarrow (Cr_2O_3)$$

在常压下，Cr 比 C 容易氧化，对冶炼不锈钢种不利；但在真空条件下，气相中 CO 分压降低，增加了碳氧反应的能力，而对铬氧反应影响较小，这样很容易将碳降低到 0.02% ~ 0.08%，而铬基本不被氧化，做到脱碳保铬，VOD、AOD 冶炼不锈钢就是采用此基本原理。

吹氧脱碳的特征与钢液中碳含量有关。存在着一个临界碳含量。当钢中的碳含量大于临界值时，脱碳反应由氧的传递控制，所以脱碳速率取决于供氧条件，如氧压、流量、供氧方式等。当钢中碳含量小于临界值时，由于钢液中碳含量与氧含量相差不多，甚至小于氧含量，这时碳原子向钢液气相界面的传递将成为脱碳速率的限制性环节。在供氧条件不变的情况下，脱碳速率随碳含量的降低而下降。临界碳含量的大小取决于钢的成分、熔池温度和真空度，一般波动在 0.05% ~ 0.08% 的范围。碳氧平衡线随着 p_{CO} 压力的变化以及钢液真空脱碳时碳氧含量的变化途径如图 7-16 所示。

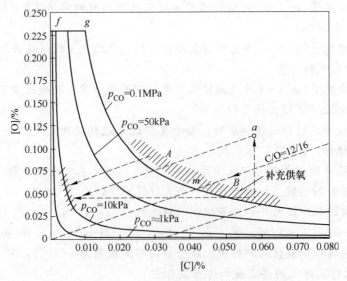

图 7-16　碳氧平衡线随 p_{CO} 压力变化以及钢液真空脱碳时碳氧含量变化途径

对于大部分不锈钢来讲，不锈钢中的碳降低了钢的耐腐蚀性能，所以其碳含量都是较低的。近年来超低碳类型的不锈钢日益增多，这样在冶炼中就必然会遇到高铬钢液的降碳问题。为了降低原材料的费用，希望充分利用不锈钢的返回料和碳含量较高的铬铁。在冶炼中希望尽可能降低钢中的碳，而铬的氧化损失却要求保持在最低的水平，这样就迫切需要研究 Fe-Cr-C-O 系的平衡关系，以找到最佳的"降碳保铬"的条件。

在 Fe-Cr-C-O 系中，两个主要的反应是：

$$[C] + [O] \longrightarrow CO$$
$$2[Cr] + 3[O] \longrightarrow Cr_2O_3$$

在 1atm 下，与一定铬含量保持平衡的碳含量，随温度的升高而降低；在温度一定时，平衡的碳含量随 CO 分压的降低而降低，当 P_{CO} 降低 90%（由 1.013×10^5 Pa 降到 1.013×10^4 Pa）时，平衡的碳含量可降到原含量的十分之一。其效果比提高温度 120℃ 效果更好。现阶段不锈钢精炼的热力学依据也在于此。在电弧炉用返回吹氧法冶炼不锈钢时，就是用提高冶炼温度以达到降碳保铬的目的。但是这种方法工艺上的弊病较多，且成本高，质量差，已被淘汰。取代的方法是从降低 CO 的分压力入手，常用 VOD、RH-OB 等精炼方法，通过降低系统的总压力达到降低 CO 分压力，以达到很低的平衡碳含量。

生产条件下，粗真空下高铬钢液中吹氧脱碳反应，有可能在不同部位发生，并得到不同的脱碳效果。碳氧反应可以在熔池内部、钢液表面、悬空液滴三个部位发生，真空吹氧后的钢液碳含量取决于三个部位所脱碳量的比例。脱碳终了时钢中铬含量及钢液温度相同的情况下，悬空液滴和钢液表面所脱碳量愈多，则钢液最终碳含量也就愈低。为此，在生产中应创造条件尽可能增加悬空液滴和钢液表面脱碳量的比例，以便把钢中碳含量降得尽可能低。

7.1.3 真空对冶金的不利影响

7.1.3.1 真空下元素的蒸发

真空条件下，随着外压值降低，钢中所有元素的蒸发温度下降，可以采用蒸发的方法去除某些杂质元素，如 Pb、Cu、As、Sn、Bi 等，提高钢的质量。如铜常温下 2598℃ 蒸发，而在 1.33Pa 的真空条件下，蒸发温度降至 1272℃，产生沸腾，使铜成为蒸气而挥发。

一般情况下，温度高、真空环境下的外压低、钢液的表面积越大、杂质元素的蒸气压高，杂质元素蒸发速度加快。常见合金元素的蒸气压见表 7-2。

表 7-2　二元铁合金中溶质的蒸气压及元素的活度系数

元　素	1600℃ 时的蒸气压/Pa	液态铁中的活度系数 γ	1600℃ 时的蒸气压/Pa	
			0.2%	1%
Mn	5599.5	1.3		
Al	253.3	0.031	0.11	0.55
Cu	133.3	8.0	0.00024	0.0012
Sn	106.6	1	0.014	0.07
Si	55.9	0.0072	0.00076	0.0038

元 素	1600℃时的 蒸气压/Pa	液态铁中的 活度系数 γ	1600℃时的蒸气压/Pa	
			0.2%	1%
Cr	25.3	1	0.000012	0.00006
CO	4.1	1	0.004	0.02
Ni	3.9	0.67	0.00006	0.0003
S	101324.7	—	0.000036	0.00018
As	101324.7	—		
P	101324.7	—		

但是，元素蒸发也具有局限性。可以用真空手段使一部分杂质元素蒸发，但是同时也可能会使一些有益的元素（如 Mn）损失掉。所以应尽量采用杂质含量少的精炼钢液，不要寄希望于杂质元素的真空蒸发上。

7.1.3.2 真空下金属与氧化物反应

在真空条件下，当钢液与耐火材料接触时，耐火材料中的氧化物易被钢液中的碳和铁所还原，使得还原的产物进入钢液中。产物与钢液中的氧和氮结合成氧化物或氮化物夹杂玷污钢液，同时耐火材料也被受到破坏。因此，在钢液真空处理时，耐火材料中应不含易被碳所还原的氧化物，或选择还原后对钢性能无害的氧化物作为耐火材料，如硅、铝、镁质耐火材料氧化物易发生以下反应。

（1）分解反应：

$$MgO(s) == \{Mg\} + \frac{1}{2}\{O_2\}$$

$$SiO_2(s) == \{SiO\} + \frac{1}{2}\{O_2\}$$

$$Al_2O_3(s) == 2\{AlO\} + \frac{1}{2}\{O_2\}$$

（2）与铁反应：

$$[Fe] + MgO(s) == \{Mg\} + [FeO]$$

$$[Fe] + SiO_2(s) == \{SiO\} + [FeO]$$

（3）与碳反应：

$$[C] + MgO(s) == \{Mg\} + \{CO\}$$

$$[C] + SiO_2(s) == \{SiO\} + \{CO\}$$

$$3[C] + Al_2O_3(s) == 2[Al] + 3\{CO\}$$

（4）其他反应：

$$[Si] + MgO(s) == \{Mg\} + \{SiO\}$$

$$[Ti] + 2SiO_2(s) == 2\{SiO\} + (TiO_2)$$

由反应可见，硅、铝氧化物被还原后对钢液无害，而镁的氧化物还原后呈气态逸出。

7.1.4 RH 钢液循环原理

如图 7-17 所示，当两个插入循环管插入钢液一定深度后，启动真空泵，真空室被抽成真空，钢液在真空室外大气压力作用下，从两个插入管上升到约 1.5m 的循环高度 B；与此同时，上升管输入驱动氩气因受热及压力降低引起膨胀，使得上升管内钢液与气体混合物密度降低，而驱动钢液上升像喷泉一样涌入真空室内，使真空室内的平衡状态受到破坏，为了保持平衡，一部分钢液从下降管回到钢包中，就这样钢水受压差和驱动气体的作用不断从上升管涌入真空室内，并经下降管回到钢包内，周而复始实现钢液循环。

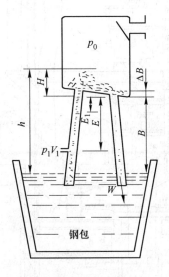

图 7-17　真空循环原理图

$$(h = H + B)$$

7.2　RH 精炼设备

7.2.1　RH 设备检查

在处理钢水前需要对精炼设备进行检查，先进的 RH 精炼设备包括 10 大设备系统，即真空泵系统、真空室及浸渍管耐火材料、加热系统、冷却水系统，液压系统、顶枪及顶枪升降系统、加料系统、测温取样系统和自动控制系统，此外还有蒸汽、氩气、氮气、氧气系统等，其示意图如图 7-18 所示。

在正常生产过程中，真空系统工作状态必须定期进行检查，对真空泵的漏气检测每次例行检修后都要进行一次，只有当真空泵的漏气率必须一定值时才能满足正常生产需要。

常见漏气点包括：

（1）单级真空泵：容易磨损的部位是蒸汽的喷嘴，喷嘴被磨损后，不仅会影响泵的性能，也会造成漏气。

（2）真空室：内衬温度检测点、气体冷却器下部卸灰阀、内衬加热孔、顶部摄像孔、真空泵与真空室连接伸缩接头、合金加料溜管与加料孔伸缩接头、顶枪孔、各连接法兰。

（3）真空泵：连接法兰、弯头、系统逆止阀、测量漏气的流量孔板、破空阀。

（4）合金加料：上下料钟、电振、加料溜槽管磨穿。

（5）密封材料的检查：橡胶制品、石墨石棉、金属垫圈等。

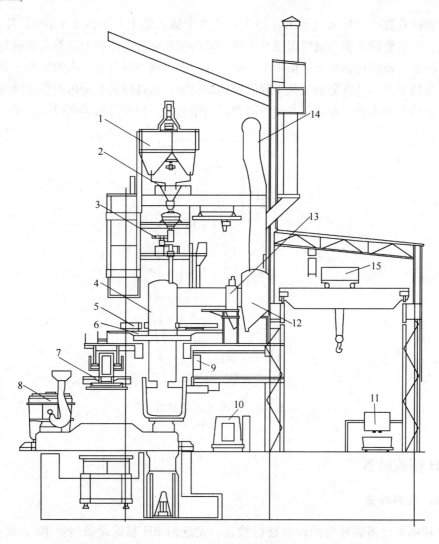

图 7-18　RH 装置示意图

1—合金料仓；2—合金称量装置；3—合金加入装置；4—真空室；5—电极加热装置；

6—真空室横梁；7—钢包盖开出装置；8—钢包；9—操作室；10—维护车；

11—下部真空室维修站；12—除尘装置；13—气体冷却；14—真空排气；15—天车

练 习 题

1. RH 的历史趋势可供设备维护及操作人员详细了解设备的实际运行状况。（　　）√

2. RH 的历史趋势是指利用计算机软件把采集到的设备运行时的各参数值绘制成的曲线或图像。（　　）√

3. 真空料斗下料溜管与真空室合金溜槽之间的连接是通过（　　）来实现的。A

　A. 伸缩接头　　　　　　　　　　B. 旋转溜槽

　C. 真空密封通道　　　　　　　　D. 电振给料器

4. 根据 RH 废气流量曲线可以初步判断（　　）。A

   A. RH 真空泵系统是否存在泄漏　　B. 真空泵是否正常工作

   C. 真空室状况是否良好　　　　　　D. 浸渍管是否良好

5. RH 真空处理过程中，在事故情况下紧急破真空时使用（　　）。B

   A. 空气　　　　　B. 氮气　　　　　C. 氩气　　　　　D. 以上均不对

7.2.2　RH 设备结构

    RH 处理站可分为单真空室和双真空室两种形式。一般单真空室处理站作业率约为 50%，双真空室作业率约为 80%，甚至更高。RH 的交换设备按真空室的移动方式分为四连杆式、转盘式、整体吊装式及双室平移等形式，其中双真空室快速平移（见图 7-19）作业率高、使用方便、维修简单，能满足板坯快节奏生产提高作业率的要求。

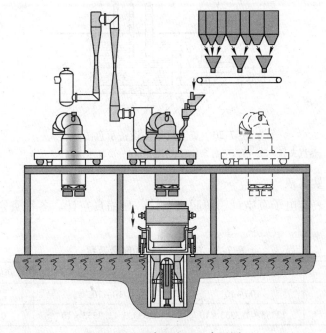

图 7-19　双真空室 RH 布置图

    先进的 RH 设备主要具备以下技术特点：双整体真空室快速更换式；钢包车采用液压升降方式；采用先进的全蒸汽四级（3、4 级并联）喷射真空泵系统；喷嘴可自动清洗；采用真空针式控制阀；具有带摄像头的多功能顶枪系统；采用二级自动化控制软件；具备有在线喂线系统和覆盖剂自动添加系统。设备系统功能详述如下。

7.2.2.1　真空泵系统

    真空泵系统是 RH 最为关键的设备，直接影响着 RH 的处理效果。RH 一般采用四级蒸汽喷射泵系统，由两级增压泵和两级喷射泵组成。该系统主要包括：气体冷却器、真空阀、抽气管道、增压泵、喷射泵、冷凝器、汽水分离器、水封池、排水和排气管道、隔音设施等，如图 7-20 所示。

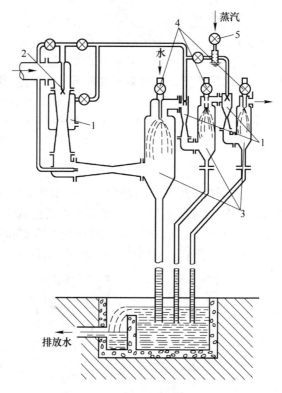

图 7-20　真空泵系统设备示意图

1—蒸汽夹套；2—蒸汽喷射泵；3—冷凝器；4—冷凝水阀门；5—蒸汽阀门

A　真空度测量仪表

真空度测量仪表有电子真空计、薄膜真空计、压缩真空计。各种真空计的测量范围见表 7-3。

表 7-3　各种真空计的测量量程

种　类	电子真空计	包膜真空计	压缩（麦氏）真空计
量程/mmHg	$100 \sim 10^{-4}$	$10 \sim 10^{-4}$	$0 \sim 10^{-5}$
量程/Pa	$13333 \sim 1.3333 \times 10^{-2}$	$1333.3 \sim 1.3333 \times 10^{-2}$	$0 \sim 1.3333 \times 10^{-3}$

麦氏真空计又称压缩式真空计，如图 7-21 所示，是一种测量低真空的绝对真空计，具有 100 多年的历史，目前各国均将压缩式真空计确定为真空仪表的基准量具。

在一定温度下，对一定体积的被测气体进行压缩，使气体压强增大到可直接在 "U" 形真空计上读出来，然后将此读数根据压缩比例，计算出被测体气的压强。麦氏真空计通常由硬质玻璃制成，作用液为汞。测量时，打开真空活塞 7，在充气口 6 处注入压缩气体，提升汞液至交叉口 M—M' 时，使 1、2 和 3、4 内的气体分隔开成两部分，当汞液继续升高时，1 和 2 内的气体因体积压缩而增大压强，而 3 和 4 内的气体与测系统相通，仍是原压强，这样 1 和 4 之间就产生压差，再通过压缩气体体积，增高的高度和毛细管的直径等参数就可以按式（7-7）计算出被测真空室压强：

$$P = \frac{\pi}{4V} d^2 h' H' \tag{7-7}$$

B 真空泵分类

真空泵基本上可分为两类：气体输送泵和气体收集泵。气体输送泵又可分为变容真空泵和动量传输泵两种，动量传输泵介质可用水、油或水蒸气；气体收集泵可分为吸附泵、吸气剂泵、吸气剂离子泵和低温泵四种。不同的真空泵有不同的使用范围。

蒸汽喷射泵属于气体输送泵中的动量传输泵，由于具有如下特点：工作压强为 1.33 ~ 100Pa，构造简单，无运动部件，容易维护；设备费用低；操作简单，打开冷却水及蒸汽管路上的阀门就能立即开始工作；可以满足真空冶金大容量、处理快速，真空度相关高的要求，故成为 RH 精炼的主要抽真空设备。

RH 精炼设备还用水环泵作为辅助泵，提高抽气能力。

C 蒸汽喷射泵原理

蒸汽喷射泵由喷嘴、吸入室、混合室和扩压器组成。如图 7-22 可见，工作蒸汽通过蒸汽喷嘴的加速后，以超声速进入真空泵内，并与被抽气体碰撞、混合，并将动能传给被抽气体，在通过扩散器的时候转换为压力能。在扩散器喉部之前的混合气体是超声速的，在喉部入口处产生垂直压缩冲击波而被压缩成为亚声速流，

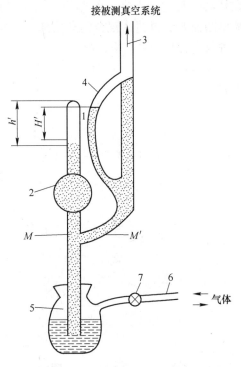

图 7-21 麦氏真空计原理图

1——一端为封闭的毛细管，又称为测量毛细管；
2—大玻璃球；3—与被测真空系统相连的通道；
4—直径与 1 相同，两端与 3 相同的毛细管，又称为比较毛细管；5—汞储存器；
6—提升或下降汞的充气或排气口；
7—真空活塞

在扩散器的渐扩部分继续被压缩，速度下降，压力升高，直至达到下一级吸入口压力后排入下一级蒸汽喷射器。最后一级蒸汽喷射器排出的混合流体进入高效冷凝器后，可凝性水蒸气被冷却成液态水，与所抽空气一起随冷却水排出冷凝器外。

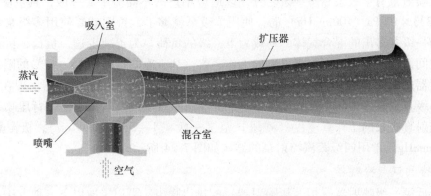

图 7-22 蒸汽喷射泵示意图

其工作原理如图 7-23 所示，由图可知，具有一定压力的工作蒸汽，经过拉瓦尔喷嘴

在其喉口 F_0 达到声速，在喷嘴的渐扩口进行膨胀，压力继续降低，速度增高，以超声速度喷出断面 F_1，并进入混合的渐缩部分。根据物体冲击时动量守恒定律，工作蒸汽与被抽气体进行混合和动量交换，混合气流在混合室的喉部 F_3 达到临界速度 a，继而由于扩压器的平行与渐扩部分，受垂直压缩冲击波的作用而速度降低，压力升高，达到设计出口压力 p_c。

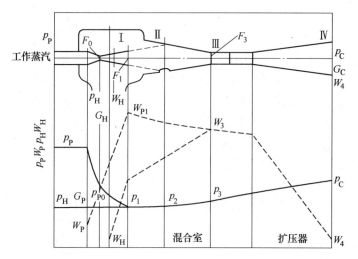

图 7-23　蒸汽喷射泵工作原理图

蒸汽泵的工作三个阶段如下：

绝热膨胀阶段：工作蒸汽流经喷嘴使工作蒸汽膨胀至超声速形成负压，将蒸汽压缩能转化为速度能，为防止吸热结冰需保温。

混合阶段：吸入室将被抽气体引向蒸汽射流区；混合室吸入被抽气体并使之与工作蒸汽相混合。

压缩阶段：扩压器将混合气流压缩至出口压力排出喷射器，混合气体速度能转化为压力能。

D　多级真空泵

蒸汽喷射泵有单级泵和多级泵之分，以适应用户的不同需求。一般，真空度（残压）大于 1.3333×10^4 Pa（100mmHg）的，使用单级泵就够了，否则就要使用多级泵。在多级泵中，前一级泵排出的混合气体，将成为下一级的负荷。为了减少这一负荷，可在这两段喷射器之间设置冷凝器，以冷凝可凝的工作蒸汽。基于冷却水温在 25～35℃ 的限制，在第三级喷射器之前除非用 10℃ 以下低温水，否则不宜（或不能）设置冷凝器。现在 RH 也普遍采用 4 级真空泵，由四个蒸汽喷射器组成。其第一级蒸汽喷射器也是恒背压喷射器。四级蒸汽喷射真空泵的工作真空度（残压）范围一般在 1～5mmHg（Torr），极限真空度可达到 0.4mmHg。常用四级蒸汽喷射泵的结构如图 7-24 所示。

E　排气口与冷凝器

为降低第一级喷射器（恒背压喷射器）的排出噪声，可以采取以下三种方法。

图 7-25 所示为消声冷凝器与第一级喷射器（恒背压喷射器）的联结方法，图 7-25（a）和（b）中的消声冷凝器为混合直冷式，图 7-26 所示为列管间冷式。

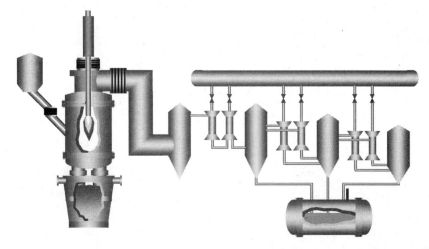

图 7-24 四级蒸汽喷射泵的结构图

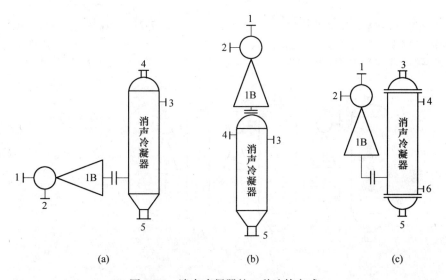

(a)   (b)   (c)

图 7-25 消声冷凝器的三种连接方式

1—工作蒸汽入口；2—抽气口；3—冷却水入口；4—排气口；5—排水口（通入水封池或其他回水沟均可）；

6—冷凝液排出口（接液封池（箱）或其他沟管均可）

图 7-26（a）中，第一级喷射器（恒背压喷射器）直接插入水封池（箱）中。图 7-26（b）中，在插入水封池的管道中稍加一些冷却水，使排出气体能快速冷凝。在这两种方法中，第一级喷射器的排出阻力增大，抽气效率将有所下降。但能避免因工作蒸汽压力不稳定时的倒吸现象。

按图 7-27 所示联结在实际生产中比较适用。在系统需启动时，打开阀门 4 直排，待系统进入要求真空度后，关闭阀门 4，使单级泵（恒背压喷射器）将气体排入水封池（箱）。

可以在喷射泵前设置前置冷凝器，将被抽气体中的可凝性气体成分先进行冷凝，以减少喷射泵的工作负荷，从而降低能耗指标。在这些场合下，当被抽气体中有较多可凝性气体时，决定系统真空度能否达标往往不是真空泵本身，而是前置冷凝器的冷却介质温度及冷凝效果。结构如图 7-28 所示。

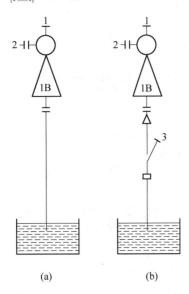

图 7-26　列管间冷水封方式

（a）直接冷凝水封方式；（b）快速冷凝水封方式

1—工作蒸汽入口；2—抽气口；3—冷却水入口

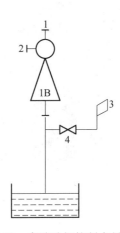

图 7-27　旁路球阀控制水封方式

1—工作蒸汽入口；2—抽气口；

3—排气口；4—球阀

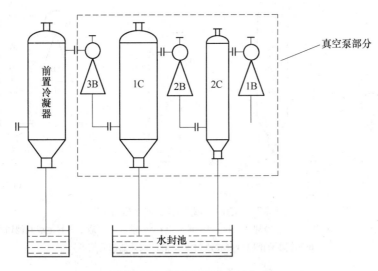

图 7-28　前置冷凝器水封方式

在图 7-28 中，前置冷凝器可以是混合式直冷式，也可以是列管间冷式。真空泵可以是 5 级，也可以是 4 级、3 级、2 级，甚至单级。

冷却水分开路水和闭路水两种，开路水是冷凝器冷却水和连铸二冷区冷却水；闭路水是设备冷却水和连铸结晶器冷却水。当真空泵为 3 级以上时，即使前置冷凝器采用的冷却介质为水，也应与真空泵系统的冷却水分开，因为前置冷凝器的冷却水应为低温水。

蒸汽喷射泵的工作蒸汽必须采用干饱和蒸汽或过热蒸汽。因蒸汽发生回水现象时，会破坏泵的工作稳定性，所以最好选择低过热度的蒸汽，过热度太高的蒸汽对泵性能稳定有不利影响，以过热 10 ~ 20℃ 为宜。在工作真空度高于 1mmHg 时，应采用过热蒸汽；当工作蒸汽干度低 0.95 时，必须安装汽水分离器或电加热器，过热度高于 100℃ 的蒸汽必须降低温度，安装减温减压装置。

F 真空泵性能参数

真空泵的性能主要由以下参数确定：极限真空度、抽气速度、抽气量、最大反压强（出口反压强大于该值，失去抽气能力）、启动压强。

某真空泵系统的参数如下：抽气能力、喷射泵需要的蒸汽流、冷凝器冷却水总流量、冷却水入口温度和混合温度等。

练 习 题

1. RH 用真空泵基本上可以分为两大类：机械泵和水环泵。（　　） ×

2. RH 真空泵的抽气能力在不同的真空度下是不同的。（　　） √

3. RH 真空泵系统采用蒸汽喷射泵与水环泵串联使用的目的是（　　）。A

   A. 节约蒸汽消耗　　　　　　　　　　B. 节约水消耗

   C. 水环泵抽气能力大　　　　　　　　D. 水环泵运行稳定

4. RH 真空泵系统可以设计为水环泵与蒸汽喷射泵串联使用的方式。（　　） √

5. RH 蒸汽喷射泵主要由（　　）组成。A

   A. 喷嘴、扩压器和混合室　　　　　　B. 喷嘴、减压器和混合室

   C. 喷嘴和增压器　　　　　　　　　　D. 喷嘴和混合室

6. 蒸汽喷射真空泵是利用流体流动时的静压能与动能相互转换的气体动力学原理来形成真空的。（　　） √

7. 真空泵基本上可以分为两大类：气体输送泵和气体收集式泵。（　　） √

8. 目前 RH 真空泵系统普遍采用的是蒸汽喷射泵。（　　） √

9. RH 蒸汽喷射系统使用的蒸汽必须是干饱和蒸汽或过热蒸汽。（　　） √

10. RH 蒸汽喷射泵一般由（　　）级构成。C

   A. 1～2　　　　　　B. 2～3　　　　　　C. 4～6　　　　　　D. 6～8

11. RH 蒸汽喷射泵由真空阀、增压泵、冷凝器、喷射泵等组成。（　　） √

12. 蒸汽喷射泵对所使用蒸汽的要求是（　　）。C

   A. 压力稳定　　　　　　　　　　　　B. 压力、流量稳定

   C. 压力、温度、流量稳定　　　　　　D. 压力、温度稳定

13. 气体输送泵分为（　　）。A

   A. 机械泵和流体传输泵　　　　　　　B. 冷凝泵和吸附泵

   C. 机械泵和吸附泵　　　　　　　　　D. 冷凝泵和流体传输泵

14. （多选）蒸汽喷射泵的优点主要有（　　）。ABCD

   A. 抽气能力大　　　　　　　　　　　B. 冷凝水使被抽气体淋洗干净，不污染环境

   C. 结构简单，便于维护　　　　　　　D. 在转炉炼钢厂蒸汽来源多，并且价格低廉

15. （多选）在四级蒸汽喷射泵系统中，RH 二级增压泵与冷凝器连接处蚀损漏气的趋势特征为（　　）。ABCD

   A. 废气流量高于正常值　　　　　　　B. 废气中氧含量增加

C. 真空度自动控制时二级泵间歇性工作　　D. 一级泵无法启动

16. （多选）以下属于气体吸附泵的是（　　）。AB

　　A. 冷凝泵　　　　　　B. 吸附泵　　　　　　C. 机械泵　　　　　　D. 流体传输泵

17. （多选）下列关于蒸汽喷射泵的描述正确的是（　　）。ABCD

　　A. 蒸汽喷射泵的工作过程基本可以分为 3 个阶段：第一阶段，工作蒸汽在喷嘴中膨胀，第二阶段，工作蒸汽在混合室中与被抽气体混合，第三阶段，混合气体在扩压器中被压缩

　　B. 蒸汽喷射泵的工作压强范围为：1.33Pa~0.1MPa，不能在全部真空范围内发挥作用

　　C. 蒸汽喷射泵的排出压力和吸入压力的比值称为压缩比

　　D. 蒸汽喷射泵需要采取保温措施

18. （多选）下列关于蒸汽喷射泵系统设备的功能描述正确的是（　　）。ABCD

　　A. 蒸汽喷射泵的工作过程基本可以分为 3 个阶段，第一阶段，工作蒸汽在喷嘴中膨胀，第二阶段，工作蒸汽在混合室中与被抽气体混合，第三阶段，混合气体在扩压器中被压缩

　　B. 设置真空阀的主要目的是进行预抽真空

　　C. 热弯管具有降低被抽气体温度的功能

　　D. 气体冷却器具有降低被抽气体温度的功能

19. （多选）表征 RH 真空泵的主要性能的参数有（　　）。ABD

　　A. 极限真空度　　　B. 抽气能力　　　C. 蒸汽条件　　　D. 真空泵级数

7.2.2.2　真空室系统

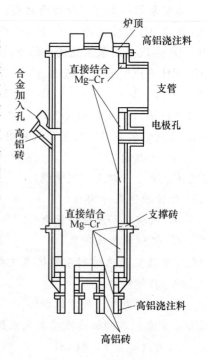

图 7-29　RH 真空室外形图

真空室（图 7-29）是 RH 真空精炼冶金反应的熔池，冶金化学反应主要在 RH 真空室内完成，反应的表面积决定了 RH 真空精炼脱碳、脱氢、脱氮反应的反应速度。因此，自第一台 RH 真空精炼设备诞生以来，随着冶金工作者对 RH 真空精炼认识的加深，以及近几十年来，炼钢炉（转炉、电炉）的吨位及钢包的吨位不断增大，RH 真空室的直径与高度也逐步增大和增高。RH 真空室直径的变化远不如其高度的变化大，其原因主要是受钢包内径大小的限制。

为了满足 RH 真空脱气处理和真空室耐火材料的维护要求，需要 4 个真空室：

1 号真空室，在处理位置；

2 号真空室，在备用位置；

3 号真空室，在预热位置；

4 号真空室，在维修位置。

在处理位置，真空室顶部和气体冷却器相连，热弯

管通过重力与真空室顶部和气体冷却器相对应的法兰相连。在更换真空室时，用液压提升热弯管后，再通过真空室更换车将其移至备用位置。每台真空室本体的结构由圆筒体和曲线型底板组成。真空室上安装有热电偶用来检测耐火材料温度。真空室本体主要由真空室壳体、支撑底座、焊接式水冷法兰、合金溜槽、天车吊耳、耐火材料支撑环、循环管等组成。

RH 真空室是 RH 真空精炼冶金反应的熔池，冶金化学反应主要在 RH 真空室内完成。RH 真空室由插入管、底部、中部、顶部组成，有的真空室在顶部和中部之间还有一中间环。插入管有部分插入钢水，所以内外都有耐火材料，分为上升管和下降管，上升管中通入气体作为钢水循环的动力。底部是钢水循环、脱气和反应的主要场所。底部两个循环管与插入管相接，上面与中部相连，内砌耐火材料，由于受钢水冲刷，耐火材料寿命较低。中部设有合金溜槽，中部耐火材料主要受喷溅的渣钢侵蚀，合金溜槽易受合金下料磨损。顶部设有排气口、摄像孔、顶吹氧枪口等，内衬使用浇注料。

RH 真空室的内径设计主要与钢液循环量、循环管直径以及钢液在真空室内的停留时间有关。一般在 3~4m。真空室的高度主要取决于钢液的喷溅高度。为了适应钢液喷溅高度所需的自由空间和防止结瘤，要有足够的有效高度（真空室底部到排气口中心线的距离），一般在 8~10m。

真空室用耐火材料分为绝热层（硅酸钙板、硅酸铝纤维毡）、保温层（轻质高铝砖）和工作层耐火材料，工作层耐火材料成分如下。

真空室的下部槽因有钢流冲刷和喷溅，工作条件也很差，故寿命也比较短。真空室的上部槽和顶盖，作业条件比较好，故寿命最长。为了节约耐火材料，提高使用率，RH 的真空室分成三段可卸式，即顶盖、上部槽、下部槽。插入管与真空室之间也是可拆卸的。

浸渍管由气体喷射管（氩气管）、支撑耐火材料的钢结构和耐火材料构成。钢结构被固定在中心，优质镁铬砖为衬里，钢结构内外用刚玉质捣打料。由于气体喷射引起的钢水冲刷侵蚀和温度变化、急冷急热破坏而导致浸渍管严重损毁，因此浸渍管选用抗剥落的电熔再结合镁铬砖。浸渍管高度要保证插入钢液深度 + 渣厚度 + 渣液面与法兰盘安全距离在 750~1000mm，一般取 900mm；浸渍管直径增加，钢水环流量增加，但直径增加受限于钢包直径，所以有椭圆形浸渍管，如图 7-30 所示。

管的形式	椭圆形	圆 形
真空室底部视图	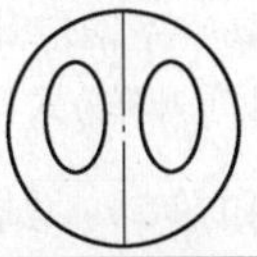	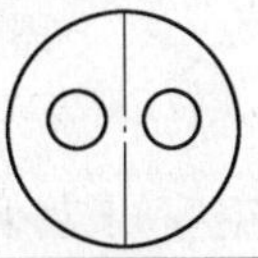
循环管顶视图	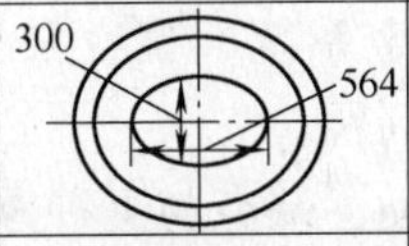 300 564	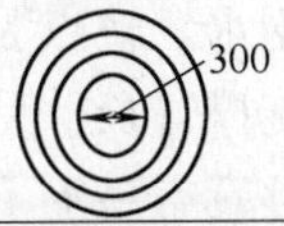 300
循环管面积	1320cm²	707cm²
喷嘴数	16	8
氩气流量	1600L/min(标态)	500L/min(标态)
真空度	(0.3~2)×133.3Pa	(0.3~2)×133.2Pa

图 7-30 不同断面的浸渍管剖面图

RH真空室耐火材料施工后，在24h内不能移动，以进行养生。然后可先在预热位低温加热干燥，时间保持在12h以上，温度先保持在500℃左右，再升到800℃保温。高温加热在待机位完成。当真空室达到1200℃，并在该温度下保温24h或更长时间，在真空脱气处理前18h，继续按升温曲线升温至1450℃，保温6h后方可投入运转。由于操作原因，钢水处理长时间未能进行的情况下，要对真空室进行保温，维持温度不低于1200℃。在停炉维修之前的真空室耐火材料冷却速度也应予以控制，使真空室自然冷却，使降温速度不高于升温速度。真空室冷却后出现的收缩裂纹不得人为填塞，避免落入垃圾和异物，以防热态时产生局部应力。

7.2.2.3 真空室更换系统

RH真空室的支撑方式对设备的作业率、合金添加能力、工艺设备的布置、设备占地面积等有直接影响。概括起来，历史上共出现过三种支撑方式，分别为旋转升降方式、上下升降方式、固定钢包升降方式（见图7-31）。

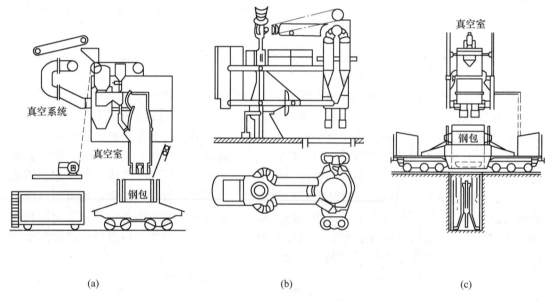

(a)　　　　　　　　　　(b)　　　　　　　　　　(c)

图 7-31　真空室钢包升降系统
（a）旋转升降方式；（b）上下升降方式；（c）固定钢包升降方式

旋转升降方式的真空室可上下运动和旋转，结构紧凑，设备高度低，工作位不需吊车，可连续处理两包钢水。缺点是合金系统、真空泵与真空室连接处设备复杂，维修困难；钢包和真空室的支撑臂长，易出问题。

上下升降方式也是真空室上下运动，缺点与上种方式相同。

固定钢包升降方式是真空室固定，用钢包车将钢包运输到工位再用液压升降方式提升钢包。优点是合金加料装置和真空室结合处固定不动，操作维护方便，排气系统也固定，可防止泄漏。缺点是设备占地面积大，液压系统在地下，基建费用高。真空室底部和循环管更换需要单独配专用修理车。

7.2.2.4 真空室维护及更换系统

真空室更换车负责处理位和备用位之间的真空室运输，在出现故障时，能在10min内将位于备用位预热好的真空室换到处理位，极大地提高 RH 的利用率。

该系统用于真空室更换、各部分的拆卸、循环管的连接、真空室各部分的耐火材料维修等，主要包括浸渍管维修车、喷补机、真空室过跨车等。

为了提高 RH 真空精炼炉的作业率，目前广泛采用双真空室，甚至采用三真空室交替作业方式（图 7-32）。

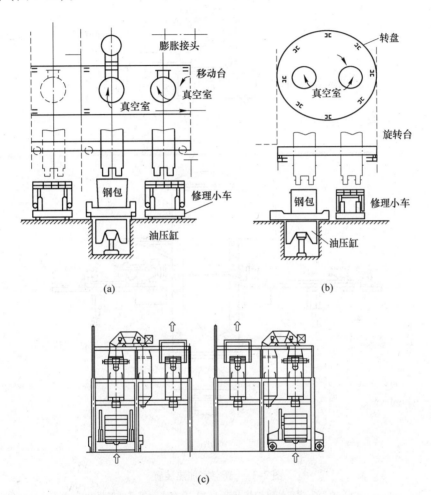

图 7-32　真空室更换系统
（a）双真空室平移；（b）双真空室旋转；（c）三真空室交替使用

如图 7-32 所示，真空室的支撑设备分为双真空室平移、双真空室旋转、三真空室交替使用方式。

RH 真空室在使用过程中必须加热保温，使内衬温度基本保持一定，才能减少精炼过程中钢水温度的损失，使钢水温度和成分稳定。实践证明为了防止真空室内壁形成结瘤，真空室内衬温度应保持在 1400℃ 以上。为了减少真空室的热损失，需要采用适当的加热方式补偿这种热损失。真空室的加热方式目前有两种，煤气烧嘴加热方式和石墨电极电热方式，分别如图 7-33 所示。

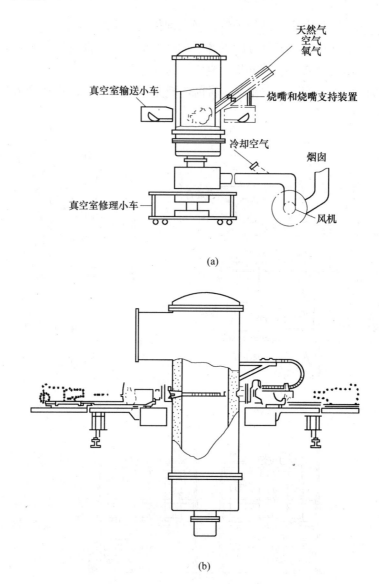

图 7-33　真空室加热装置

（a）真空室煤气烧嘴加热方式；（b）真空室石墨电极加热方式

7.2.2.5　顶枪系统

顶枪系统具有吹氧脱碳、化学升温、CO/CO_2 二次燃烧功能，在炉次处理间隙还可通过煤气加热系统对真空室进行加热，顶枪为水冷套管式设计。在顶枪内部安装有 TV 摄像头，可以在真空处理过程中观察真空室内钢水运动的情况和耐火材料损坏的情况。

RH 顶枪最早只是用于吹氧的目的，1969 年德国蒂森钢铁公司恒尼西钢厂开发了 RH 顶枪吹氧技术 RH-O，第一次用铜质水冷氧枪从真空室顶部向真空室内循环着的钢水表面吹氧，强制脱碳，用于冶炼低碳不锈钢。新日铁公司的室兰厂为生产铝镇静钢于 1972 年提出了在 RH 的真空室中吹氧脱碳，并用铝热法升高钢水温度，以提高转炉作业率，称为 RH-OB。

RH 法的另一发展是和喷粉结合。例如新日铁名古屋厂开发的 RH-PB 法（Powder Blowing），在 RH 真空室的下部增设喷吹管，向真空室内循环着的钢液喷入精炼用的粉剂，以脱磷、硫和氧。又如新日铁大同分厂开发的 RH-LIRP（Ladle Injection Refining Process），在钢包内上升管的下方，向钢液深处喷入精炼剂。然后随着钢流进入真空室，对钢液进行精炼净化，有效地降低钢中夹杂物的总量，控制夹杂物的形态。

日本川崎钢铁公司千叶厂采用新开发的 RH-KTB（Kawatetsu Top Blowing，川崎顶吹）法，在 RH 真空室顶部增设一只垂直安放的氧枪，与真空脱气的同时，吹氧进行脱碳处理，以生产碳含量极低（[C]≤20ppm）的超深冲用薄板钢。吹氧产生的化学热还可用于钢液的调温，以满足连铸对钢液温度较严格的要求。各顶枪功能、性能的比较见表 7-4。

表 7-4　世界上比较成功的四种多功能顶枪性能比较

公　司	BSEE	MESO	KSC	NSC
形　式	BTB	MESID	KTB/B	MFB
功　能	吹氧、喷粉、吹燃气	吹氧、喷粉、吹燃气	吹氧、吹燃气	吹氧、吹气、喷粉
喷粉载气	Ar	Ar		O_2
枪体结构	五套管	五套管	三套管	四套管
二次燃烧	有	无	有	无

现在比较成熟的顶枪系统是枪体结构具有五层套管，具有吹氧脱碳、加铝化学升温、喷粉脱硫和二次燃烧加热的多功能顶枪，在真空处理过程和处理间歇中顶枪都可以用来加热，除了可以在处理过程中减少钢水温降，还能使耐火材料表面保持一个较高温度从而减少冷钢的结瘤，当 RH 脱碳升温所占比例高的时候，这一点尤其重要。另外，通过安装在顶枪内部的电视摄像头可以对真空处理过程和真空室内壁的耐火材料进行监视。

RH 顶枪运行通过一个密封通道，枪固定在一个位于真空室顶部部件的支架上。当真空室内的温度超过 800℃ 时，气体自动点燃，所产生的废气通过浸渍管排出。操作人员在控制室或在现场控制台启动和控制枪的运行。顶枪应经常检查，若枪头出现腐蚀或粘钢严重，应按规程要求进行更换。

RH 顶枪的枪体设计为多层同心管，并用法兰连接，分别通冷却水、氧气、可燃气体和一些粉末喷吹的输运气体。喷枪包括一个点火喷嘴，当真空室内温度低于室内耐火材料要求温度时，自动开启燃气预热，电视摄像机用于观察真空室低温区。

练 习 题

1.（多选）RH 顶枪的冶金功能主要有（　　）。ABCD
　A. 吹氧强制脱碳和化学升温　　　　　　B. 喷粉脱硫
　C. 除冷钢　　　　　　　　　　　　　　D. 加热真空室

2.（多选）RH 顶枪所使用的介质有（　　）。ABCD
　A. 氧气　　　　　　　　　　　　　　　B. 保护气体（氩气或者氮气）
　C. 压缩空气　　　　　　　　　　　　　D. 水

3. （多选）RH 炉深度脱硫对转炉的要求有（　　　）。ABCD

    A. 严格挡渣出钢，控制渣层厚度　　　　　B. 渣中 FeO 含量尽量低

    C. 控制炉渣碱度在一定范围　　　　　　　D. 炉渣改质

4. （多选）RH 顶枪必须进行更换的情况是（　　　）。ABC

    A. 顶枪发生漏水　　　　　　　　　　　　B. 顶枪孔严重变形

    C. 顶枪摄像头不能工作　　　　　　　　　D. 氧气压力低

5. （多选）RH 真空吹氧工艺的功能主要有（　　　）。ABCD

    A. 吹氧脱碳　　　　B. 吹氧升温　　　　C. 二次燃烧　　　　D. 除冷钢

6. （多选）化学升温的描述正确的是（　　　）。ABC

    A. 化学升温可以采用铝-氧升温也可以采用 Fe-Si 进行升温

    B. 化学升温的基本原理即是利用化学反应产生的热量来加热钢水

    C. 化学升温过程铝粒的加入方式可以采用分批加入也可以采用连续加入的方式

    D. 化学升温速率较慢

7. RH 顶枪一般采用水冷。（　　　）✓

8. RH 顶枪在吹氧或煤气加热之后必须吹惰性气体（氮气或氩气）操作的原因是

    （　　　）。A

    A. 出于安全考虑　　　B. 加热需要　　　C. 吹氧需要　　　D. 冷却顶枪

9. RH 的顶枪喷孔类型为（　　　）。A

    A. 单孔拉瓦尔型　　　B. 双孔拉瓦尔型　　　C. 普通单孔型　　　D. 普通双孔型

10. RH 顶枪借助于顶枪装置可在真空室内上下移动。（　　　）✓

7.2.2.6　合金加料系统

随着 RH 真空精炼冶金功能的完善，转炉炼钢脱氧合金化和成分微调的任务转移到 RH 炉来，因此要求 RH 配备一套完整的合金加料系统（图 7-34）。

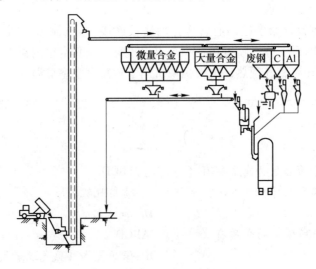

图 7-34　合金加料系统

RH 合金加料系统分为两个部分：一部分是从地下料仓到高位料仓，称为上料系统；另一部分从高位料仓开始到 RH 下料旋转溜槽，称为 RH 配料系统。

RH 真空精炼过程中钢液在真空室和钢包中得到强烈搅拌，对合金加料和混匀非常有利。为了完成脱氧合金化及成分微调，要求合金加料系统能准确、快速和均匀地将所需合金加入到钢水中。现代化的 RH 真空精炼设备均设置一套适合于生产工艺需要的合金加料系统，其控制部分已发展到用微型计算机控制加料的配料、称量、添加全过程。

合金料仓一般采用高位料仓，原料到厂先卸入一个地下料仓（一般为 $10m^3$），再由垂直皮带机或斗式提升机将原料提升并加入预先选定的高位料仓中。如图 7-34 所示，料仓分为三组，其中两组料仓下设称量斗，均装有电子秤，一个称料斗供称量少量的铁合金（微调用），另一个称量斗则供称量大量铁合金用。废钢、铝和碳分别装入另一组料仓，经电磁振动给料器或旋转给料器加入真空室。

这种合金加料系统能满足 RH 真空精炼工艺要求，广泛应用到 RH 真空精炼炉，有效地减少了操作人员，缩短了上料时间，迅速、准确、均匀地将多种合金加入钢水中。各种不同设计的典型合金加料系统如图 7-35 所示。

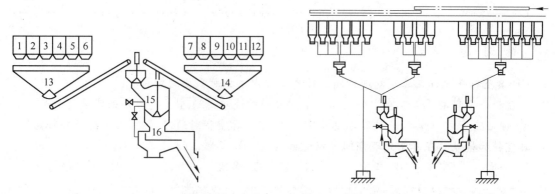

图 7-35　不同种类的合金加料系统

1~6—1.5m^3 料仓；7~12—3m^3 料仓；13—500kg 称量斗；14—200kg 称量斗；

15—真空料斗；16—真空电磁振动给料器

合金加料系统的数量和选型取决于钢种，满足处理周期的需要，还要考虑上料系统的位置和处理炉数的频度。RH 真空精炼炉的加料系统常见有真空锁式加料斗和真空快速加料斗两种类型。

A　真空锁式加料斗

最早的 RH 装置就已开始采用真空锁式加料斗，如图 7-36 所示，真空锁式加料斗由上下两个料钟组成，下一层的料钟上下分别配有真空锁，可以抽真空至与真空室压力相同，以便在真空状态下加合金料。上层料钟是常压下的储料仓，配有电子称量装置，一批合金称好后上真空锁打开，合金加入下料钟，上真空锁关闭下真空锁打开，下料钟抽真空至与真空室压力相同，下真空锁打开，合金沿下料斜溜槽加入真空室的钢液内，下真空锁关闭，下料钟破真空可重新装料。

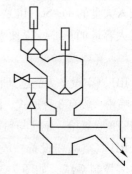

图 7-36　真空锁加料示意图

具体手动操作顺序如下：

（1）将选择开关选到"手动"位置；

（2）打开所需合金料仓的电振开关，观察称量斗显示达到称量数值；

（3）打开料钟进气阀，充 N_2，压力达到 1atm 时关闭此充 N_2 阀；

（4）打开上钟和称量斗卸料阀门，合金进入真空料斗；

（5）称量斗放料完毕，重量显示为"0"后关掉卸料阀门，关闭上钟；

（6）打开料钟抽空阀，抽到 20mbar（2kPa）；

（7）打开合金翻板；

（8）启动真空电磁振动给料器；

（9）打开下钟，合金便加入钢水中；

（10）关料钟抽空阀，关下钟，等待下一次加料操作；

（11）全部料加完后，关合金翻板，停真空电磁给料器。

这种简单的加料系统经常会延长加料时间，不利于缩短处理周期。高位料仓与真空锁式加料斗之间一般通过旋转给料器和储料仓连接，以保证对不同料种的及时加入。

✎ 练 习 题

1. RH 真空料斗允许在真空处理期间，往真空室内添加所需要的物料。（　　）√

2. 真空料斗下料溜管与真空室合金溜真空室之间的连接是通过（　　）来实现的。A

　　A. 伸缩接头　　　　B. 旋转溜真空室　　　　C. 真空密封通道　　　　D. 电振给料器

3. 真空锁加料装置在真空处理期间可以进行（　　）备料。C

　　A. 一次　　　　　　B. 二次　　　　　　　　C. 多次　　　　　　　　D. 不能进行

B　真空快速加料斗

RH 配备了真空储料罐的真空料斗，可以实现合金多次快速加入。

真空快速加料斗是一种带真空小料仓的快速真空加料斗，配有电振和电子称量装置，并与真空室直接相通，处理过程中始终保持真空状态，便于少批量多批次向真空室内加入金属，主要用于脱氧配铝和调整温度。RH 炉在生产硅含量达到 3% 左右的电工钢时，需要加入大批的 Fe-Si，也是采用这种方式加入，所以 RH 用于生产电工钢，需要配备 $3m^3$ 以上的大容量加料斗，以便大量的硅铁合金能快速加入。

C　真空喷粉装置

RH 真空设备为能达到脱硫的目的，开发了向真空室内喷入粉剂的方法进行脱硫处理，RH 真空喷粉一般有 3 种形式，即顶枪吹入法、引射法和真空室底部侧吹法，其中顶枪吹入法因可采用原顶吹氧枪、钢液与粉剂反应快和对耐火材料损伤小等优点，现在已被广泛采用。

RH 真空喷粉设备一般由以下几部分组成：喷枪、喷吹罐、储料罐、输送管道及相应的电气控制系统，如图 7-37 所示。

（1）粉剂由专用汽车运来，由气体输送管道输送到储料罐。

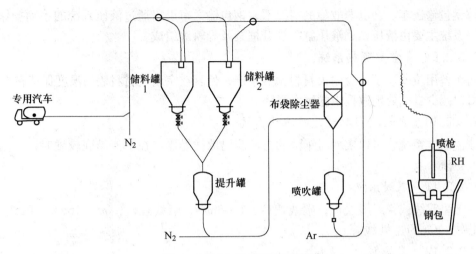

图 7-37 真空喷粉设备结构图

（2）储料罐一般设置两个，可储存不同种类粉料。

（3）粉剂由储料罐进入提升罐，经过布袋除尘后进入喷吹罐等待喷吹。

（4）喷吹粉料经 RH 顶枪喷入真空室，完成脱硫任务。

（5）相应的管道、原料和介质都由控制系统进行参数控制，以保证合适的气粉比和输送气压，防止管路堵塞。

（6）为了保证喷粉操作顺利进行，粉剂还应粒度适中，流动性好，无坚硬杂质，并进行钝化处理以防水化。

练 习 题

1. 在真空处理期间，合金料通过（　　）添加到钢水中实现真空下合金化的目的。A

　　A. 真空料斗系统　　　B. 普通料斗系统　　　C. 合金料仓　　　　D. 称量系统

2. 每个 RH 均必须配备真空加料系统。（　　）√

3. （多选）RH 真空加料系统的检查内容主要包括（　　）。ABCD

　　A. 高位料仓系统　　　B. 称量斗系统　　　　C. 皮带输送系统　　　D. 真空料斗系统

4. RH 真空加料系统分为真空锁和真空料斗两种。（　　）√

5. RH 发明初期的真空室合金加料孔位于真空室下部。（　　）√

7.2.2.7　钢包运输系统

来自转炉的钢包通过天车吊到钢包运输车上，钢包运输车运输钢包进入处理位；在真空处理后，钢包运输车运输钢包进入加覆盖剂/喂线位。为了防止钢液的喷溅，车架用耐火材料覆盖加以保护。钢包下面的中心位置设计一个用耐火材料覆盖的钢液收集池，在钢包损坏时能把钢水导入轨道之间的钢液收集池。

7.2.2.8　钢包提升系统

提升系统安装在真空处理位下面的一个地坑内。钢包被提升至钢包处理位期间，提升架支撑钢包输送车。在电源故障的情况下，钢包输送车可以通过液压系统的手动操作阀降低。该系统主要由液压站、液压缸、提升框架及导轨等组成。

7.2.2.9　真空室预热系统

每个备用位安装了一套耐火材料预热系统，使真空室耐火材料表面温度保持在1400～1450℃，减少真空处理过程中的钢水温降。

7.2.2.10　自动测温取样、破渣枪系统

测温取样系统，可以实现对钢液的自动测温取样操作。在炉渣结壳较硬时，可用破渣枪拨开炉渣。

7.2.2.11　喂线系统

一般采双线或4线喂线机，喂线速度：1～6m/s，喂线规格：$\phi 5～16mm$，喂线种类：合金芯线（Ca-Si、Al线等）。

7.2.2.12　覆盖剂加入系统

为了减少真空处理后钢液的热损失，需要向钢液表面加入覆盖剂进行覆盖。覆盖剂通过天车吊运加入到储料料罐中，在钢包车到达添加位置后，储料罐卸出的覆盖剂通过一个配料罩把覆盖剂均匀地加入到钢液面上。卸料和装料均可由操作人员在控制室进行启动和控制。

7.2.2.13　真空室砌筑和干燥系统

真空室砌筑和干燥系统一般由6个站组成。2个站用来拆旧真空室、冷却真空室耐火材料衬和修补工作。1个站可用于更换浸渍管的共同设施，人工安装和拆卸浸渍管时由浸渍管更换车来支撑。带浸渍管的新真空室或修补好的真空室干燥在另一个站完成，在输送真空室进入处理站备用位置之前，干燥烧嘴把耐火材料加热至大约1000℃。

7.2.2.14　自动化控制系统

RH自动化控制系统主要包括基础自动化系统（1级）和过程自动化系统（2级）。基础自动化系统（1级）主要具有以下功能：

（1）操作和监视系统（OMS）功能。

（2）通信总线（CB）功能：执行在OMS站、PCU站和工艺过程控制计算机之间（2级）的数据传输。

（3）过程控制装置（PCU）功能：程序模块，工艺过程所必需的功能由过程控制装置实现。过程自动化系统（2级）主要具有以下功能：

1）系统功能：设定值的计算；钢水温度、化学成分、重量的连续计算；操作员根据当前和下一个处理炉次指示改进操作；炉次报告显示；训练和测试的实时过程仿真；生产管理（3级）和实验室计算机的标准接口。

2）与其他计算机的通信功能：与1级通信（基础自动化级）；与3级通信（钢厂自动化级）。

3）过程计算功能：状态模型计算；过程预报模型计算。

7.3　RH精炼工艺

7.3.1　RH工艺流程

RH操作过程的流程如图7-38所示，转炉出钢后按钢种需要加入合金及渣料，进行脱

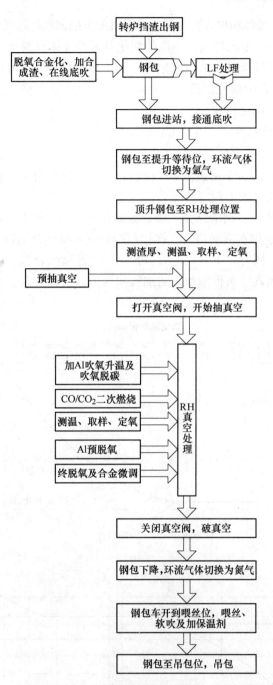

图 7-38 RH 操作过程流程

氧及合金化。再由天车将钢包运至 RH 真空处理站的钢水运输车上，钢水也可来自其他钢水精炼站（LF 炉、吹氩站、CAS-OB 站），钢包车开至钢包提升位后，启动钢包车提升装置，钢水车和钢包被提升到 RH 处理高度，此时真空室底部的循环管插入钢水中。停稳后启动抽真空系统，开始按程序进行真空处理。需要强制脱碳时，顶枪系统下降到预定位置进行吹氧脱碳。真空处理结束后，钢包车提升装置下降，钢包车入轨后开出 RH 处理工位，在转炉出钢跨的位置进行喂线和加入覆盖剂，然后由天车把钢水运送到板坯连铸机浇注。

在 RH 处理过程中还要求控制真空度的变化及提升气体（氩气）流量，达到所需的冶金效果。因此，要在处理全过程的时间坐标上规定每一个操作单元的起始时间，形成真空处理模式。RH 精炼过程中的控制操作，对于设备的要求较严格，在设备条件满足的情况下，工艺的操作实现自动化作业。

7.3.1.1 RH 操作顺序

RH 具体操作应按如下顺序进行：

（1）待处理钢水包由天车吊运至 RH 钢包台车上，钢包台车开到真空室下部的处理位置，并进行钢水液面高度人工判定。

（2）观察钢渣的情况。钢渣结壳，需要破渣作业，或者转 LF 化渣以后，再行处理。

（3）根据人工判定钢水液面高度，操作台控制液压缸顶升钢包，使真空室的浸渍管浸入钢水到预定的深度。同时，上升浸渍管以预定的流速喷吹氩气。随着浸渍管完全浸入钢液，真空泵启动。各级真空泵根据预先的抽气曲线进行工作。真空泵的投入和抽气特性如图 7-39 所示。

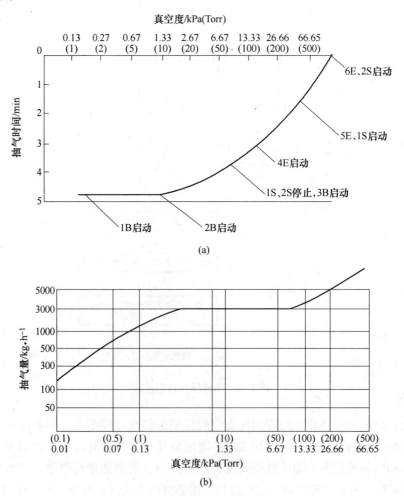

图 7-39　真空泵的投入和抽气特性曲线

（4）进行测温、取样、定氧操作（在钢包内浸渍管旁边的空隙处进行）。

（5）真空脱氢处理，将在规定时间及规定真空度下持续进行循环脱气操作以达到氢含量的目标值。

（6）真空脱碳处理（低碳或超低碳等级钢水），循环脱气将持续一定时间以获得碳含量的目标值。

（7）在脱碳过程中，钢水中的碳和氧反应形成一氧化碳通过真空泵排出。如钢中氧含量不够，可通过顶枪吹氧提供氧气。脱碳结束时，钢水通过加铝进行脱氧。

（8）钢水脱氧后，合金料通过真空料斗加入真空室。以上（5）～（8）的操作，可以通过摄像头传回的画面进行监控，修正或者指导作业。

（9）对钢水进行测温、定氧和确定化学成分。

（10）钢水处理完毕时，真空泵系统依次关闭，真空室复压，重新处于大气压状态。

（11）处理完毕后，钢包下降，上升浸渍管自动改吹氩为吹氮吹扫一段时间。

（12）钢包台车开出，钢包底吹氩进行弱搅拌状态，进行喂线操作，喂线操作结束以后。卸掉吹氩管，天车把钢包吊运至连铸钢包回转台进行浇注。

7.3.1.2　RH 操作注意事项

RH 真空处理的操作还要注意以下几个方面：

（1）经常检查系统的密封性，不要让系统存在任何泄漏，确保在脱气过程中真空室内保持应有的真空度。

（2）确保插入管、底部循环管的耐火材料状态良好，特别是法兰连接处不能漏气。

（3）确保所有冷却水系统没有漏水现象。

（4）钢渣厚度不得大于 200mm，避免红渣吸入损坏设备。

（5）启动蒸汽喷射泵要严格按规定程序操作。

（6）每加完一批合金，至少需要让钢水循环 3min，以免成分不均匀。

（7）处理过程中向真空室加料要确保在真空状态下进行。

（8）脱气结束后，要确认真空室内的真空被破坏，且恢复大气压时，才能下降钢包与插入管底分离。

7.3.1.3　RH 处理钢包钢水要求

为了避免真空室吸渣和钢水溢出等事故，保证钢水质量要求，RH 处理对钢包钢水要求比其他精炼方法更为严格：

（1）钢水顶渣厚度大于 150mm，RH 应拒处理，可减少回磷回硫，避免吸渣。

（2）钢包净空过小（<250mm）、过大（>550mm），RH 拒处理，避免溢钢。

（3）低碳钢避免使用含碳耐火材料钢包工作层。

（4）本钢种规程规定的进站温度下限－处理前温度≥40℃，RH 拒处理，避免升温过多，钢水污染增大，耐火材料侵蚀，影响精炼周期。

（5）钢包包沿结渣钢宽度或高度大于 120mm，RH 拒处理，避免污染钢水。

（6）真空室温度小于 800℃，RH 拒处理，避免粘钢。

（7）浸渍管下涨高度大于 200mm，侧面粘钢渣大于 200mm，必须进行清理，避免粘钢。

（8）RH 处理开始蒸汽工作压力低于 0.95MPa 时，RH 拒处理，保证真空度。

7.3.1.4　测渣厚

测渣厚用 4m 钢管弯 90°，一端 50～80cm，插入钢液中 50cm，静置 10s，取出测渣厚。

7.3.1.5　取样的要求

取样应做到：

（1）样模干燥、清洁。

（2）上口加盖，避免渣进入。

（3）沸腾钢脱氧。

（4）插入位置：距包壁 300mm，钢液面下 400mm，垂直插入取样，10s 提出，空冷 30s，水冷后脱模送样。

7.3.1.6　定氧的要求

定氧原理详见《炼钢生产知识》6.2 节。

7.3.1.7　定氢的要求

定氢原理详见《炼钢生产知识》6.2 节。

7.3.1.8　破真空的要求

（1）充氮气破真空。

（2）调整浸渍管插入深度，防止钢包液面上升，淹没上升管吹氩供气小管。

（3）真空室到达 1atm 才能将钢包下降，避免真空室吸渣。

7.3.1.9　加保温剂的要求

（1）减少运输、浇注过程温降。

（2）吸收上浮夹杂。

（3）防止结包盖造成包沿粘钢粘渣。

7.3.1.10　真空室烘烤要求

为了尽量减少钢水在真空处理过程中的温降，主要应控制好如下几个环节：

（1）钢包在出钢前必须充分烘烤预热。

（2）真空室在处理前要烘烤到内壁温度不小于 1400℃。

（3）采用电极加热技术。

（4）钢包钢液面要有足够的保温剂。

7.3.1.11　RH 不能处理钢水的基本情况

在处理过程中凡发生下列情况之一，钢包应迅速拉出转 LF 炉处理。

（1）处理前温度低于目标处理前下限温度，或处理时温度低于处理后目标温度。

（2）重大故障或故障不易排除。

（3）渣过厚或处理过程中渣严重发泡。

（4）钢水过浅，钢包净空高不能满足处理要求。

7.3.2　RH 精炼工艺制度

按照钢种质量要求不同，RH 精炼处理可以分为 RH 轻处理、RH 本处理和 RH 强制脱碳处理。

7.3.2.1　RH 轻处理

轻处理是指在 50 ~ 210Torr 即 6.7 ~ 26.6kPa 的低真空度下对钢水温度、成分进行调整的处理。轻处理不能达到去除氢、氮的目的，能去除部分氧。在 RH 设备能力有余时，适当提高转炉吹炼低碳钢时的终点碳，利用 RH 轻处理时将碳降到目标成分，有利于转炉降低终渣氧化铁，减少炉衬侵蚀，并有提高吹止时的残渣量，提高铁合金的吸收率等好处。通常轻处理反应前的碳含量一般在 0.04% ~ 0.08%，溶解氧含量一般在 400 ~ 600ppm，抽真空后，由于碳脱氧反应发生，处理后的碳含量 0.02% ~ 0.04% 范围内，溶解氧含量一般在 100 ~ 300ppm，轻处理的精炼时间一般为 20min，处理过程温降为 20 ~ 30℃。

RH 轻处理要点如下：

（1）抽真空过程采用真空设定点控制，设定值 26 ± 4kPa。

（2）真空脱碳时间按 6 ~ 10min 控制，直到钢液中的碳和氧反应达到图 7-40 的平衡状态。

（3）脱碳期间循环氩气流量应按要求及时进行调整。

（4）纯脱气时间（除吹氧、喷粉以外，最后一批合金加完到处理结束之间，单纯进行的钢水均匀时间）不小于 3min。

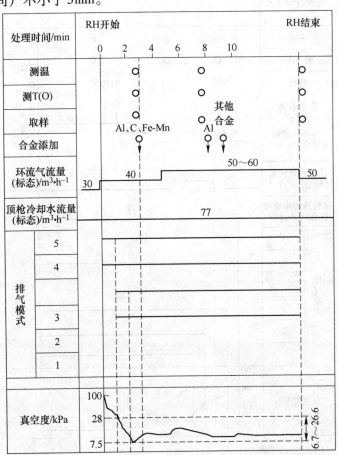

图 7-40　轻处理工艺模式图

练习题

1. RH 轻处理模式又称为（　　）。A

　A. 真空碳脱氧　　　B. 自然脱碳　　　C. 强制脱碳　　　D. 脱气模式

2. RH 轻处理模式主要针对的是低碳铝镇静钢系列钢种。（　　）√

7.3.2.2　RH 本处理

本处理是在高真空度下（真空室内压低于1Torr，即133Pa），以去除钢水中的氢、氮、氧为目的的处理工艺。本处理时通常要在高真空度下，使钢水经过5~8次以上的循环。然后经合金微调后结束处理。通常经过本处理，钢水［H］≤2ppm，温降约30~35℃（大型 RH 设备），根据最终钢水碳含量不同，［O］波动在30~50ppm。本处理总处理周期通常在30min 以上。本处理工艺模式图见图7-41。

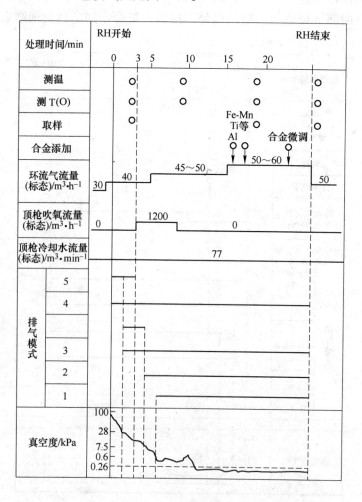

图 7-41　本处理工艺模式图

RH 本处理要点有：

（1）出钢用钢包应已连续使用 5 次以上，且出钢时耐火材料表面温度应在 1000℃ 左右。

（2）转炉钢包成分在目标成分中下限（Al 及特殊钢种、特殊合金例外），钢包温度为目标管理温度 +10～–5℃。

（3）真空室和浸渍管使用 3 次以上，浸渍管压入后处理一炉以上，方可处理本处理钢。

（4）浸渍管喷补所用材料应尽量使其不增 [H]。

（5）确认符合真空度条件方可处理本处理钢，必要时进行检漏试验。

（6）处理时，全泵迅速投入，要求在 4.5min 内真空度小于 0.2kPa。为了缩短处理周期，可以预抽真空，全程真空度在 0.27kPa 以下须保持大于 16min。

（7）处理过程中不允许出现任何由于真空室冷却水管泄漏造成钢包进水或顶枪漏水的现象。

（8）尽量避免顶枪升温处理，不得已升温时，吹氧后要保证 0.27kPa 以下大于 10min。

（9）合金微调后，纯脱气时间不小于 5min。冷材在 10min 前投入，投入量不大于 2t。

（10）取样要小心，保证样模干燥无水，同时在取样和送样时不能接近高 [H] 含量的气体和水。RH 本处理，要求 [H]≤2ppm 的钢种，必须在处理前后取氢样。

（11）本处理时建议不采用顶枪的真空加热功能。

RH 本处理一般脱氢率在 50% 左右，最大可达 70%，[H] 的去除率与 RH 处理前含 [H] 量有关，RH 处理 $[H]_始$ 与铁水废钢比和转炉矿石使用量都有关系，要求 RH 处理 $[H]_始$ <4ppm。

本处理喷射泵投入方式见表 7-5。

表 7-5　本处理喷射泵投入方式

真空度/kPa	蒸气用量/t·h^{-1}						蒸汽用量合计/t·h^{-1}	抽气量合计/kg·h^{-1}
	1B	2B	3B	3A	4B	4A		
	3.1	19.2	7.4	6.7	12.7	5.3		
101～30					○	○	18	>8000
30～6		○	○	○		○	32.1	>6500
6～0.6		○		○		○	31.2	>3500
>0.6	○	○		○		○	34.3	>1100

✎ 练 习 题

1.（多选）RH 本处理模式的主要冶金功能有（　　）。ABCD

　A. 脱气　　　　　　　B. 去夹杂　　　　C. 调整钢液成分和温度　　　D. 脱氧

2. （多选）关于 RH 本处理模式的操作描述正确的是（　　）。ABC

    A. 全过程采用深真空模式进行处理　　　　B. 处理过程中采用大的提升气体流量

    C. 真空处理周期一般控制在 15～20min　　D. 本处理过程禁止进行调合金操作

3. RH 脱氢过程中的脱氢率一般在（　　）左右。B

    A. 40%　　　　　　　B. 60%　　　　　　　C. 80%　　　　　　　D. 90%

4. RH 真空处理模式主要包括本处理、轻处理和脱气处理三种模式。（　　）×

7.3.2.3　温度制度

A　RH 过程温降

RH 真空精炼过程钢液温度变化与多种因素有关，如钢包容量、真空室和钢包内衬加热温度等。以 80t 钢包为例，RH 真空精炼过程钢液温度变化如下：

（1）RH 精炼开始至 3min，降温在 20℃左右，主要是由于真空室和钢包内衬吸热造成。

（2）RH 精炼过程 3～10min，平均温降为 2.0℃/min。

（3）RH 精炼过程 11～20min，平均温降为 1.5～2.0℃/min。

（4）RH 精炼过程 21min 以后，平均温降为 1.0～1.5℃/min。

一般钢包容量越大、真空室和钢包内衬烘烤温度越高、钢包内渣层越厚、合金种类和数量越少，精炼时间短，则 RH 精炼过程的温降越小，钢包容量对精炼过程温降的影响如图 7-42 和图 7-43 所示。生产工艺要求：包衬温度不低于 800℃、真空室不低于 1300℃，渣层厚度 50～100mm。新包、小修包前 3 次及非正常周转包，结束温度可比要点规定温度上限提高 5～10℃控制，中间包温度高时结束温度可降低 3～5℃。为了减少 RH 真空处理过程中的温度损失，真空处理时间一般控制在 20～30min，整个真空过程的温降约为 40～50℃，如果钢液温度不足，则要考虑吹氧化学升温。

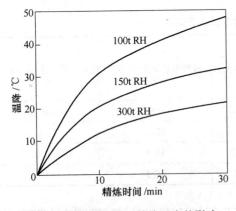

图 7-42　RH 处理量对精炼温度的影响

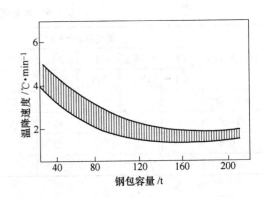

图 7-43　不同钢包容量与温降的关系

B　RH 加入调温废钢操作

如果钢液温度高于连铸要求，则需要根据生产节奏、处理前温度、断面拉速情况，合理加入冷却废钢调温，加入标准见表 7-6。

表7-6 钢包底冷钢温度补正标准

包底冷钢状态	包内冷钢判定标准/t	钢包温度补正/℃
A	≤0.5	0
B	0.6~1.0	+5
C	1.1~1.5	+8
D	1.6~2.5	+12
E	≥2.5	异常处理

练 习 题

1. 钢包容量对 RH 真空精炼过程的温降速率有明显的影响。（　　）√

2. 在超低碳钢生产过程中，使用普通废钢时，应在（　　）加入。A

   A. 脱碳中前期　　　　B. 脱碳后期　　　　C. 终脱氧后　　　　D. 加铝脱氧时

3. 加入废钢过程及加入废钢后一定时间的提升气体流量控制原则是（　　）。A

   A. 使用较大的提升气体流量　　　　　　B. 使用较小的提升气体流量

   C. 使用中等的提升气体流量　　　　　　D. 以上均不对

4. （多选）影响 RH 真空精炼过程温降速率的因素主要有（　　）。ABCD

   A. 钢包容量　　　　　　　　　　　　B. 真空室烘烤温度

   C. 调合金种类及量　　　　　　　　　D. 钢包状况

5. （多选）冷却废钢的加入描述正确的是（　　）。BC

   A. 在超低碳钢的生产过程中，不能够使用普通调温废钢

   B. 采用轻处理模式进行处理时，可以使用普通调温废钢

   C. 在超低碳钢的生产过程中，可以使用普通调温废钢，也可以使用超低碳废钢

   D. 超低碳废钢只能在冶炼超低碳钢时使用

6. 以下关于防止 RH 真空度发生波动的措施中，不正确的是（　　）。C

   A. 定期对蒸汽管路进行手动泄水　　　B. 定期对真空泵系统进行手动泄水

   C. 提高冷凝器冷却水温度

   D. 发生真空度波动时，可将真空泵系统改为手动控制

7. 炼钢计算所使用的热容一般均是（　　）。C

   A. 体积热容　　　　B. 质量热容　　　　C. 平均热容　　　　D. 其他热容

8. 钢包容量对 RH 真空精炼过程的温降速率有明显的影响。（　　）√

9. 按210t 钢水量进行计算，增加100kg 废钢量约能使钢水温度升高1℃。（　　）×

10. 比热容指的是（　　）。A

   A. 单位质量物质的热容　　　　　　　B. 单位体积物质的热容

   C. 平均热容　　　　　　　　　　　　D. 单位长度物质的热容

11. RH 真空处理后期的温降速率一般在（　　）℃/min。A

   A. 1.0~1.5　　　　B. 1.5~2.0　　　　C. 2.0~2.5　　　　D. 2.5~3.0

12. 真空室烘烤温度的高低基本不会影响钢水处理过程中的温降。（　　）×

13. 在超低碳钢生产过程中，使用普通废钢时，应在（　　）加入。A

　　A. 脱碳中前期　　　　B. 脱碳后期　　　　C. 终脱氧后　　　　D. 加铝脱氧时

14. （多选）下列内容中属于 RH 温度预测和控制模型内容的是（　　）。ABD

　　A. 确定冷却剂的加入量　　　　　　　　B. 预报 RH 处理终点温度

　　C. 预测 RH 的到站钢水温度　　　　　　D. 适时预测 RH 处理过程中的钢水温度

C　RH 吹氧升温

脱碳过程中采用 TOP 顶枪吹氧操作能使温降速率减缓，吹氧结束时钢水的温降值仅 3℃，表明顶吹氧产生的燃烧热量用于对钢水热补偿，达到 10℃ 以上。RH 精炼过程的温度不足时，主要通过吹氧加铝放热法或者加硅放热法来进行温度的补偿，各种脱氧合金的加入量、吸收率和升温效果见表 7-7，即通过向氧化性钢水中添加铝或者硅，通过化学氧化放热促使钢液升温。

表 7-7　几种合金加入对钢液升温影响

合 金 种 类	加入量/kg·t^{-1}	合金吸收率/%	升温效果/℃
铝丸（99%Al）	3.0	60.0	23.0
金属硅（98%Si）	10.0	95.0	17.0
硅铁（75%Si）	10.0	95.0	9.5
硅　钙	2.0	95.0	−3
锰铁（80%Mn）	2.0	95.0	−3

练 习 题

1. 化学升温与二次燃烧的目的是相同的。（　　）×

2. 进行化学升温时，需要的升温幅度值确定公式为（　　）。A

　　A. 升温幅度值 = 目标温度 − 开始温度 + 过程温降 + 合金温降

　　B. 升温幅度值 = 开始温度 − 目标温度 + 过程温降 + 合金温降

　　C. 升温幅度值 = 开始温度 − 目标温度 + 过程温降 − 合金温降

　　D. 升温幅度值 = 开始温度 − 目标温度 − 过程温降 − 合金温降

3. 理论上，氧化 1kg 的铝约能使 1t 钢水温度升高（　　）℃。C

　　A. 25　　　　　　B. 30　　　　　　C. 35　　　　　　D. 40

4. （多选）以下关于 RH 吹氧进行化学升温的描述正确的是（　　）。AC

　　A. 与 1kg 的铝粒反应理论上需要 0.62m^3 的氧气（标态）

　　B. 与 1kg 的铝粒反应理论上需要 0.82m^3 的氧气（标态）

　　C. 理论上，氧化 1kg 的 Fe-Si 约能使 1t 钢水温度升高 33℃

　　D. 理论上，氧化 1kg 的 Al 粒约能使 1t 钢水温度升高 33℃

5. （多选）化学升温吹氧量和加铝量的理论计算公式正确的是（　　）。AC

A. 加铝量（kg）= 0.03 × 钢水量（t）× 升温幅度（℃）

B. 加铝量（kg）= 0.04 × 钢水量（t）× 升温幅度（℃）

C. 吹氧量（m^3）= 0.622 × 加铝量（kg）/ 氧气利用率

D. 吹氧量（m^3）= 0.722 × 加铝量（kg）/ 氧气利用率

6. （多选）某合金或废钢加入钢水后引起的钢水温度变化情况的描述中，正确的是（　　）。BC

A. 加入某种合金后是导致钢水温度升高还是降低只取决于该物质的热容

B. 加入某种合金后是导致钢水温度升高还是降低主要取决于该物质溶解进入钢水中时是放热还是吸热

C. 某合金或废钢加入钢水后引起的钢水温度变化值一般分两步进行计算

D. 从理论计算来说，所有合金及废钢均会导致钢水温度降低

7. （多选）影响 RH 真空精炼过程温降速率的因素主要有（　　）。ABCD

A. 钢包容量　　　　　　　　　　　B. 真空室烘烤温度

C. 调合金种类及量　　　　　　　　D. 钢包状况

8. （多选）冷却废钢加入后引起钢水温度变化的描述正确的是（　　）。ABCD

A. 调整 110kg 废钢理论计算约能使 210t 钢水温度降低 1℃

B. 实际生产中，加入调温废钢之后的温降一般均大于理论计算值

C. 加入调温废钢时还必须考虑到真空循环过程中的温降

D. 调整 1kg 废钢约能使 1t 钢水温度降低 1℃

9. （多选）热容主要与（　　）有关。ABCD

A. 物质的性质　　B. 物质的状态　　C. 物质的温度　　D. 物质的数量

10. （多选）下列关于 RH 吹氧化学升温过程中的参数设定描述正确的是（　　）。ABD

A. 吹氧化学升温过程中氧枪的枪位控制主要是考虑氧气利用率，同时兼顾钢水的喷溅状况来确定的

B. 吹氧化学升温过程中氧气流量的确定原则为不产生严重喷溅的情况下采用尽可能大的吹氧流量

C. 吹氧化学升温过程中氧枪枪位的控制越低越好

D. 吹氧升温过程的提升气体流量控制不宜过大

D　二次燃烧工艺

二次燃烧是指在自然脱碳工艺过程中，利用顶枪在真空室的高位吹氧，把废气中的 CO 燃烧转化为 CO_2，对钢水温度进行补偿，并利用氧化反应放出的热量提高真空室上部温度，减少结冷钢。

7.3.2.4　抽真空制度

抽真空前，生产前检查真空泵系统设备、合金系统设备、能源介质和真空室耐火材料寿命等能否满足生产条件；准备好各种工具。

抽真空操作如下：

（1）转炉开吹 15min 后启动真空泵开始预抽真空。

（2）钢水到站后，将钢包车开至处理位，钢包上升到钢渣面接近插入管下口处待命，测温取样，测渣厚。

（3）钢包上升到钢渣与插入管接角时，启动插入深度计数器；插入深度应大于600mm，并在处理过程中调整插入深度。

（4）打开真空切断阀，开始抽真空。

（5）循环气体选用氩气，选流量既要保证良好的脱碳效果、合金的充分混匀，又要抑制喷溅。

7.3.2.5 吹氩制度

RH炉循环气是重要工艺介质，对钢液的循环流动起着重要的作用，并直接影响到冶炼的效果，在处理每一炉钢液前都必须检查提升气体流量，浸渍管上升管内吹气小管是否堵塞。由于吹气小管正常冶炼时通氩气，非冶炼时通氮气，所以生产过程中还要检查是否有氮氩反接、氮氩漏气、氮氩串气等问题，这会造成钢液增氮事故的发生。

A 提升气体流量

提升气体流量设定见表7-8。

表7-8 不同处理模式流量设定

处 理 模 式	提升气体流量(标态)/L·(min·t)$^{-1}$
本处理	6.5~8.5
脱碳处理	4~7.5
轻处理	5~7.5

B 钢水循环观察

钢水循环好坏可以观察：

（1）摄像头内钢液的流动是否正常；

（2）真空室抖动越大，循环越快；

（3）前期温降越大，循环越快；

（4）有无亮点和钢液溅起；

（5）废气流量大，循环快；

（6）真空度上升速度慢，循环快。

C 日常检查要求

（1）每天接班后检查循环气体画面状态，气体的压力和流量能否满足工艺要求。

（2）每天接班后检查生产现场的气体的压力、流量、阀门的开关状态是否与操作画面一致。

（3）每炉处理前顶升钢包后，查看操作画面循环气体是否已切换到所用气体。

D 循环基本参数

钢水循环速度是真空处理十分重要的参数，它几乎影响每一项冶金功能，且循环速度越大越有利，目前设计上一般能保证钢包钢水循环一次大约需3min时间。

E 循环流量的控制

RH 的循环流量是指单位时间通过上升管（或下降管）的钢液量，其值可由下式表示：

为了保证钢包内所有钢水都能进入真空室进行脱气、脱碳，需要保证循环流量，显然，增加上升管直径，提高吹氩流量，提高真空度（降低真空室内压力）可提高循环流量，减小氩气泡直径也可提高循环流量。当钢中氧含量很高时，由于真空下的碳氧反应，会导致钢液环流量的降低。

$$Q = 11.4 G^{1/3} D_{\mathrm{u}}^{4/3} \ln^{1/4}\left(\frac{p_1}{p_0}\right) \tag{7-8}$$

式中　Q——钢水环流量，t/min；

　　　G——上升管吹氩流量（标态），L/min；

　　　D_{u}——上升管直径，m；

　　　p_1——大气压力，Pa；

　　　p_0——真空室压力，Pa。

例 3　某转炉炼钢厂 210t RH 设备，浸渍管直径为 650mm，提升氩气流量（标态）为 1500L/min，当抽真空达到 67Pa 的深真空状态时，计算钢水的环流量。

解：钢水环流量计算：

$$\begin{aligned}
Q &= 11.4 G^{1/3} D_{\mathrm{u}}^{4/3} \ln^{1/4}\left(\frac{P_1}{P_0}\right) \\
&= 11.4 \times 1500^{\frac{1}{3}} \times 0.65^{\frac{4}{3}} \times \ln^{\frac{1}{4}}\left(\frac{101325}{67}\right) \\
&= 120.86 \, \text{t/min}
\end{aligned}$$

答：每分钟有 120.86t 的钢水流经真空室。

也有文献介绍循环流量的另外几种计算方法如下：

$$Q = 1.63 G^{\frac{1}{3}} D^{\frac{4}{3}} \left[\ln\left(\frac{p_1}{p_0}\right)\right]^{\frac{1}{3}} \tag{7-9}$$

式中　Q——钢水的循环速度，m³/min；

　　　G——上升管吹氩流量，L/min；

　　　D——浸渍管的直径，m；

　　　p_1——大气压力，Pa；

　　　p_0——真空管内的压力，Pa。

吹氩量计算和实际测量值的关系见图 7-44。

$$Q = 0.02 D_{\mathrm{u}}^{1.5} G^{0.33} \tag{7-10}$$

式中　D_{u}——浸渍管的上升管直径，mm；

　　　G——上升管吹氩流量（标态），L/min。

$$Q = 3.8 \times 10^{-3} D_{\mathrm{u}} D_{\mathrm{d}}^{1.1} G^{0.31} H^{0.5} \tag{7-11}$$

式中　Q——钢水环流量，t/min；

　　　D_{u}——上升管直径；

D_d——下降管直径；

G——上升管中氩气流量（标态），L/min；

H——吹入气体深度。

环流效果的水模型仿真如图 7-45 所示。

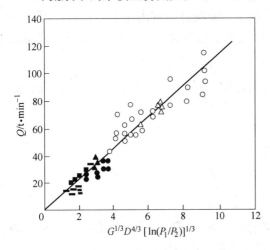

图 7-44　吹氩量计算值和实际测量值的关系　　　图 7-45　RH 环流效果的仿真示意图

目前所有的结果都是在上升和下降管直径相同的真空处理装置上求得的。如果上升管和下降管的直径不同，则必然可以相互影响。

加入较多的硅铁等合金料时，选择下降管的直径小于上升管的直径，则下降速度就较大，在此情况下，均匀成分更容易。对容量不同的钢包来说，循环管的直径和输送气体的流量如图 7-46 所示。

F　提高循环速度的方法

提高钢液循环速度的方法主要是扩大循环管的内径、增加驱动气体流量和改进驱动气体供给方式。

a　扩大循环管内径

循环流量与浸渍管的直径、吹氩量的关系和实际测量值如图 7-47 所示。当循环管的直径加大到 550mm 时，钢液的循环速度提高到了 120t/min，随着脱气设备的大型化，循环管内径达 650mm，循环流量达到 130 t/min 以上。

b　增加驱动气体流量

从蒂森钢厂试验结果看，随着驱动气体强度的增大，循环速度也增大。

c　改进驱动气体的供气方式

RH 真空精炼过程中，需向上升管的钢液中输送惰性气体或反应气体，因此要合理选择气体输送系统结构设计和材料。最初采用的是多孔耐火材料扩散环，后来改进成耐火材料环形板，在两板缝隙间进行吹气，但两种方式都因加工困难、易堵塞和更换麻烦而被淘汰。目前，比较先进的方式是供气小管的结构，在耐火材料内部安装若干小钢管，向钢液输入氩气，如图 7-48 所示。供气小管的布置方式有很多种，研究表明，供气小管的布置形式不同，其混匀时间和小管寿命也不同，如图 7-49 所示。

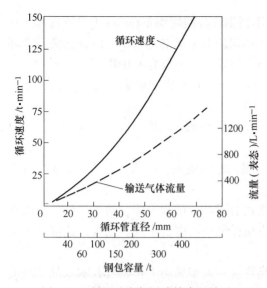

图 7-46 循环速度与浸渍管直径关系

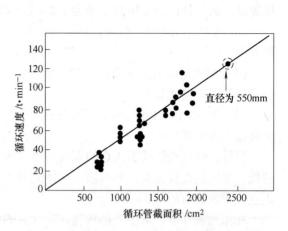

图 7-47 循环速度与浸渍管截面积之间的关系

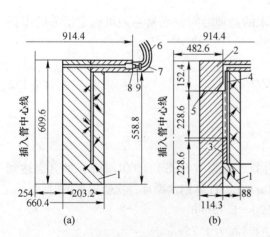

图 7-48 用钢管输入氩气示意图

（a）完全捣结的插入管（循环流量 15t/min）；

（b）衬砖的插入管（循环流量 15t/min）

1—耐热混凝土；2—衬砖；3—铬捣结料；

4—氩气管；5—锯齿状槽缝；6—软管；

7—石棉；8—管塞；9—不锈钢管塞

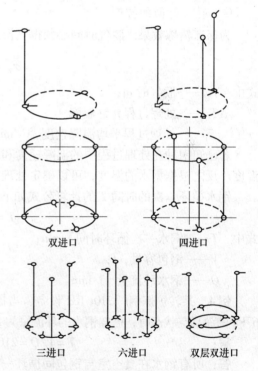

图 7-49 各种形式的供气小管布置比较

增加吹氩管可以减小氩气泡，在同样吹氩流量下，氩气泡直径越细小，循环流量越大。一般供气小管为 12 根，由直径 2.5~4mm 不锈钢管分两层均布在 RH 上升管内部，在正常生产中必须有至少 8 根通气且均匀分布，才能保证 RH 真空室与钢包间的钢液正常环形流动。氩气管的阀前压力一般为 1.2~1.5MPa，阀后压力一般为 1.0MPa。

RH 的吹气孔堵塞，会对循环流量产生一定的影响，从而影响脱碳和混匀时间，主要特点为：

（1）顺次堵吹气孔 3 个以上时，所有吹气量下的循环流量都明显降低，吹气量越大时循环流量降低越明显。

（2）顺次堵吹气孔比对称堵吹气孔对循环流量的影响更大。堵吹气孔 3 个和 3 个以下时可以正常生产。

另外，输送气体的引入点的高度对吸入速度也有影响，试验表明，输送气体的引入点越低，吸入速度就越大，如果输送气体的引入点位于循环高度的中间，则吸入速度仅为引入点位于液面时的 2/3。

在相同条件下，采用下排吹气孔吹气时的循环流量大于采用上排吹气孔吹气的循环流量。降低吹气孔的位置有利于钢水流动，是提高循环流量的有效手段。

G 脱气时间的控制

为保证精炼效果，脱气时间必须得到保证，其主要取决于钢液温度和温降速度：

$$\tau_{处} = \frac{\Delta T_C}{\bar{v}_t} \tag{7-12}$$

式中 $\tau_{处}$——脱气时间；

ΔT_C——处理过程允许温降；

$\bar{v}_t$——处理过程平均温降速度，℃/min。

若已知钢种在处理过程中的温降速度和要求的处理时间，则精炼炉可确定所需的出钢温度。反之根据钢水的温度，可以确定处理时间。

钢水循环一次的时间 T 的计算公式如下：

$$T = V/Q \tag{7-13}$$

式中 T——钢水一次循环时间，min；

V——钢包容量，t；

Q——钢水环流量，t/min。

例 4 某转炉炼钢厂 210t RH 设备，当提升氩气流量（标态）1500L/min，抽真空达到 67Pa 的深真空状态时，已知钢水的环流量为 120t/min，计算钢水循环一次所需要的时间。

解： $T = V/Q = 210/120 = 1.75\text{min}$

答： 所有钢水在真空室与钢包间循环一次的时间为 1.75min。

H 循环次数的控制

循环次数，是指通过真空室钢液量与处理容量之比，其表达式为：

$$u = Qt/V \tag{7-14}$$

式中 u——循环因数，次；

Q——钢水环流量，t/min；

t——循环时间，min；

V——钢包容量，t。

例5 其他同例3，计算净循环10min钢液在真空室与钢包之间的循环次数（也称为循环因数）。

解： 根据例3计算结果，$Q = 120.86 \text{t/min}$，

循环因数（循环次数）计算：

$$u = Qt/V = 120 \times 10/210 = 5.72 \text{ 次}$$

答： 10min的纯循环时间，钢水在真空室与钢包间循环5.72次。

脱气过程中钢液中气体浓度可由下式表示：

$$\overline{C_t} = C_e + m'(C_0 - C_e)^{-\frac{1}{m'}\frac{Q}{V}\tau_{处}} \tag{7-15}$$

式中 　$\overline{C_t}$——脱气t时间后钢液中气体平均浓度；

　　　C_e——脱气终了时气体浓度；

　　　C_0——钢液中原始气体浓度；

　　　$\tau_{处}$——脱气时间，min；

　　　V——钢包容量，t；

　　　Q——钢水环流量，t/min；

　　　m'——混合系数，其值在$0 \sim 1$之间变化。

当脱气后钢液几乎不与未脱气钢液混合，钢液的脱气速度几乎不变，此时钢液经一次循环可以达到脱气要求时，$m' \to 0$；

当脱气后钢液立即与未脱气钢液完全混合，钢包内的钢液是均匀的，钢液中气体的浓度缓慢下降，脱气速度仅取决于环流量时，$m' \to 1$；

当脱气后钢液与未脱气钢液缓慢混合时，$0 < m' < 1$。

综上所述，钢液的混合情况是控制钢液脱气速度的重要环节之一，一般为了获得好的脱气效果，可将循环次数选在$3 \sim 5$。

I　钢水提升高度

RH真空精炼时，当两个插入管插入钢液一定深度后，启动真空泵，真空室被抽成真空，由于真空室内外压力差的作用，钢液从两个插入管提升高度（图7-17）可用式（7-16）表示：

$$h = \frac{p_1 - p_0}{\rho g} \tag{7-16}$$

式中 　h——提升高度，m；

　　　p_1——大气压，取$1.01 \times 10^5 \text{Pa}$；

　　　p_0——真空室内压力，Pa；

　　　g——重力加速度，取9.8m/s^2；

　　　ρ——钢水密度，取$7.0 \times 10^3 \text{kg/m}^3$。

从图7-17可见，为了防止下降管与上升管钢水短路，需要保证下降管钢水流速$>1 \text{m/min}$，按能量守恒定律：

$$\frac{1}{2}mv^2 = mg(H - \Delta B) \tag{7-17}$$

则　　　　　　　　　　　$H - \Delta B = 0.05 \text{m} \tag{7-18}$

即钢液进入真空室形成的与钢包内钢液的高度差至少为0.05m才能满足要求。

若忽略渣压力，真空室抽至极限真空度，真空室和浸渍管钢水静压力之和应等于大气压力：

$$\rho(H+B) = P_{大气} \qquad (7\text{-}19)$$

可推出真空室钢水液面与钢包钢水液面高度差（循环高度）为：

$$H+B = P_{大气}/\rho \qquad (7\text{-}20)$$

$$P_{大气} = 1\,\mathrm{kg/cm^2} = 10\,\mathrm{t/m^2}$$

$$\rho = 7\,\mathrm{t/m^3}$$

循环高度：
$$H+B = 10/7 \approx 1.4\,\mathrm{m}$$

顶枪向钢液吹氧时，一定要保证 H 高度，以防止烧损真空室底耐火材料，因此在操作时，浸渍管要保证足够的浸渍深度并配以合理的真空度。

当冶炼钢种对 [N] 无要求，或钢中要求有一定含量的氮时，可用 N_2 作环流气体。用 N_2 作环流气处理 15～20min 时，一般将增 [N] 为 20～30ppm。所有对氮含量要求较严格的钢种，为防止钢坯的质量缺陷，原则上用 Ar 作环流气。

J　钢液流场和混匀时间

RH 的钢液在流动过程中形成的回流区，主要包括上升管到下降管之间形成的主回流区和下降管与包壁之间形成的回流区。在主回流区内，钢液从下降管流到钢包底部并且沿着钢包包壁上升，上升的钢液主要有三种运动形式：一部分钢液流向上升管，由于受到提升气体的抽吸作用，速度增加；一部分钢液在钢包的中下部流向下降流股从而形成回流区；还有一小部分钢液继续沿着钢包壁上升，速度逐渐减弱，如图 7-50 所示。

钢液混合状况的好坏还取决于合金添加速度、添加角度、合金粒度等因素。合金添加速度太快，容易堵塞插入管；合金添加速度太慢则影响生产节奏，并增大精炼过程的温降。最大的合金添加速度（t/min）一般取为钢液循环流量（t/min）的 2%～4%。合金的添加对

图 7-50　循环过程流动图

钢液的混匀影响较大。添加合金以后，按照钢液混匀的概念，即钢液循环 3 次就达到了混合均匀，也即达到了均匀化。

例如一个 250t 的 RH，其循环流量为 75t，那么达到混匀的时间可计算出：

$$t = \frac{uV}{Q} = \frac{3 \times 250}{75} = 10\,\mathrm{min}$$

RH 钢包内钢水的混匀时间受环流量的影响，混匀时间随提升气体流量的增大而迅速缩短，增大吹气管直径可使混合效果改善。在实际生产过程中，RH 的钢包底部透气砖是不吹氩的，如果出现了混匀不好的情况，RH 结束以后，采用钢包底吹氩进行搅拌混匀，也是一种选择。

RH 处理过程中钢液是否均匀的判断，可以通过在 RH 处理过程中取过程样并分析其相关成分和测温，来判定钢液循环状态。对普钢、低合金钢、硅钢等钢种，加合金后，计算出各元素 [Si]、[Mn]、[Cr] 的平均含量，对照经一定的循环时间后的实测值。若实

测值与计算值相差 0.1% 以上，就可以判定钢液循环不良。对含铝系列钢以处理后的 $[Al]_s$ 计算值与实测值之差为判断依据。若 $[Al]_s$ 相差 0.02% 以上，表明钢液循环明显不良。在无取向硅钢的脱碳期，钢液 $[C]$ 含量如果变化不明显，可以判定是插入管堵塞导致的循环不良。

低碳钢、普碳钢、低合金钢、取向硅钢等钢种，进行 RH 精炼处理 10min 后，测定钢液温度，其值与循环正常时统计值相差 10℃ 以上时，就可以判定此钢液循环不良。无取向硅钢和含铝系列钢合金化后的升温幅度与正常时相差 15℃ 以上，就可以判断为钢液循环不良。

练 习 题

1. 在真空室压力为 6mbar，钢水密度取 7000kg/m³ 的情况下，钢水在 RH 浸渍管及真空室内的理论提升高度为 (　　)。D

   A. 1.0m 　　　B. 1.302m 　　　C. 1.38m 　　　D. 1.47m

2. 一般来说，蒸汽喷射泵的抽气量与真空度成反比关系。(　　) √

3. 一般情况下，RH 真空泵系统的抽气能力选用越大越好。(　　) √

4. 钢水中的氧活度越低，则氢的溶解度 (　　)。A

   A. 增加 　　　B. 减少 　　　C. 不变 　　　D. 有时增加有时减少

5. 钢水中的氧活度越低越有利于 RH 进行脱硫。(　　) √

6. RH 钢液循环速率越大，RH 真空处理周期越短。(　　) √

7. RH 钢液真空循环原理类似于 "气泡泵" 的作用。(　　) √

8. (多选) 影响 RH 钢水循环速率的因素主要有 (　　)。ABCD

   A. 浸渍管内径 　B. 驱动气体流量 　C. 驱动气体供给方式 　　D. 真空度

9. (多选) 提高钢水循环速率的措施主要包括 (　　)。ACD

   A. 增加浸渍管内径

   B. 增加真空室内径

   C. 增加驱动气体流量

   D. 改进驱动气体供给方式，增加驱动气体在钢水中的行程

7.3.2.6　脱氧合金化制度

根据合金均匀化后分析成分与目标值进行比较，计算合金加入量。需要了解以下参数：

(1) 钢包容量；

(2) 合金成分；

(3) 合金材料吸收率；

(4) 钢水中需要脱去的氧。

可以用铝脱除钢中氧活度。与其他脱氧剂相比用铝脱氧的优点是可以将氧活度脱到很低的程度。虽然会产生固态脱氧产物，但通过钢水洁净化，钢质不会恶化。纯 Al_2O_3 夹杂可以很快地形成大颗粒夹杂与钢液分离。

在 RH 脱碳后，对没有脱氧的钢中加入铝脱氧，按化学升温原理，会造成很大的温升。图 7-51 给出了用铝脱氧时温升结果。用铝脱除 100ppm 的氧会使钢水温度上升 4℃。因此，根据脱碳结束氧含量的不同，进行脱氧时的钢水温升为 15~25℃。

大多数合金元素在钢中的溶解时都会产生温降。一些元素，例如硅会造成温度上升。合金元素对钢水温度上升或下降的影响如图 7-52 所示。

为保证浇注温度，处理前需要考虑这些温升或温降，所以在处理前几分钟需要使用冷却废钢。

在进行合金加入量计算时，必须考虑吸收率。此外，各元素目标成分还受到复合合金材料中其他元素的影响。

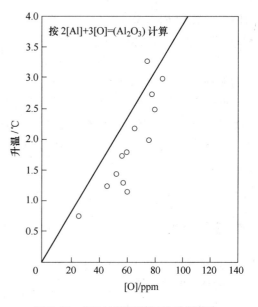

图 7-51　RH 过程铝脱氧的升温能力

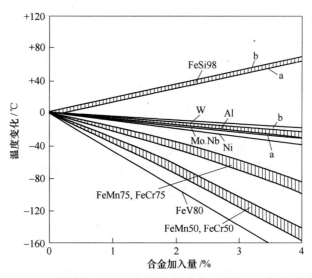

图 7-52　合金对钢水温度变化的影响
a—[O]=0ppm；b—[O]=100ppm

还要考虑在加入 Ca-Si 或 CaC_2 进行以后的脱 S 处理时，[Si] 和 [C] 含量还要升高。当使用 CaO/CaF_2 进行脱 S 时，通常不会产生这些问题。

RH 真空精炼在完成上述工艺操作后，还需要对钢液的成分和温度进行一定的调整，才能交连铸机进行浇注。RH 的合金添加是通过真空室上部的合金加料溜槽加入循环着的钢液中，合金添加速度主要受钢液循环量的影响，加入速度过快，会破坏环流，造成循环不良；另外，加入速度还与合金种类有关，不同合金密度和熔化速度不一样，一般为钢液循环量的 2%~4%，如 Fe-Si 小于循环量的 4%，Al、C 小于循环量的 1.5%，其他合金小于 2%。当然，加入速度太慢则会影响精炼时间和最终温度，这都不符合连铸的要求。合金料的加入时间一般为真空脱碳、脱氧结束，或者真空度小于 6600Pa 时，合金的粒度一般为 3～30mm，太大不易熔化，太小则容易吸入真空泵，合金必须干燥，磷、硫含量小于钢种要求。

RH 合金化时，合金元素的吸收率主要与钢液的氧化性、合金元素被氧化难易程度、吨钢加入量有关。RH 真空精炼时常见元素吸收率见表 7-9，由于合金化过程中吸热过程，一般考虑除铝和硅铁外的合金冷却效果为 7℃/t 左右，所有合金称量后需分批量加入，每批次的投入量不高于 2t。加入后保证搅拌钢水 4min 使合金成分均匀，并测温取样，所有合金必须出站 5min 前加完。

表 7-9　RH 真空精炼时常见元素吸收率

合金名称	吸收率/%	合金名称	吸收率/%
高碳锰铁	90～95	硅　铁	85～95
低碳锰铁	90～95	增碳剂	80～90
高碳铬铁	>98	钒　铁	85～95
低碳铬铁	>98	钼　铁	>98
铝　球	60～85	钛　铁	>70
镍　板	>98	磷　铁	>98
铌　板	>95	铜　板	>98

铁合金投入顺序、原则要求如下：

（1）一般先加入 Al 或 Si 脱氧，贵重合金和易氧化合金脱氧完成后加入，以避免其他合金元素因氧化而引起的浪费。

（2）Mn、Cr、V、Nb 在 Al（或 Si）脱氧后投入，特别应注意 Si 脱氧钢种不能用 Al 脱氧。

（3）与氧有很强亲和力的元素，如 Ti、B、Ce、Zr，在脱氧终了后加入，以避免和多余的氧反应。

（4）加入脱氧钢水中的碳应和其他高密度合金一起加入，或在此之前尽早加入。若需碳脱氧，则应小批量多批投入以避免太强烈的 C-O 反应，引起逆流或大翻。

（5）对同时含硅、锰元素的钢种，在没有特殊要求、保证其他成分不出格的情况下，为了降低成本，优先使用硅锰合金。

（6）低碳低铝硅铁的使用：当冶炼钢种为超低碳（成品 [C]≤50ppm）且对硅有上下限要求的钢种，在脱碳结束后，加铝完全脱氧 2min 后加入。当冶炼钢种为其他对铝和钛元素有特殊要求的钢种时，在处理过程中投入。

练习题

1. RH 真空精炼时的合金加入速度主要受钢液循环量的影响。（　　）√

2. RH 真空精炼用合金的粒度一般在 3～15mm 为宜。（　　）√

3. （多选）超低碳钢生产过程中的合金加入顺序正确的是（　　）。ABCD

　　A. 在钢水中碳含量不高的情况下，可以在脱碳前期加入部分高碳锰铁

　　B. 脱碳结束时加铝进行终脱氧并合金化

C. 在生产硅钢时 Fe-Si 应该在加铝之前加入

D. Fe-Ti 等易氧化合金应该在最后一批加入

4. （多选）RH 真空处理过程的合金吸收率主要与（   ）有关。ABCD

    A. 钢水中的氧含量   B. 合金粒度   C. 合金种类   D. 真空度

5. （多选）RH 真空处理过程中，以下合金元素吸收率可达到 100% 的是（   ）。AB

    A. Fe-Cr   B. Ni   C. 硅铁   D. 钛铁

6. RH 真空处理过程的合金加入速度主要与钢液循环流量和合金种类有关。（   ）√

7. RH 真空处理过程的合金吸收率一般比 LF 炉的合金吸收率要高。（   ）√

8. 同一种合金在 RH 真空处理的不同阶段加入时其吸收率是完全相同的。（   ）×

9. RH 真空精炼过程使用合金粒度的合理尺寸为（   ）。B

    A. 1～3mm   B. 3～15mm   C. 15～30mm   D. 30mm

10. RH 真空精炼过程中铝粒的吸收率一般在（   ）%。B

    A. 60% 以下   B. 65%～80%   C. 80%～90%   D. 95% 以上

11. RH 化学升温过程无需考虑 Si、Mn 等元素的损失。（   ）×

12. 吹氧升温应在合金化之前进行，以减少合金烧损。（   ）√

7.3.2.7 全氧控制制度

钢中溶解氧与氧化物夹杂形态的化合氧之和称为全氧。

RH 采用真空碳脱氧可将溶解氧降至极低，但吹氧脱碳或吹氧升温会使化合氧即氧化物夹杂物增多。

RH 工艺过程中夹杂物去除的特点主要有以下几点：

（1）RH 去除夹杂物的行为主要发生在前 12min，可将大部分夹杂物去除。其中前 2～8min 是去除夹杂物最快的时间段，RH 处理 24min 可以去除大部分夹杂物。

（2）提升气体的流量越大，去除夹杂的效果越好。

（3）真空室内的钢液面高度影响夹杂物的去除效果，提升气体（标态）为 20L/min 条件下，不同真空室液面高度下夹杂物去除率随时间的变化见图 7-53。

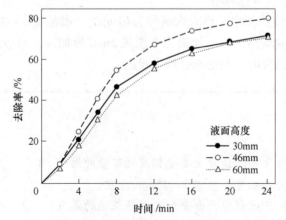

图 7-53　提升气体为 20L/min 条件下不同真空室液面高度下
夹杂物去除率随时间变化的曲线

（4）RH 的大部分夹杂物是被顶渣吸附的，故顶渣的改质很重要。控制顶渣的 $CaO/Al_2O_3 = 1.6 \sim 1.8$ 可以降低渣的熔点，增加流动性，对顶渣吸附夹杂物很重要。炉渣吸收 Al_2O_3 的能力和 RH 处理以后钢液中 T[O] 的关系见图 7-54。

（5）控制 RH 顶渣的氧化性直接影响 RH 处理后钢液中的氧含量，当渣中（FeO）+（MnO）≤4%，则必须进行 RH 顶渣的脱氧，以减少顶渣向钢液的传氧。在冶炼一些超低碳钢的时候，由于 RH 顶渣改质困难，采用 RH + LF 的工艺进行深脱氧。

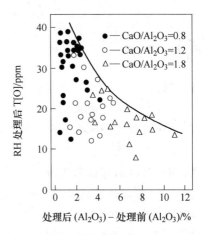

图 7-54 RH 处理后不同顶渣 CaO/Al_2O_3 对吸收钢液 Al_2O_3 夹杂物的能力比较

7.3.2.8 喷粉脱硫

由于转炉的去脱能力有限，精炼过程脱硫一直是炉外精炼工艺的探索方向，与强大 LF 脱硫能力相比，RH 由于不具有渣、钢反应界面，脱硫能力有限。RH 真空脱硫是指在真空条件下向真空室的钢液中添加 $CaO\text{-}CaF_2$ 为主要成分的脱硫剂，脱硫化学反应式为：

$$CaO(s) + [FeS] ==== (CaS) + (FeO)$$

此反应为吸热反应，经计算 1.2kg/t 钢脱硫剂，降温 5℃。

RH 真空脱硫的方式有两种：投入法和喷吹法。投入法是将颗粒状脱硫剂从料仓通过合金料管加入真空室，让钢液与脱硫剂发生反应；喷吹法是利用喷枪将粉末状脱硫剂喷入钢液中进行脱硫。喷吹法又分真空室侧底部设置喷嘴的 PB、真空室顶部喷枪设置喷嘴的 TOP 和在浸渍管的上升管下部设备喷嘴的 Injection 等几种类型，现在一般比较常用的是 RH-TOP 复合喷枪顶吹脱硫法。通常脱硫剂是 $CaO + CaF_2$ 粉末，粒度为 $3 \sim 5mm$，混合比例 60:40。萤石 CaF_2 的作用是帮助石灰熔化，但容易侵蚀真空室、包衬。另外，脱硫剂的颗粒一定要适中，颗粒大，不易化；颗粒小，进入真空泵，易堵塞、侵蚀设备。

RH 的脱硫效果与多种因素有关，如粉剂粒度、萤石石灰比例、顶渣成分、曼内斯曼指数、枪位和喷吹速度、钢水氧活度、搅拌时间、钢液的温度等。据某厂的真空脱硫实践证实，含 $[Al]_s = 0.10\% \sim 0.80\%$ 铝镇静钢，深脱硫可 $[S] = 0.001\%$，最高脱硫效率可达 80%。

根据经验，1.5kg/t 钢脱硫剂降 0.001% 的硫，则脱硫剂的加入量可参考如下公式：

$$脱硫剂加入量 = （钢水硫含量 - 目标硫含量）\times 1.5kg/t$$

RH 真空脱硫应注意的几个问题：

（1）由于脱硫带入 FeO，减少了钢液中铝含量，需要补偿。

（2）脱硫剂易受潮，易粉化，并带入氢和氧。

（3）如果脱硫剂的加入量大，应分批加入。

（4）脱硫时机应选在脱氧合金化完成 2min 后，出精炼站之前。

（5）脱硫剂加入后一般应搅拌 $3 \sim 5min$。

练 习 题

1. （多选）RH 真空处理时脱硫的优势在于（　　）。ABC
   A. RH 高真空使钢液中氧活度降低，有利于脱硫
   B. RH 处理过程脱硫避开了顶渣，所受钢包顶渣影响相对较小
   C. RH 内脱硫处理由于隔绝大气而不会因钢液表面紊流而吸氮
   D. RH 脱硫剂可任意选择

2. （多选）可以提高脱硫效率的措施有（　　）。ABCD
   A. 降低钢水中的氧活度　　　　　　　　　B. 选择合理渣系，提高炉渣硫容量
   C. 改善动力学条件，促进渣金反应的平衡　　D. 提高钢水温度

3. （多选）以下关于 RH 脱硫工艺的描述中，正确的是（　　）。ABCD
   A. 脱硫剂 $CaO:CaF_2 = 60:40$，加入量 $3 \sim 5kg/t$　　B. 采用活性石灰，脱硫剂要防潮
   C. 脱硫剂加入时机应在深度脱氧后 2min 加入　　D. 脱硫剂投入速度要连续均匀

4. 硫容量和硫的分配系数可以表示炉渣脱硫能力的大小。（　　）√

5. RH 真空处理时脱硫剂加入后钢水循环时间在（　　）min 后即可达到预期目的。B
   A. 2　　　　　　　　　B. 3～5　　　　　　　　　C. 5～8　　　　　　　　　D. 8～12

6. 要实现高的脱硫率，必须在脱硫之前对钢水进行脱氧。（　　）√

7. RH 进行脱硫的时机应选择在（　　）。A
   A. 完成脱氧和合金化后　　　　　　　　　B. 脱氧和合金化之前
   C. 脱氧之后合金化之前　　　　　　　　　D. 合金化的同时

8. 以下渣系中，脱硫能力最高的是（　　）。C
   A. $CaO\text{-}Al_2O_3\text{-}SiO_2$　　　　　　　　　B. $CaO\text{-}Al_2O_3$
   C. $CaO\text{-}CaF_2$　　　　　　　　　　　D. $CaO\text{-}Al_2O_3\text{-}CaF_2$

9. RH 真空脱硫工艺按脱硫剂的加入方式不同可分为喷吹法和投入法。（　　）√

7.3.3　RH 精炼工艺控制

7.3.3.1　精炼周期影响因素

精炼周期影响因素包括设备布置、钢种、完成的精炼任务、真空泵抽气能力、工作特性、钢水循环量、合金加料能力、配料加料速度、取样、送样、分析化验，具体见表7-10。

7.3.3.2　炉外精炼技术经济指标

A　精炼作业率

$$R = \frac{（年总时间 - 非作业时间）}{年总时间} \times 100\% \tag{7-21}$$

$$年总时间 = 365 \times 24 \times 60 = 525600min$$

表 7-10 典型周期时间 （min）

车间工艺布置	炼钢炉与铸机	在同一侧				在两侧
	钢包车	一台	一台	两台	旋转台	一台
吊车能力		大	小	小	—	—
轻处理		26.5	40	26.5	21.5	28
超低碳钢		28.5	42	28.5	23.5	30
镇静厚板钢		29	42.5	29	24	30.5
重轨钢		30	43.5	39	25	31.5
沸腾厚板钢		32.5	46	32.5	27.5	34
电工钢		35.5	49	35.5	30.5	37

　　非作业时间包括真空室耐火材料更换、维护、设备检修、临时性故障及设备等待，双室平移及整体更换，插入管寿命决定耐火材料更换时间。RH 精炼作业率一般为 80%。

　　B　精炼炉生产能力

$$P = H \times 365 \times 24 \times 60 \times \eta \times R/T \tag{7-22}$$

式中　η——钢水合格率；
　　　R——精炼炉作业率；
　　　T——精炼周期。

7.4　RH 精炼事故

7.4.1　真空系统故障诊断

　　真空系统故障是 RH 最常见的故障形式，主要表现为以下几个特点：

　　(1) 形式单一，成因复杂。从处理的故障来看，最基本的表现是真空度达不到处理要求。而形成的原因却是多种多样的，既可能是系统外泄漏造成，也可能是内泄漏造成，还可能是由于蒸汽、冷凝水、各种控制阀门的故障以及其他原因造成的。

　　(2) 发生频率低，查找时间长。真空系统是由多个单级泵、冷凝器及阀门经串并联组成的无运动部件的密闭系统，主要是以蒸汽、水为工作介质，在工作介质状态相对稳定的情况下，系统的稳定性也相对较高，机械故障的发生频率较低。而这一特点也使得在故障发生后，难以判断发生故障的真正部位，需经过逐级检查，才能确定故障发生的具体部位，故此所需的查找时间较长。

　　(3) 故障的重现性差，规律不明显。由于故障的形成原因多样，发生频率低，因此，相同原因的故障的重现性差，规律难寻。

　　7.4.1.1　真空度故障的形式及成因

　　真空设备的上述特点，使得处理真空设备故障时所需时间比较长，在生产节奏快、高附加值钢种处理比不断升高的条件下，长时间的故障停机，会给生产组织带来较大的影响，特别是在生产任务重的时候，甚至会造成停产。真空度故障排查难，难在其看不见，摸不着，难在其无规律可循。真空度故障是指真空度达不到钢液的处理要求，具体指全泵投入后，在规定的时间内真空度无法达到所需的真空度。现象的差别意味着故障成因的不同，实际上，可分为两种形式：

（1）单纯的真空度达不到处理要求。现象为随着抽气时间的延长，真空度停在某一较低真空度处。故障主要是由于系统的外泄漏造成的，在实际生产中，如果遇到此种情况，首先要做的就是系统查漏。

（2）二重真空现象。现象为随着抽气时间的延长，真空度会在某一压力值附近跳跃。此时，在自动处理模式下，真空泵中的某一级泵会反复出现开泵和退泵的现象。故障的成因相对比较复杂，二重真空主要是由于相邻两级真空泵能力不匹配造成的，当某一级真空泵的抽气性能被破坏时，就无法满足其上级泵的工作要求，而造成整个抽气系统无法正常工作。如何判断是哪一级哪一个泵有故障，是整个故障诊断的关键。

7.4.1.2　影响泵性能的主要因素

冷凝水在多级真空泵中具有举足轻重的地位，为了保证冷凝水能够将蒸汽充分冷凝，真空泵排出压力中的水蒸气分压必须高于其所对应的饱和蒸气压，所以冷凝水的温度也要低于该压力下的饱和温度，才能保证泵体的正常运转。另外，冷凝器的冷凝效率也是非常关键的，冷凝器的冷凝效果差，会使蒸汽因来不及冷凝而直接进入下一级泵，加大后级泵的负荷，影响泵的抽气能力。为此，冷凝水的入口温度、流量及冷凝器的使用状况对泵的性能均有很大的影响。

环境的影响主要是指被抽气体对系统的污染，在钢液处理过程中，钢液会放出大量的气体，同时也会有一部分细小的氧化物粉末等小颗粒被吸入真空泵，这些小颗粒会沉积黏附在泵体上，影响着抽气管路流通，延长了抽气时间，降低了泵的抽气性能。

7.4.1.3　真空度诊断的方法

从上述分析可以看出，造成真空度故障的原因不是唯一的，而现场真空度的检测手段又比较单一，整个系统只有一块真空表，这块表只能反映系统的最终抽气结果，却不能反映在某一时间上各个单元的过程量，这给故障的查找带来了许多不便，也增加了故障的排查时间。

目前，采用的故障排查方式基本为排除法，即当故障发生时，首先通过现象确定是系统泄漏故障，还是二重真空故障，如果是二重真空故障，则需要逐级检查各抽气单元的抽气性能，而一个正常系统的性能测试需要大约 3～4h，系统故障的测试时间还会更长一些，加上检查和备件更换时间，一个二重真空故障往往会造成几十小时的故障停机。

由此可见，系统性能故障的排查时间较长，靠目前的检查方法很难在短时间内确定是系统的哪一部分出了故障。缩短二重真空故障的排查时间，可以采用以下方法：在各泵的入口处安装真空压力计，将这些压力计的值与系统的值，包括蒸汽的压力、流量、温度；冷凝水的压力、流量、进出口的温度等值收集到一台计算机中，对这些值进行状态检测，经过一段时间的积累，给出各监控点的正常值，若系统发生故障就可通过对这些异常值的分析找出故障点。动态法虽然比较复杂，甚至在初始阶段由于"正常值"的积累时间较短，还不能完全代表过程的真实值，但随着时间的延长，其代表性将越来越强。由于可以检测系统的过程参量，这不仅可以用于故障分析，还可以用于真空系统的性能趋势预报。

7.4.1.4　真空度波动较大

当真空泵系统故障或真空系统有漏点时，处理过程中真空度会出现较大波动。

处理方法是：

（1）将真空泵系统选为手动方式操作，以稳定真空度。

（2）打开汽水分离器，手动放水。

（3）如果选择上述方式后真空度仍然波动，立即停止处理，破真空，降下钢包。

7.4.1.5　真空度达不到要求

当真空系统密封不严，密封或垫片损坏，单个、多个泵不工作或单向阀泄漏时，会出现抽真空后，真空度总达不到工作要求。

处理方法是：

（1）停止操作，通知点检人员处理。

（2）更换密封和垫片。

7.4.1.6　处理中突然破真空

当钢液真空处理过程中，如果突然出现自动破真空，可能是因为真空泵的蒸汽系统压力低，或真空室运输车锁定装置无极限等。

处理方法是：

（1）立即下降钢包，提升气体流量到设定到值。

（2）通知点检人员处理。

7.4.2　RH 真空室吸渣

RH 真空室吸渣产生原因有以下两点：

（1）钢包带渣较多，或者钢渣较稀呈现泡沫化状态。

（2）钢包内钢液面较低，浸渍管插入以后，浸渍管插入深度不足。

RH 真空室吸渣可按以下顺序处理：

（1）因为此时还在真空状态下，发现吸渣不要急于让插入管与钢水分离，必须将钢包上顶，确保浸渍管插入钢液面至少 400mm。

（2）关闭真空阀 30s 后才可充 N_2 破真空。

（3）钢包下降至下限位，钢包开出，钢水转泼渣处理或者 LF 处理。

（4）检查气体冷却器、排气口伸缩节、排气口密封圈有无损坏，真空室上合金加入口、顶枪孔、摄像头孔是否被封。

（5）清除排气口伸缩节内渣钢。

7.4.3　钢包漏钢

RH 真空处理过程中钢包漏钢一般发生在钢包的渣线或水口处，对于钢包车承载着钢包，用液压方式顶起，漏钢可能导致钢液将钢包车和液压顶升系统铸死，或钢液流入地坑，在有水的情况下发生爆炸。对于这种事故的预防方法是加强钢包服役情况的跟踪管理。

发现钢包漏钢可按以下顺序处理：

（1）按下控制室主操作台上的"中断处理"按钮，停止处理。

（2）紧急充 N_2 破真空，复压至大气压状态。

（3）当压力达到 90kPa 时，将液压顶升降下至下限位，确认钢水漏出的位置和大小。

（4）如果漏钢较小，立即开出至吊包位，联系天车将钢包吊离。

（5）如果漏钢较大，等待钢水流完后烧割冷钢。

（6）钢包台车开出至吊包位。

（7）如果钢包台车无法开动，指挥天车将钢包台车拉出。

7.4.4　RH 冷却系统漏水

7.4.4.1　RH 顶枪漏水

RH 顶枪漏水主要是因为枪体开裂或软管漏水，可分为真空处理过程中的漏水和非处理过程中的漏水。真空处理中漏水表现为：顶枪流量差大报警，若顶枪在工作中，自动上升到达真空室内待机位，真空度急速上升，通过摄像头观察真空室内情况。

应急处理如下：

（1）按下控制室主操作台上的"中断处理"按钮，停止处理。

（2）通过摄像头观察，确认真空室内水雾散尽，紧急充 N_2 破真空。

（3）当压力达到 90kPa 时，将液压顶降下，将钢包车开到吊包位。

（4）将顶枪上升到上限位。

（5）检查顶枪漏水情况。

（6）若漏水严重，关闭顶枪冷却水进口阀和出口阀。

非处理过程中出现漏水现象是表现为：顶枪流量差大报警，若顶枪在工作中，自动上升到达真空室内待机位，通过摄像头观察真空室内情况。

处理方法是：

（1）顶枪流量差大报警，若顶枪在工作中，自动上升到达真空室内待机位。

（2）通过摄像头观察真空室内情况。

（3）立即到现场将顶枪上升到上限位、通知维修。

（4）检查顶枪漏水情况。

（5）若漏水严重，关闭顶枪冷却水进水阀，打开出水阀。

7.4.4.2　钢包进水

钢包进水是指真空室或热顶盖外侧水管漏水入钢包，可按以下顺序处理：

（1）首先疏散在场非生产人员。

（2）果断判断漏点并切断水源。

（3）钢液面有积水不允许充 N_2 破真空，只能关泵让真空度慢慢回升。

（4）钢液面无明显水汽才能将钢水缓慢落下，防止钢水喷溅伤人及烧坏设备。

7.4.5　真空室底部烧穿

当真空室底部工作衬过薄（特别是在循环管之间），如果未及时更换真空室，处理过程中钢液从砖缝处或过薄部位烧出，造成事故。

处理方法是：

（1）停止处理，紧急充 N_2 破真空。

（2）关闭插入管氩气。

（3）必须马上通过控制室主控台对设备进行紧急通风处理。

（4）如正使用顶枪，将其上升到等待位。

（5）当压力达到 90kPa 时，将液压顶升降下，将包车开到吊包位。

7.4.6 排水泵故障

如果真空处理过程中突然发生密封水池的排水泵掉电、烧坏等故障，将会造成浊环水外溢。出现这种情况按如下顺序处理：

（1）通知水泵房停止供冷凝水，同时关闭真空滑阀。

（2）蒸汽系统降压。

（3）按顺序关闭真空泵。

（4）真空室充 N_2 破真空。

7.4.7 液压顶升故障

当真空处理结束后，如果钢包升起后无法下降，可能是液压顶升系统出现了故障，应立即：

（1）关闭真空阀。

（2）联系点检液压工手动缓慢降下钢包。

（3）此时真空室压力回升，当钢水从真空室内下落时，钢包液面上涨不小于 300mm 时（即真空度约 90kPa 时），才可下落钢包使其与插入管分开。

7.4.8 真空室内钢水反应异常

真空处理过程中，需通过摄像头随时观察真空室底部钢液环流的情况，脱碳反应剧烈则必须采用应急处理：

（1）立刻停止处理。

（2）紧急充氮破真空。

（3）当压力达到 90kPa 时，快速降低钢包至低位，排出故障后再处理钢水。

练习题

1. （多选）RH 真空处理过程中，发现浸渍管某一路提升氩气管漏气时，以下处理措施正确的是（   ）。ABC

   A. 根据循环氩气管分布图结合现场实际，首先判断出漏气位置

   B. 根据氩气总管与循环气管的对应关系，将该路气管切断

   C. 将循环气管的软连接卸下，将一端堵死

   D. 以上均不对

2. RH 顶枪漏水主要是通过（   ）来判断的。A

A. 进出水流量差的大小　　B. 进水流量大小　　C. 出水流量大小　　D. 进出水压力

3. （多选）防止 RH 真空室发生吸渣的操作中正确的是（　　）。ABCD

A. 准确测量炉渣厚度

B. 严格控制浸渍管浸入深度在规定的范围内

C. 在真空处理过程中，随时调整浸渍管的浸入深度，确保浸渍管浸入深度满足规定的范围

D. 尽可能增加浸渍管浸入钢水中的深度

4. （多选）RH 真空室发生吸渣后的处理措施中，不正确的是（　　）。ACD

A. 立即停止真空处理

B. 先提升钢包，确保浸渍管浸入钢水中的深度，然后破真空

C. 立即降下钢包

D. 立即关闭循环管氩气

5. 发生 RH 真空室吸渣的主要原因为（　　）。A

A. 真空处理过程中，浸渍管浸入钢水中的深度不够

B. 真空处理过程中，浸渍管浸入钢水中的深度过深

C. 真空处理过程中，炉渣太黏

D. 真空处理过程中的炉渣碱度过低

6. RH 真空室吸渣是属于一种保护真空室耐火材料的操作。（　　）×

7. RH 炉真空室吸渣是指真空室粘渣。（　　）×

8. RH 真空处理过程中，发生钢包漏钢时应（　　）。A

A. 立即破真空，将钢包开到吊包位　　　　B. 立即降下钢包

C. 立即堵住钢包漏点　　　　　　　　　　D. 以上均不对

9. 真空室底部穿钢时，应停止真空处理，当压力达到 800mbar 时立即降下钢包，将钢包车开到吊包位。（　　）×

10. 真空室底部穿钢时，真空度达到（　　）时可以降下钢包。C

A. 700mbar　　　　　B. 800mbar　　　　　C. 900mbar　　　　　D. 650mbar

11. 真空室底部穿钢时应（　　）。A

A. 停止真空处理，紧急充氮破真空

B. 停止真空处理，紧急用空气破真空

C. 立即降下钢包

D. 立即停止真空处理，待真空度达 800mbar 时立即降下钢包

12. 发生下列（　　）情况时，真空室必须更换。D

A. 真空室内结冷钢　　　　　　　　　　B. 浸渍管掉砖

C. 提升氩气管部分堵塞　　　　　　　　D. 浸渍管与真空室底部穿钢

13. 发现真空室底部烧穿时，应立即停止真空处理，紧急充氮破真空。（　　）√

14. （多选）避免 RH 真空室底部穿孔的措施主要有（　　）。ABCD

A. 改变浸渍管内衬结构

B. 优化浸渍管上部一、二环砖的组装模式

C. 加强完善热态喷补措施

D. 注意观察检测真空室钢壳的密封情况，减少渗气

15. （多选）RH 真空室底部穿孔的主要原因有（　　）。ABC

A. 浸渍管耐火材料管口砖漂浮位移

B. 热态喷补维护手段不健全

C. 底部真空室钢构与浸渍管钢构结合处焊缝焊口处密封不严

D. 浸渍管耐火材料质量差

16. （多选）RH 不能达到深真空的可能原因有（　　）。ABCD

A. 蒸汽压力条件不满足　　　　　　　B. 蒸汽中含水

C. 冷凝器冷却水不足　　　　　　　　D. 真空泵系统冷却水水温高

17. （多选）导致 RH 真空度波动的原因有（　　）。ABC

A. 真空泵系统存在泄漏　　　　　　　B. 真空料斗系统存在泄漏

C. 真空室底部穿孔　　　　　　　　　D. 浸渍管提升氩气管漏气

18. 真空泵系统存在泄漏时，肯定会导致真空度发生剧烈波动。（　　）×

19. RH 真空度波动大时，将真空泵系统改为手动方式操作，真空度可能会变得稳定。（　　）√

20. RH 真空度波动大时，应立即停止处理，破真空，降下钢包。（　　）√

21. （多选）RH 真空处理过程中，以下（　　）情况中可能会产生剧烈反应而导致钢水或炉渣大喷。ABCD

A. 加入的合金中含水　　　　　　　　B. 处理未脱氧钢时，抽真空速率过快

C. 顶枪漏水　　　　　　　　　　　　D. 真空脱碳过程中添加大量的炭粉

22. RH 真空室温度偏低会导致真空室内结瘤严重。（　　）√

23. （多选）RH 真空室预热的方式有（　　）。ABC

A. 煤气烧嘴加热方式　　　　　　　　B. 石墨电极加热方式

C. 煤气烧嘴和石墨电极加热混合加热方式　　D. 化学加热方式

24. RH 真空室在下线之前必须进行化冷钢操作。（　　）√

25. RH 真空处理过程中，在事故情况下紧急破真空时使用（　　）。B

A. 空气　　　　　　B. 氮气　　　　　　C. 氩气　　　　　　D. 以上均不对

7.5　RH 典型钢种

7.5.1　SWM 低碳钢

7.5.1.1　用途及性能要求

日本钢号，低碳冷拔钢丝，制作冷镦、焊丝、制作电阻铜包钢 1003、1004、CH1A。S 代表钢，W 代表线材（P 代表板材）。

要求：除了碳含量低外，其他与硬线相似，如良好拉拔性能、表面质量等。拉拔成 0.1mm 细丝。

7.5.1.2　SWM 低碳钢的典型成分

SWM 低碳钢的典型成分见表 7-11。

表 7-11　SWM 低碳钢典型成分　　　　　　　　（%）

类　别	C	Si	Mn	P	S
SWRM6	≤0.05	≤0.05	≤0.60 实际<0.25	≤0.035 实际<0.020	≤0.035 实际<0.020

可见该钢种 C、Si、Mn、H、N 均控制严格，P、S 控制较严格，要求严格控制夹杂物。

7.5.1.3　生产工艺路线

生产工艺路线：铁水预脱硫→转炉复合吹炼→真空精炼→连铸→缓冷→轧制
　　　　　　　　　　　　　　　　　　　　　　　└──→热装或直接轧制

7.5.1.4　生产工艺要点

（1）铁水预处理脱硫，入炉铁水［S］<0.005%。

（2）复合吹炼，控制好温度，终点碳控制在 0.04%，［S］<0.015%。

（3）出钢不脱氧，只用部分锰铁调节氧化性并底部吹氩。

（4）严格挡渣，下渣量小于 50mm。

（5）加入钢包渣改质剂，部分铝粒调节顶渣氧化性。

（6）走 RH 轻处理工艺路线。

（7）连铸全程保护浇注。

（8）保持结晶器液面稳定，使用低碳保护渣。

7.5.1.5　精炼操作要点

（1）采用 RH 轻处理。

（2）真空碳脱氧后，加铝脱氧控制氧活度 $a_{[O]}=20\sim35\text{ppm}$，［Al］<0.006%。

（3）精确控制［C］=0.02%~0.04%。

（4）Si、Mn 成分达到规定要求。

（5）控制好精炼出站温度。

（6）防止二次氧化。

7.5.2　IF 钢

IF 钢生产详见《炼钢生产知识》5.6 节内容，炉外精炼应注意：

（1）出钢不脱氧，不加铝，防止增氮。

（2）RH 真空碳脱氧，然后加铝和钛。

（3）保证钙铝比，防止连铸水口套眼。

（4）控制出站弱搅拌时间。

（5）防止钢水二次氧化。

（6）缩短精炼后等待时间。

7.5.3 石油管线钢

石油管线钢生产详见《炼钢生产知识》5.6节内容，炉外精炼应注意：

（1）维护好出钢口，挡渣出钢，加入钢包渣改质剂，控制回磷量。

（2）LF 炉做到深脱硫，喂 Ca-Si 线，改变夹杂物形态。

（3）RH 本处理，真空处理加大搅拌强度，达到脱气目标。

（4）钢水低过热度在 15℃ 左右较为适宜。

（5）防止钢水二次氧化。

练 习 题

1. 管线钢 X80 采用 RH + LF 炉工艺进行处理时，RH 处理模式属于轻处理模式。
（ ）√

2. IF 钢采用的 RH 处理模式为（ ）。A
A. 深脱碳模式　　　B. 本处理模式　　　C. 真空碳脱氧模式　　　D. 化学升温模式

3. 高级别管线钢采用 LF + RH 工艺路线进行生产时，在 RH 的处理模式属于本处理模式。
（ ）√

学习重点与难点

学习重点：初级工学习重点是掌握 RH 精炼操作过程、工艺参数、设备检查要求；中级工
　　　　　学习重点是理解讲述真空脱氢、脱氮、脱氧、脱碳原理；高级工学习重点是能
　　　　　够根据生产实际确定工艺参数，处理各种生产事故。

学习难点：真空系统漏气查找及处理。

思考与分析

1. 什么叫 RH 真空循环脱气法精炼？

2. RH 真空精炼的目的和手段是什么？

3. 什么是 RH-TOP 工艺？

4. 什么是真空度，真空处理的一般原理是什么？

5. 真空泵的工作原理是什么？

6. 真空循环的原理是什么，它的基本参数有哪些？

7. RH 真空精炼脱气反应的原理是什么？

8. RH 真空精炼脱碳反应的原理是什么？

9. RH 基本设备包括哪些部分，RH 精炼设备特点是什么？

10. 真空系统漏气如何检查和处理？

11. RH 真空处理的工艺流程是怎样的？

12. RH 精炼本处理工艺和轻处理工艺有什么区别?

13. RH 精炼的自然脱碳工艺和强制脱碳工艺有什么区别?

14. RH 精炼的化学升温工艺有什么特点?

15. RH 精炼的喷粉脱硫工艺有什么功能和局限?

16. RH 处理的典型钢种是什么?

17. RH 生产管线钢的工艺特点是什么?

18. RH 精炼过程中常出现的事故有哪些?

19. 什么是 RH-KTB 工艺和 RH-KTB/PB 工艺?

20. RH 法及其附加功能后的处理效果怎样,适于生产哪些钢种?

附　录

炉外精炼初级工学习要求

序号	名称	内容	建议学习方法和要求	了解	理解	掌握	重点	难点	自学时数
1	基本知识	1.1　物质组成	复习化学基础知识，物理基础知识，结合生产实际学习		√				3.5
		1.2　化学反应及反应方程式			√		√		
		1.3　物理化学基本概念		√					
		1.4　质量守恒与能量守恒		√					
		1.5　物质形态			√				
		1.6　气体状态方程			√				
		1.7　炼钢反应热效应				√			
		1.8　化学反应速度及影响因素		√					
		1.9　化学平衡及影响因素				√	√	√	
		1.10　分解压力							
		1.11　反应自由能							
		1.12　蒸气压							
		1.13　表面现象							
		1.14　扩散现象							
2	钢铁生产流程	2.1　钢铁的地位	某些内容是开阔眼界知识，可结合生产实际，重点掌握前后道工序生产流程，以及对本工序的影响与要求。特别强调连铸对钢水的要求，炼钢终点控制，连铸工艺操作，铸坯质量等内容	√					6
		2.2　钢与铁				√	√		
		2.3　我国钢铁业发展		√					
		2.4　钢铁生产流程				√			
		2.5　炼铁生产		√					
		2.6　工业化炼钢方法			√				
		2.7　铁水预处理		√					
		2.8　转炉炼钢			√				
		2.9　炼钢原材料		√					
		2.10　炼钢设备及炼钢基本任务				√		√	
		2.11　炼钢工艺制度				√		√	
		2.12　炉外精炼要素				√	√		
		2.13　钢水浇注				√			
		2.14　连铸钢水要求				√	√	√	
		2.15　连铸操作过程							
		2.16　钢水凝固理论							
		2.17　铸坯质量控制							
		2.18　轧钢生产							

序号	名称	内　　　容	建议学习方法和要求	了解	理解	掌握	重点	难点	自学时数
3	炉渣相图	3.1　二元相图	不要求						0
		3.2　三元相图							
4	合金加入量计算	4.1　脱氧剂铝加入量计算	结合生产应用，掌握合金加入量计算方法						1
		4.2　二元合金加入量计算		√					
		4.3　返算吸收率							
		4.4　真空冶炼合金加入量计算				√		√	
		4.5　多元合金加入量计算							
		4.6　合金成本及精炼路线选择							
5	精炼原材料	5.1　合金料	参考规程，判断原材料是否合乎质量要求			√		√	2
		5.2　包芯线				√		√	
		5.3　增碳剂				√			
		5.4　造渣剂及保温剂		√				√	
		5.5　调温废钢		√					
		5.6　气体							
		5.7　精料原则							
6	其他炉外精炼方法及特点	6.1　VD	不要求						
		6.2　VAD							
		6.3　VOD							
		6.4　AOD							
		6.5　DH							
		6.6　ASEA-SKF							
		6.7　TN							
		6.8　CAB							
7	品种质量	7.1　钢的分类	强化品种质量意识，掌握钢号识别			√			2
		7.2　钢号表示				√			
		7.3　常见元素对钢质量的影响							
		7.4　钢种质量控制							
		7.5　全面质量管理与数理统计							
		7.6　钢种生产流程							
8	吹氩与CAS-OB	8.1　吹氩精炼基础	掌握精炼要素，能够执行工艺规程，处理各种生产事故	√					6
		8.1.1　电磁搅拌			√				
		8.1.2　吹氩搅拌			√				
		8.1.3　耐火材料知识			√			√	
		8.1.4　脱氧原理		√				√	
		8.1.5　吹氧升温原理			√			√	

序号	名称	内　　容	建议学习方法和要求	了解	理解	掌握	重点	难点	自学时数
8	吹氩与CAS-OB	8.2　吹氩搅拌设备	掌握精炼要素，能够执行工艺规程，处理各种生产事故	√					6
		8.2.1　吹氩设备检查		√					
		8.2.2　吹氩设备结构			√				
		8.2.3　CAS-OB 精炼设备		√					
		8.2.4　CAS-OB 精炼设备检查		√					
		8.2.5　CAS-OB 精炼设备结构		√					
		8.3　吹氩精炼工艺		√					
		8.3.1　工艺流程				√	√		
		8.3.2　精炼工艺制度				√	√		
		8.3.3　吹氩搅拌事故				√			
		8.3.4　吹氩工艺控制				√			
		8.3.5　CAS-OB 工艺				√	√		
9	喂线	9.1　喂线精炼原理	掌握精炼要素，正确维护设备，能够执行规程的工艺参数，处理简单生产事故			√	√	√	2
		9.2　喂线精炼设备		√					
		9.3　喂线精炼工艺			√				
		9.3.1　操作工艺流程				√			
		9.3.2　喂线工艺制度				√			
		9.3.3　喂线事故处理							
10	LF	10.1　LF 精炼基础	掌握精炼要素，正确维护设备，能够执行规程规定的工艺参数，处理简单生产事故			√		√	7
		10.1.1　精炼电弧加热要素				√			
		10.1.2　精炼渣洗及还原渣精炼要素				√	√	√	
		10.1.3　脱硫回磷				√	√	√	
		10.2　精炼设备		√					
		10.2.1　LF 炉精炼设备检查		√					
		10.2.2　LF 炉精炼设备结构		√					
		10.3　精炼工艺				√			
		10.3.1　LF 工艺流程				√			
		10.3.2　LF 工艺制度				√	√		
		10.3.3　典型钢种工艺							
		10.4　事故处理							
		10.5　工艺控制							
11	RH	11.1　RH 精炼原理	掌握精炼要素，正确维护设备，能够执行规程规定的工艺参数		√				6
		11.1.1　真空脱气原理			√		√	√	
		11.1.2　真空脱氧脱碳原理			√		√	√	
		11.1.3　真空对冶金不利影响		√					
		11.1.4　RH 钢液循环原理		√					

序号	名称	内　　容	建议学习方法和要求	了解	理解	掌握	重点	难点	自学时数
11	RH	11.2　RH 精炼设备	掌握精炼要素，正确维护设备，能够执行规程规定的工艺参数	√					6
		11.2.1　RH 设备检查		√					
		11.2.2　RH 设备结构		√					
		11.3　RH 精炼工艺			√				
		11.3.1　RH 工艺流程				√			
		11.3.2　RH 精炼工艺制度				√	√	√	
		11.4　RH 典型钢种							
		11.5　RH 精炼事故							
		11.6　RH 精炼工艺控制							

炉外精炼中级工学习要求

序号	名称	内容	建议学习方法和要求	了解	理解	掌握	重点	难点	自学时数
1	基本知识	1.1　物质组成	复习化学基础知识，物理基础知识，结合生产实际学习		√				3.5
		1.2　化学反应及反应方程式			√		√		
		1.3　物理化学基本概念		√					
		1.4　质量守恒与能量守恒		√					
		1.5　物质形态			√				
		1.6　气体状态方程			√				
		1.7　炼钢反应热效应				√			
		1.8　化学反应速度及影响因素		√					
		1.9　化学平衡及影响因素				√	√	√	
		1.10　分解压力		√			√	√	
		1.11　反应自由能							
		1.12　蒸气压							
		1.13　表面现象							
		1.14　扩散现象							
2	钢铁生产流程	2.1　钢铁的地位	某些内容是开阔眼界知识，可结合生产实际，重点掌握前后道工序生产流程，以及对本工序的影响与要求。特别强调连铸对钢水的要求，炼钢终点控制，连铸工艺操作，铸坯质量等内容	√					6
		2.2　钢与铁				√	√		
		2.3　我国钢铁业发展		√					
		2.4　钢铁生产流程				√			
		2.5　炼铁生产		√					
		2.6　工业化炼钢方法			√				
		2.7　铁水预处理		√					
		2.8　转炉炼钢			√				
		2.9　炼钢原材料		√					
		2.10　炼钢设备及炼钢基本任务				√	√	√	
		2.11　炼钢工艺制度				√	√	√	
		2.12　炉外精炼要素				√	√		
		2.13　钢水浇注			√				
		2.14　连铸钢水要求				√	√	√	
		2.15　连铸操作过程		√					
		2.16　钢水凝固理论		√					
		2.17　铸坯质量控制		√					
		2.18　轧钢生产							
3	炉渣相图	3.1　二元相图	认真学习课件，掌握二元相图，理解三元相图						0
		3.2　三元相图							

序号	名称	内容	建议学习方法和要求	了解	理解	掌握	重点	难点	自学时数
4	合金加入量计算	4.1　脱氧剂铝加入量计算	结合生产应用，掌握各种合金加入量计算方法，强调微调成分的计算	✓					1
		4.2　二元合金加入量计算							
		4.3　返算吸收率							
		4.4　真空冶炼合金加入量计算			✓		✓		
		4.5　多元合金加入量计算							
		4.6　合金成本及精炼路线选择							
5	精炼原材料	5.1　合金料	参考规程，判断原材料是否合乎质量要求			✓	✓		2
		5.2　包芯线				✓	✓		
		5.3　增碳剂			✓				
		5.4　造渣剂及保温剂		✓			✓		
		5.5　调温废钢		✓					
		5.6　气体		✓					
		5.7　精料原则		✓					
6	其他炉外精炼方法及特点	6.1　VD	了解其他炉外精炼方法的要素		✓				1
		6.2　VAD		✓					
		6.3　VOD		✓					
		6.4　AOD		✓					
		6.5　DH		✓					
		6.6　ASEA-SKF		✓					
		6.7　TN		✓					
		6.8　CAB		✓					
7	品种质量	7.1　钢的分类	强化品种质量意识，掌握常见元素对钢种质量的影响				✓		6
		7.2　钢号表示					✓		
		7.3　常见元素对钢质量的影响		✓				✓	
		7.4　钢种质量控制			✓				
		7.5　全面质量管理与数理统计							
		7.6　钢种生产流程							
8	吹氩与CAS-OB	8.1　吹氩精炼基础	掌握精炼要素，能够根据生产实际确定工艺参数，处理过氧化钢液、漏钢、吹氩搅拌强度低等生产事故	✓					6
		8.1.1　电磁搅拌		✓					
		8.1.2　吹氩搅拌			✓				
		8.1.3　耐火材料知识			✓			✓	
		8.1.4　脱氧原理		✓				✓	
		8.1.5　吹氧升温原理			✓			✓	
		8.2　吹氩搅拌设备		✓					
		8.2.1　吹氩设备检查		✓					
		8.2.2　吹氩设备结构			✓				
		8.2.3　CAS-OB精炼设备		✓					
		8.2.4　CAS-OB精炼设备检查		✓					
		8.2.5　CAS-OB精炼设备结构		✓					

续表

序号	名称	内容	建议学习方法和要求	了解	理解	掌握	重点	难点	自学时数
8	吹氩与CAS-OB	8.3 吹氩精炼工艺	掌握精炼要素,能够根据生产实际确定工艺参数,处理过氧化钢液、漏钢、吹氩搅拌强度低等生产事故	✓					6
		8.3.1 工艺流程				✓	✓		
		8.3.2 精炼工艺制度				✓	✓		
		8.3.3 吹氩搅拌事故			✓		✓		
		8.3.4 吹氩工艺控制			✓				
		8.3.5 CAS-OB工艺				✓	✓		
9	喂线	9.1 喂线精炼原理	掌握精炼要素,正确维护设备,能够根据生产实际执行规程确定工艺参数,处理各种生产事故			✓	✓	✓	2
		9.2 喂线精炼设备		✓					
		9.3 喂线精炼工艺				✓			
		9.3.1 操作工艺流程				✓			
		9.3.2 喂线工艺制度				✓			
		9.3.3 喂线事故处理				✓	✓		
10	LF	10.1 LF精炼基础	掌握精炼要素,正确维护设备,能够根据生产实际执行规程确定工艺参数,处理包盖漏水、溢渣等生产事故			✓		✓	8
		10.1.1 精炼电弧加热要素				✓			
		10.1.2 精炼渣洗及还原渣精炼要素				✓	✓	✓	
		10.1.3 脱硫回磷				✓	✓	✓	
		10.2 精炼设备		✓					
		10.2.1 LF炉精炼设备检查		✓					
		10.2.2 LF炉精炼设备结构		✓					
		10.3 精炼工艺			✓				
		10.3.1 LF工艺流程				✓			
		10.3.2 LF工艺制度				✓	✓		
		10.3.3 典型钢种工艺				✓	✓	✓	
		10.4 事故处理				✓	✓		
		10.5 工艺控制			✓				
11	RH	11.1 RH精炼原理	掌握精炼要素,特别是平方根定律,正确维护设备,能够根据生产实际执行规程规定的工艺参数处理钢水,强调吹氧升温参数、顶枪更换标准,处理真空室吸渣、漏气等生产事故		✓				8
		11.1.1 真空脱气原理			✓		✓	✓	
		11.1.2 真空脱氧脱碳原理			✓		✓	✓	
		11.1.3 真空对冶金不利影响		✓					
		11.1.4 RH钢液循环原理		✓					
		11.2 RH精炼设备		✓					
		11.2.1 RH设备检查		✓					
		11.2.2 RH设备结构		✓					
		11.3 RH精炼工艺			✓				
		11.3.1 RH工艺流程				✓			
		11.3.2 RH精炼工艺制度				✓	✓	✓	
		11.4 RH典型钢种				✓			
		11.5 RH精炼事故				✓	✓		
		11.6 RH精炼工艺控制			✓				

炉外精炼高级工学习要求

序号	名称	内容	建议学习方法和要求	了解	理解	掌握	重点	难点	自学时数
1	基本知识	1.1 物质组成	复习化学基础知识，物理基础知识，结合生产实际学习			√			4
		1.2 化学反应及反应方程式				√	√		
		1.3 物理化学基本概念			√				
		1.4 质量守恒与能量守恒			√				
		1.5 物质形态				√			
		1.6 气体状态方程				√			
		1.7 炼钢反应热效应				√			
		1.8 化学反应速度及影响因素			√				
		1.9 化学平衡及影响因素				√	√	√	
		1.10 分解压力			√		√	√	
		1.11 反应自由能			√			√	
		1.12 蒸气压			√				
		1.13 表面现象			√				
		1.14 扩散现象			√				
2	钢铁生产流程	2.1 钢铁的地位	某些内容是开阔眼界知识，可结合生产实际，重点掌握前后道工序生产流程，以及对本工序的影响与要求。特别强调连铸对钢水的要求，炼钢终点控制，连铸工艺操作，铸坯质量等内容	√					8
		2.2 钢与铁				√	√		
		2.3 我国钢铁业发展		√					
		2.4 钢铁生产流程				√			
		2.5 炼铁生产			√				
		2.6 工业化炼钢方法				√			
		2.7 铁水预处理			√				
		2.8 转炉炼钢			√				
		2.9 炼钢原材料		√					
		2.10 炼钢设备及炼钢基本任务			√		√	√	
		2.11 炼钢工艺制度			√				
		2.12 炉外精炼要素					√	√	
		2.13 钢水浇注			√				
		2.14 连铸钢水要求				√	√	√	
		2.15 连铸操作过程		√					
		2.16 钢水凝固理论		√					
		2.17 铸坯质量控制		√			√		
		2.18 轧钢生产		√					

序号	名称	内　　容	建议学习方法和要求	了解	理解	掌握	重点	难点	自学时数
3	炉渣相图	3.1　二元相图	认真学习课件，掌握二元相图，理解三元相图			√			2
		3.2　三元相图			√			√	
4	合金加入量计算	4.1　脱氧剂铝加入量计算	结合生产应用，掌握各种合金加入量计算方法			√			2
		4.2　二元合金加入量计算				√			
		4.3　返算吸收率				√			
		4.4　真空冶炼合金加入量计算				√	√		
		4.5　多元合金加入量计算				√			
		4.6　合金成本及精炼路线选择				√		√	
5	精炼原材料	5.1　合金料	参考规程，判断原材料是否合乎质量要求			√	√		2
		5.2　包芯线				√	√		
		5.3　增碳剂				√			
		5.4　造渣剂及保温剂			√		√		
		5.5　调温废钢			√				
		5.6　气体		√					
		5.7　精料原则			√				
6	其他炉外精炼方法及特点	6.1　VD	了解其他炉外精炼方法的要素			√	√		1
		6.2　VAD			√				
		6.3　VOD			√				
		6.4　AOD			√				
		6.5　DH			√				
		6.6　ASEA-SKF			√		√		
		6.7　TN			√				
		6.8　CAB			√				
7	品种质量	7.1　钢的分类	强化品种质量意识，掌握常见元素对钢种质量的影响，具有选择钢种生产流程的能力			√			8
		7.2　钢号表示				√			
		7.3　常见元素对钢质量的影响				√	√	√	
		7.4　钢种质量控制			√				
		7.5　全面质量管理与数理统计		√				√	
		7.6　钢种生产流程				√	√	√	
8	吹氩与CAS-OB	8.1　吹氩精炼基础	掌握精炼要素，能够根据生产实际确定工艺参数，处理各种生产事故			√			6
		8.1.1　电磁搅拌				√			
		8.1.2　吹氩搅拌				√			
		8.1.3　耐火材料知识			√			√	
		8.1.4　脱氧原理			√			√	
		8.1.5　吹氧升温原理				√		√	

续表

序号	名称	内　容	建议学习方法和要求	了解	理解	掌握	重点	难点	自学时数
8	吹氩与CAS-OB	8.2　吹氩搅拌设备	掌握精炼要素，能够根据生产实际确定工艺参数，处理各种生产事故		√				6
		8.2.1　吹氩设备检查			√				
		8.2.2　吹氩设备结构				√			
		8.2.3　CAS-OB 精炼设备				√			
		8.2.4　CAS-OB 精炼设备检查				√			
		8.2.5　CAS-OB 精炼设备结构				√			
		8.3　吹氩精炼工艺				√			
		8.3.1　工艺流程					√	√	
		8.3.2　精炼工艺制度					√	√	
		8.3.3　吹氩搅拌事故					√	√	
		8.3.4　吹氩工艺控制					√		
		8.4　CAS-OB 工艺					√	√	
9	喂线	9.1　喂线精炼原理	掌握精炼要素，正确维护设备，能够根据生产实际确定工艺参数，处理各种生产事故。尤其注意喂线速度、喂线量参数			√	√	√	2
		9.2　喂线精炼设备			√				
		9.3　喂线精炼工艺				√			
		9.3.1　操作工艺流程				√			
		9.3.2　喂线工艺制度				√			
		9.3.3　喂线事故处理					√	√	
10	LF	10.1　LF 精炼基础	掌握精炼要素，正确维护设备，能够根据生产实际确定工艺参数，处理各种生产事故。尤其注意电极升降把持和短网结构，定氧定氢要求，漏水溢渣事故			√		√	8
		10.1.1　精炼电弧加热要素				√			
		10.1.2　精炼渣洗及还原渣精炼要素				√	√	√	
		10.1.3　脱硫回磷				√	√	√	
		10.2　精炼设备			√				
		10.2.1　LF 炉精炼设备检查			√				
		10.2.2　LF 炉精炼设备结构			√				
		10.3　精炼工艺				√			
		10.3.1　LF 工艺流程				√			
		10.3.2　LF 工艺制度					√	√	
		10.3.3　典型钢种工艺					√	√	√
		10.4　事故处理					√	√	
		10.5　工艺控制					√			

续表

序号	名称	内 容	建议学习方法和要求	了解	理解	掌握	重点	难点	自学时数
11	RH	11.1 RH 精炼原理	掌握精炼要素，正确维护设备，能够根据生产实际确定工艺参数，处理各种生产事故。尤其注意真空泵、真空室设备，吹氧升温参数，真空室漏钢、漏水事故			√			8
		11.1.1 真空脱气原理				√	√	√	
		11.1.2 真空脱氧脱碳原理				√	√	√	
		11.1.3 真空对冶金不利影响			√				
		11.1.4 RH 钢液循环原理			√				
		11.2 RH 精炼设备			√				
		11.2.1 RH 设备检查			√				
		11.2.2 RH 设备结构			√				
		11.3 RH 精炼工艺				√			
		11.3.1 RH 工艺流程				√			
		11.3.2 RH 精炼工艺制度				√	√	√	
		11.4 RH 典型钢种				√	√		
		11.5 RH 精炼事故				√	√		
		11.6 RH 精炼工艺控制				√			

参 考 文 献

[1] 俞海明. 电炉钢水的炉外精炼技术 [M]. 北京：冶金工业出版社，2010.

[2] 俞海明，黄星武，等. 转炉钢水的炉外精炼技术 [M]. 北京：冶金工业出版社，2011.

[3] 赵沛等. 炉外精炼及铁水预处理实用技术手册 [M]. 北京：冶金工业出版社，2004.

[4] 编辑委员会. 新编钢水精炼暨铁水预处理1500问 [M]. 北京：中国科学技术出版社，2007.

[5] 张岩，张红文. 氧气转炉炼钢工艺与设备 [M]. 北京：冶金工业出版社，2010.

[6] 王雅贞，张岩. 新编连续铸钢工艺及设备 [M]. 北京：冶金工业出版社，2007.

[7] 王雅贞，李承祚，等. 转炉炼钢问答 [M]. 北京：冶金工业出版社，2003.

[8] 国际钢铁协会，中国金属学会. 洁净钢—洁净钢生产工艺技术 [M]. 北京：冶金工业出版社，2006.

[9] 王新华，等. 钢铁冶金——炼钢学 [M]. 北京：高等教育出版社，2005.

[10] 中国金属学会，中国钢铁工业协会. 2006～2020年中国钢铁工业科学与技术发展指南 [M]. 北京：冶金工业出版社，2006.

[11] 中国钢铁工业协会《钢铁信息》编辑部. 中国钢铁之最（2012）[M]. 北京：冶金工业出版社，2012.

[12] 李永东，等. 炼钢辅助材料应用技术 [M]. 北京：冶金工业出版社，2003.

[13] 潘贻芳，王振峰，等. 转炉炼钢功能性辅助材料 [M]. 北京：冶金工业出版社，2007.

[14] 马竹梧，等. 钢铁工业自动化（炼钢卷）[M]. 北京：冶金工业出版社，2003.

[15] 王庆训，等. 炉外精炼用耐火材料 [M]. 北京：冶金工业出版社，2007.

[16] 陈建斌. 炉外处理 [M]. 北京：冶金工业出版社，2008.

[17] 储满生. 钢铁冶金原燃料及辅助材料 [M]. 北京：冶金工业出版社，2010.